中等职业教育课程改革规划新教材

机械基础

（少学时）

王庆海　主　编
车世明　副主编

電子工業出版社
Publishing House of Electronics Industry
北京·BEIJING

内 容 简 介

本书按教育部2009年新颁布的《中等职业学校机械基础教学大纲》编写而成，共10章。内容包括：绪论、杆件的静力分析、直杆的基本变形、工程材料、连接、机构、传动、支承零部件、机械的节能环保与安全防护、机械基础综合实践。

本书内容由基础模块、综合实践模块和选学模块三部分组成。其中，基础模块是各专业学生必修的基础性内容；综合实践模块是以典型机械拆装、调试和分析为主的综合性实践教学内容；选学模块（标“*”的内容）是由学校根据专业培养的实际需要自主选择学习的内容。

本书适合中等职业学校机械制造、机电技术以及金属材料工程、材料成型及控制工程、冶金工程、测控技术与仪器、采矿工程、交通工程、化学工程与工艺、建筑环境与设备工程等工程技术类专业开设机械基础课程的学生使用，亦可供从事相关专业的工程人员参考。

本书还配有电子教学参考资料包，详见前言。

图书在版编目(CIP)数据

机械基础：少学时 / 王庆海主编. —北京：电子工业出版社，2010.8（2025.10 重印）
中等职业教育课程改革规划新教材
ISBN 978-7-121-11148-8

Ⅰ.①机… Ⅱ.①王… Ⅲ.机械学-专业学校-教材 Ⅳ.TH11

中国版本图书馆 CIP 数据核字(2010)第 113755 号

策划编辑：白楠
责任编辑：张凌
印　　刷：河北虎彩印刷有限公司
装　　订：河北虎彩印刷有限公司
出版发行：电子工业出版社
　　　　　北京市海淀区万寿路 173 信箱　邮编　100036
开　　本：787×1092　1/16　印张：15　字数：384 千字
版　　次：2010 年 8 月第 1 版
印　　次：2025 年10月第11次印刷
定　　价：23.50 元

凡所购买电子工业出版社图书有缺损问题，请向购买书店调换。若书店售缺，请与本社发行部联系，联系及邮购电话：(010)88254888，88258888。

质量投诉请发邮件至 zlts@phei.com.cn，盗版侵权举报请发邮件至 dbqq@phei.com.cn。

本书咨询联系方式：(010)88254592，bain@phei.com.cn。

前　言

随着新大纲的公布，原有的教材已不能适应教学的需要。

本教材为中等职业学校课程改革系列规划教材之一，是依据2009年教育部最新颁布的《中等职业学校机械基础教学大纲》、结合多年教学经验、引入行业新知识、新工艺、新技术而编写的。内容主要包括杆件的静力分析、直杆的基本变形、工程材料、连接、机构、传动、支承零部件、机械的节能环保与安全防护、机械基础综合实践等。通过学习本课程将使学生掌握必备的机械基本知识和基本技能，懂得机械工作原理，了解机械工程材料性能，准确表达机械技术要求，正确操作和维护机械设备；培养学生分析问题和解决问题的能力，使其形成良好的学习习惯，具备继续学习专业技术的能力；对学生进行职业意识培养和职业道德教育，使其形成严谨、敬业的工作作风，为今后解决生产实际问题和职业生涯的发展奠定基础。

本教材既强调基础技能，又力求体现新知识、新技术、新工艺，教学内容与新大纲吻合。在编写体例上大量采用图表，文字表述力求简单通俗，图文并茂，生动直观。注重理论和实践的结合，通过阶段性训练，培养学生的技能。

教学方法建议：

1. 重视实践和实训教学环节，坚持“做中学、做中教”，激发学生的学习兴趣。在教学过程中注重培养学生严谨的工作作风、实事求是的工作态度和良好的职业素养。

2. 可以结合教学进程，组织学生开展常用工程材料、标准机械零部件的市场销售情况调查；组织开展以小论文、小制作、小发明、小改革等为载体的创新思维训练。

3. 阶段性训练和综合实践模块是本课程的重要组成部分，是对学生进行机械基础综合能力训练的重要环节。教学中可结合专业背景，选择合适的课题，制作综合实践任务书，要求学生完成综合实践报告，强化综合能力培养。

本课程的教学时数为128学时，各章的参考教学课时分配表如下：

章　节	课程内容	课时分配	
		理论	实践
绪　论	绪论	2	2
第1章	杆件的静力分析	8	—
第2章	直杆的基本变形	18	—
第3章	工程材料	8	2
第4章	连接	8	2
第5章	机构	10	2
第6章	传动	20	4
第7章	支承零部件	8	—
第8章	机械的节能环保与安全防护	2	2
第9章	机械基础综合实践	—	30（1周）
课时总计		84	44

本教材由河南机电学校王庆海编写绪论、第1章，河南省轻工业学校樊安新编写第4、7章，河南省轻工业学校车世明编写第3、6章，河南省轻工业学校郭海建编写第5、8章，郑州大学赵凤霞编写第2、9章。全书由王庆海统稿。由于编者水平有限，书中难免存在错误和不妥之处，恳切希望广大读者批评指正。

为了方便教师教学，本书还配有教学指南、电子教案以及习题答案（电子版），请有此需要的老师登录华信教育资源网（www. hxedu. com. cn）免费注册后进行下载，如有问题，请在网站留言板上留言或与电子工业出版社联系（E-mail：hxedu@ phei. com. cn）。

编　者

2010年5月

目　录

绪　　论

教学目标

1. 了解一般机械的组成和基本要求。
2. 掌握零件、构件、部件、机构、机械等基本概念。
3. 了解本课程的性质、内容、任务和基本要求。
4. 了解减速器的组成和功能。

机械是人类在长期的生产实践中创造出来的技术装置，在现代生产和日常生活中，机械都起着非常重要的作用。回顾机械发展的历史，从杠杆、斜面、滑轮到汽车、内燃机、缝纫机、洗衣机以及机器人，都说明了机械的进步，也标志着生产力的不断发展。机器的发展水平是衡量一个国家现代化程度的重要标志之一。现代工程技术人员必须学习和掌握一定的机械基础知识。

0.1　机械的组成

0.1.1　基本概念

（1）机器　实物组合体，具有以下三个特征：是人为的各种实物的组合；组成机器的各种实物间具有确定的相对运动；可代替或减轻人的劳动，完成有用的机械功或转换机械能。如图 0-1 所示汽车原理图即是一个典型的机器实例。

图 0-1　汽车原理图

(2) 机构　具有确定相对运动的各种实物的组合，它只符合机器的前两个特征。如图 0-2所示的凸轮机构就是一个典型的机构实例。

图 0-2　凸轮机构

(3) 机械　机器和机构的统称。从结构和运动学的角度分析，机器和机构之间并无区别，都是具有确定相对运动的各种实物的组合。机构主要用来传递和转换运动；机器主要用来传递和转换能量。

(4) 零件　组成机器的最小单元。零件也是机器的制造单元，机器由若干个不同的零件组装而成。各种机器经常用到的零件称为通用零件。特定的机器中用到的零件称为专用零件。

(5) 构件　机器的运动单元。构件一般由若干个零件刚性连接而成，也可以是单一的零件。若从运动的角度来讲，可以认为机器是由若干个构件组装而成的。

0.1.2　机械的组成和分类

一部完整的机器由以下四部分组成：

(1) 原动部分　机器的动力来源。

(2) 工作部分　完成工作任务的部分。

(3) 传动部分　把原动机的运动和动力传递给工作机。

(4) 控制部分　使机器的原动部分、传动部分、工作部分按一定的顺序和规律运动，完成给定的工作循环。

机械根据用途不同，可分为：

(1) 动力机械　实现机械能与其他形式能量间的转换。

(2) 加工机械　改变物料的结构形状、性质及状态。

(3) 运输机械　改变人或物料的空间位置。

(4) 信息机械　获取或处理各种信息。

0.2　一般机械的基本要求

设计的机械零件既要在预定的期间内工作可靠，又要成本低廉。要使工作可靠，就应在设计时使零件在强度、刚度、寿命、振动稳定性等方面满足一定的条件，这些条件是判断机械零件工作能力的准则。要使成本低廉，就必须从设计和制造两方面着手，设计时应正确选择零件的材料、合理的尺寸和符合工艺要求的结构，并合理规定制造时的公差等级和技术条件等。一般机械的基本要求如下：

（1）实现预定功能。

（2）满足可靠性要求。

（3）满足经济性要求。

（4）操作方便，工作安全。

（5）造型美观，减少污染。

0.3 课程的性质、任务、目标和内容

0.3.1 课程的性质和任务

本课程是中等职业学校机械类及工程技术类相关专业的一门基础课程。其任务是：使学生掌握必备的机械基本知识和基本技能，懂得机械工作原理，了解机械工程材料性能，准确表达机械技术要求，正确操作和维护机械设备；培养学生分析问题和解决问题的能力，使其形成良好的学习习惯，具备继续学习专业技术的能力；对学生进行职业意识培养和职业道德教育，使其形成严谨、敬业的工作作风，为今后解决生产实际问题和职业生涯的发展奠定基础。

0.3.2 课程的教学目标

使学生具备对构件进行受力分析的基本知识，会判断直杆的基本变形；具备机械工程常用材料的种类、牌号、性能的基本知识，会正确选用材料；熟悉常用机构的结构和特性，掌握主要机械零部件的工作原理、结构和特点，初步掌握其选用的方法；了解机械零件几何精度的国家标准，理解极限与配合、形状和位置公差标注的标准；了解气压传动和液压传动的原理、特点及应用，会正确使用常用气压和液压元件，并会搭建简单常用回路；能够分析和处理一般机械运行中发生的问题，具备维护一般机械的能力。

具备获取、处理和表达技术信息，执行国家标准，使用技术资料的能力；能够运用所学知识和技能参加机械小发明、小制作等实践活动，尝试对简单机械进行维修和改进；了解机械的节能环保与安全防护知识，具备改善润滑、降低能耗、减小噪声等方面的基本能力；养成自主学习的习惯，具备良好的职业道德和职业情感，提高适应职业变化的能力。

0.3.3 课程的内容

教学内容由基础模块、综合实践模块和选学模块三部分组成。具体内容包括杆件的静力分析、直杆的基本变形、工程材料、连接、机构、传动、支承零部件、机械的节能环保与安全防护、机械基础综合实践。

0.4 认识减速器——阶段性训练（一）

0.4.1 基本概念

减速器是原动机和工作机之间独立的闭式传动装置，用来降低转速和增大转矩，以满足工作需要，在某些场合也用来增速，称为增速器。

选用减速器时应根据工作机的选用条件、技术参数、动力机的机能、经济性等因素，对比不同类型及品种减速器的外廓尺寸、传动效率、承载本领、质量、价钱等，选择最适合的减速器。

1. 减速器分类

减速器的类别、品种、形式很多，目前已制定为行（国）标的减速器有40余种。减速器的类别是根据所采用的齿轮齿形、齿廓曲线划分的；减速器的品种是指根据使用的需要而设计的结构不同的减速器；减速器的形式是在基本结构的基础上根据齿面硬度、传动级数、出轴形式、装配形式、安置方式、连接形式等因素而设计的差异特性的减速器。

2. 减速器的载荷分类

与减速器连接的工作机载荷状态比较复杂，对减速器的影响很大，是减速器采用及计算的首要因素，减速器的载荷状态即工作机（从动机）的载荷状态，通常分为三类：① 均匀载荷；② 中等冲击载荷；③ 强冲击载荷。

简而言之，一般机器在设计并制造出来后，其额定功率就确定不变了，这时，速度越大，则扭矩（或扭力）越小；速度越小，则扭矩越大。

0.4.2 减速器的基本结构

减速器主要由传动零件（齿轮或蜗杆）、轴、轴承、箱体及其附件所组成。如图0–3所示为单级圆柱齿轮减速器的结构图，其基本结构有三大部分：① 齿轮、轴及轴承组合；② 箱体；③ 减速器附件。

1. 齿轮、轴及轴承组合

小齿轮与轴制成一体，称齿轮轴，这种结构用于齿轮直径与轴的直径相差不大的情况，

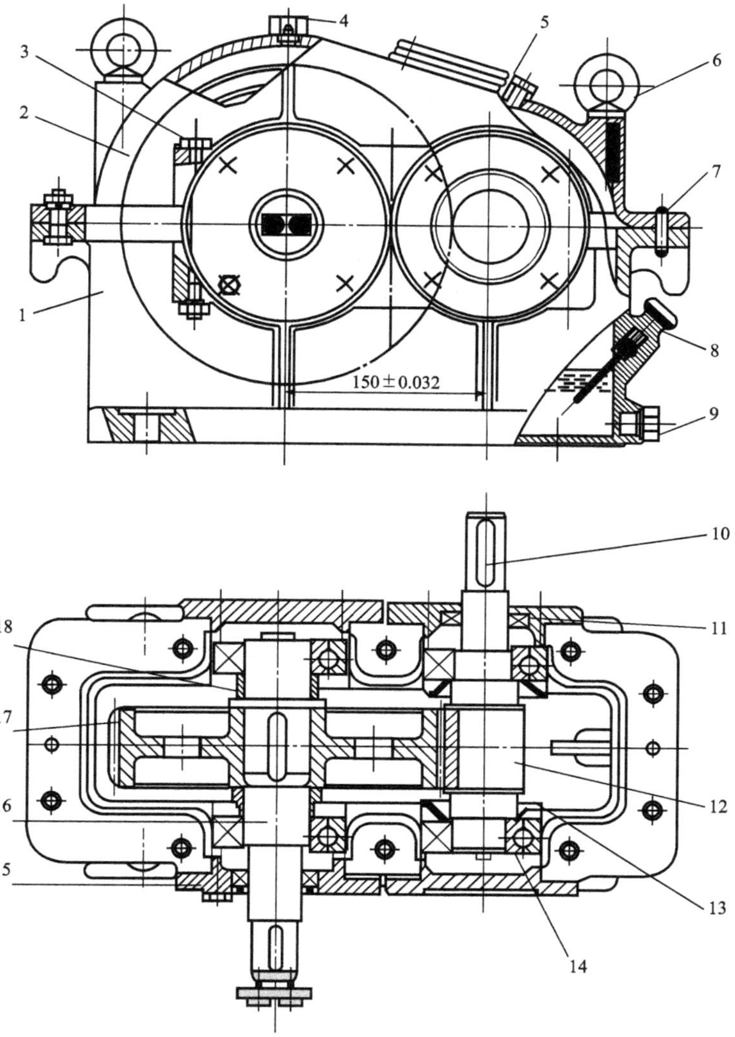

1—箱座；2—箱盖；3—上、下箱连接螺栓；4—通气器；5—检查孔盖板；
6—吊环螺钉；7—定位销；8—油标尺；9—放油螺塞；10—平键；11 —油封；
12—齿轮轴；13—挡油盘；14—轴承；15—轴承端盖；16—轴；17—齿轮；18—轴套

图 0–3　减速器的基本结构

如果轴的直径为 d，齿轮齿根圆的直径为 d_f，则当 $d_f-d \leqslant 6$mm 时，应采用这种结构。而当 $d_f-d>7$mm 时，采用齿轮与轴分开为两个零件的结构，如低速轴与大齿轮。此时齿轮与轴的周向用固定平键连接，轴上零件利用轴肩、轴套和轴承盖做轴向固定。两轴均采用了深沟球轴承。这种组合用于承受径向载荷和不大的轴向载荷的情况。当轴向载荷较大时，应采用角接触球轴承、圆锥滚子轴承或深沟球轴承与推力轴承的组合结构。图 0–3 中所示的轴承利用齿轮旋转时溅起的稀油进行润滑。箱座中油池的润滑油，被旋转的齿轮溅起飞溅到箱盖的内壁上，沿内壁流到分箱面坡口后，通过导油槽流入轴承。当浸

油齿轮圆周速度 $v \leq 2m/s$ 时，应采用润滑脂润滑轴承，为避免可能溅起的稀油冲掉润滑脂，可采用挡油环将其分开。为防止润滑油流失和外界灰尘进入箱内，在轴承端盖和外伸轴之间装有密封元件。

2. 箱体

箱体是减速器的重要组成部件。它是传动零件的基座，应具有足够的强度和刚度。

箱体通常用灰铸铁制造，对于重载或有冲击载荷的减速器也可以采用铸钢箱体。单体生产的减速器，为了简化工艺、降低成本，可采用钢板焊接的箱体。

图 0-3 中所示的箱体是由灰铸铁制造的。灰铸铁具有很好的铸造性能和减振性能。为了便于轴系部件的安装和拆卸，箱体制成沿轴心线水平剖分式。上箱盖和下箱体用螺栓连接成一体。轴承座的连接螺栓应尽量靠近轴承座孔，而轴承座旁的凸台，应具有足够的承托面，以便放置连接螺栓，并保证旋紧螺栓时需要的扳手空间。为保证箱体具有足够的刚度，在轴承孔附近加支撑肋。为保证减速器安置在基体上的稳定性并尽可能减少箱体底座平面的机械加工面积，箱体底座一般不采用完整的平面。图中减速器下箱座底面采用的是两纵向长条形加工基面。

3. 附件

为了保证减速器的正常工作，除了对齿轮、轴、轴承组合和箱体的结构设计给予足够的重视外，还应考虑到为减速器润滑油池注油、排油、检查油面高度、加工及拆装检修时箱盖与箱座的精确定位、吊装等辅助零件和部件的合理选择和设计。

（1）检查孔　为检查传动零件的啮合情况，并向箱内注入润滑油，应在箱体的适当位置设置检查孔。图 0-3 中检查孔设在上箱盖顶部能直接观察到齿轮啮合的位置处。平时，检查孔的盖板用螺钉固定在箱盖上。

（2）通气器　减速器工作时，箱体内温度升高，气体膨胀，压力增大，为使箱内热胀空气能自由排出，以保持箱内外压力平衡，不致使润滑油沿分箱面或轴伸密封件等其他缝隙渗漏，通常在箱体顶部装设通气器。

（3）轴承盖　为固定轴系部件的轴向位置并承受轴向载荷，轴承座孔两端用轴承盖封闭。轴承盖有凸缘式和嵌入式两种。图 0-3 中采用的是凸缘式轴承盖，利用六角螺栓固定在箱体上，外伸轴处的轴承盖是通孔，其中装有密封装置。凸缘式轴承盖的优点是拆装、调整轴承方便，但和嵌入式轴承盖相比，零件数目较多，尺寸较大，外观不平整。

（4）定位销　为保证每次拆装箱盖时，仍保持轴承座孔制造加工时的精度，应在精加工轴承孔前，在箱盖与箱座的连接凸缘上配装定位销。图 0-3 中采用的两个定位圆锥销，安置在箱体纵向两侧连接凸缘上，对称箱体应呈对称布置，以免错装。

（5）油面指示器　为检查减速器内油池油面的高度，使油池内始终保持有适量的油，一般在箱体便于观察、油面较稳定的部位，装设油面指示器，图 0-3 中采用的油面指示器是油标尺。

（6）放油螺塞　换油时，为排放污油和清洗剂，应在箱座底部，油池的最低位置处开设放油孔，平时用螺塞将放油孔堵住，放油螺塞和箱体接合面间应加防漏用的垫圈。

（7）启箱螺钉　为加强密封效果，通常在装配时在箱体剖分面上涂以水玻璃或密封胶，因而在拆卸时往往因胶结紧密难于开盖。为此常在箱盖连接凸缘的适当位置，加工出 1 ~2 个螺孔，旋入启箱用的圆柱端或平端的启箱螺钉。旋动启箱螺钉便可将上箱盖顶起。小型减速器也可不设启箱螺钉，启盖时用起子撬开箱盖，启箱螺钉的大小可同于凸缘连接螺栓。

（8）起吊装置　当减速器重量超过 25kg 时，为了便于搬运，在箱体设置起吊装置，如在箱体上铸出吊耳或吊钩等。图 0-3 中上箱盖装有两个吊环螺钉，下箱座铸有四个吊钩。

0.4.3　常见减速器

减速器又叫减速机，它的种类繁多，型号各异，不同种类有不同的用途。减速器按照传动类型可分为齿轮减速器、蜗杆减速器和行星齿轮减速器；按照传动级数不同可分为单级和多级减速器；按照齿轮形状可分为圆柱齿轮减速器、圆锥齿轮减速机和圆锥—圆柱齿轮减速器；按照传动的布置形式又可分为展开式、分流式和同轴式减速器。如图 0-4 所示为一级齿轮减速器的结构示意图，图 0-5 所示为二级圆锥—圆柱齿轮减速器的展开图，图 0-6 所示为蜗轮蜗杆减速器的结构示意图，图 0-7 所示为行星齿轮减速器的展开图。

图 0-4　一级齿轮减速器的结构示意图

知识链接 >>>>

圆柱齿轮传动是用于传递平行轴间动力和运动的一种齿轮传动。圆柱齿轮传动的传递功率和速度适用范围大，功率可从小于 0.001 瓦到 10 万千瓦，速度可从极低到 300m/s。这种传动工作可靠，寿命长，传动效率高（可达 0.99 以上），结构紧凑，运转维护简单。

知识链接 >>>>

蜗轮蜗杆机构常用来传递两交错轴之间的运动和动力。蜗轮与蜗杆在其中间平面内相当于齿轮与齿条，蜗杆又与螺杆形状相似。蜗轮及蜗杆机构常被用于两轴交错、传动比大、传动功率不大或间歇工作的场合。

图 0-5　二级圆锥—圆柱齿轮减速器的展开图

图 0-6　蜗轮蜗杆减速器的结构示意图

知识链接 >>>>

行星齿轮传动是一个或一个以上齿轮的轴线绕另一齿轮的固定轴线回转的齿轮传动。行星轮既绕自身的轴线回转，又随行星架绕固定轴线回转。太阳轮、行星架和内齿轮都可绕共同的固定轴线回转，并可与其他构件联结承受外加力矩，它们是这种轮系的三个基本件。三者如果都不固定，确定机构运动时需要给出两个构件的角速度，这种传动称差动轮系；如果固定内齿轮或太阳轮，则称行星轮系。通常这两种轮系都称为行星齿轮传动。

图 0-7　行星齿轮减速器的展开图

做一做 >>>>

用常用工具简单拆装一级减速器（如图0-8所示），并说明各零件的名称、作用。

图0-8　一级减速器

第 1 章　杆件的静力分析

教学目标

1. 了解力的合成与分解，力矩、力偶的概念。
2. 了解典型零件的受力分析。
3. 了解摩擦在工程中的应用。
4. 了解功率与机械效率的概念。

长度远大于其他两个方向尺寸的变形体称为杆件。如房屋中的梁、柱、屋架中的各根杆等。杆件的形状和尺寸可由杆的横截面和轴线两个主要几何元素来描述。横截面是指与杆长方向垂直的截面，而轴线是各横截面中心的连线。横截面与杆轴线是互相垂直的。

1.1　力的概念与基本性质

1.1.1　常见工程结构和机械零件演示

【演示 1】　并联运动机床

并联运动机床是以机床框架为固定平台的若干个杆件组成的空间并联机构，主轴部件安装在并联机构的动平台上，工作台与机床框架连接在一起。改变杆件的长度或移动杆件的支点，按照并联运动学原理形成刀具相对于被加工零件的运动轨迹。如图 1–1 所示是传统机床与并联运动机床比较示意图，图 1–2 所示为一台由标准化部件组成的并联运动机床。

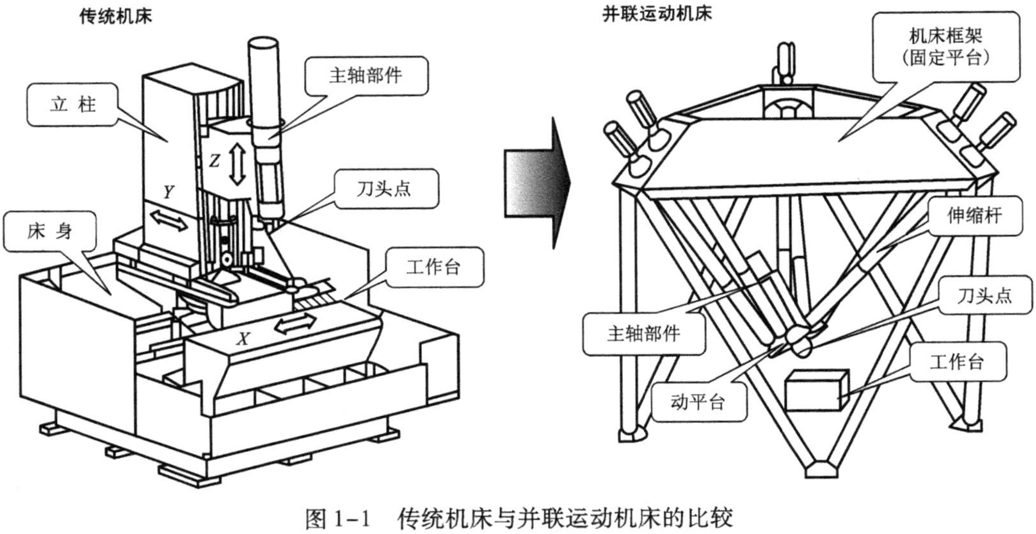

图 1–1　传统机床与并联运动机床的比较

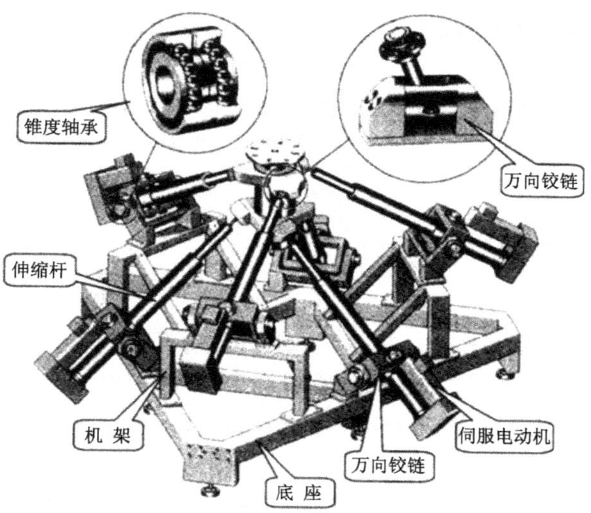

图1-2 由标准化部件组成的并联运动机床

【演示2】 2008年北京奥运会主会场——鸟巢

图1-3 鸟巢

国家体育场（鸟巢）工程（如图1-3所示）为特级体育建筑，主体结构设计使用年限100年，耐火等级为一级，抗震设防烈度8度，地下工程防水等级1级。工程主体建筑呈空间马鞍椭圆形，南北长333米、东西宽294米，高69米。主体钢结构形成整体的巨型空间马鞍形钢桁架编织式“鸟巢”结构，钢结构总用钢量为4.2万吨，混凝土看台分为上、中、下三层，看台混凝土结构为地下1层，地上7层的钢筋混凝土框架——剪力墙结构体系。钢结构与混凝土看台上部完全脱开，互不相连，形式上呈相互围合，基础则坐在一个相连的基础底板上。

1.1.2 力

1. 基本概念

（1）刚体 受力时不变形的物体。实际中刚体并不存在，但如果物体的尺寸和运动范围都远大于其变形量，则可不考虑变形的影响，将其视为刚体，因此，刚体只是一个理想的力学模型。

（2）平衡　指物体相对于地面保持静止或做均速直线运动。

（3）平衡条件　作用在刚体上的力应当满足的必要和充分的条件。

（4）力　力是物体间的相互作用，这种作用使物体的运动状态和形状发生改变。力使物体的运动状态发生改变的效应，称为力的外效应；使物体的形状发生改变的效应，称为力的内效应。

2. 力的概念理解及力的单位

对力的概念的理解关键有以下两点：

（1）力是物体之间的相互作用，离开了物体，力是不能存在的。

（2）力是物体之间的相互作用，总是成对地出现于物体之间。力相互作用的方式可以是直接接触，如人推小车；也可以不直接接触而相互吸引或排斥，如地球对物体的引力（即重力）。

因此，在分析力时，必须明确以哪一个物体为研究对象，分析其他物体对该物体的作用。力对物体作用的效果取决于三个要素：①力的大小；②力的方向；③力的作用点。其中任何一个有了改变，力的作用效果也必然改变。力的大小表明物体间机械作用的强烈程度。

力有集中力和分布力之分。按照国际单位制，集中力的单位用“牛顿”（N），“千牛顿”（kN）；分布力的单位是“牛顿/米^2”（N/m^2）［又称帕斯卡（Pa）］，以及兆帕斯卡（MPa），MPa 相当于 N/mm^2。

3. 力的表示

力是矢量，用黑体字母或字母上加一横表示，例如 $\boldsymbol{F}$ 或 $\vec{F}$。在图示中通常用带箭头的线段来表示力。线段的长度表示力的大小，箭头所指的方向表示力的方向，线段的起点或终点画在力的作用点上。如图 1-4 所示，作用小车上的重力 $\boldsymbol{P}$ 与拉力 $\boldsymbol{T}$，图 1-5 所示作用于重物的重力 $\boldsymbol{P}$ 与拉力 $\boldsymbol{T}$。

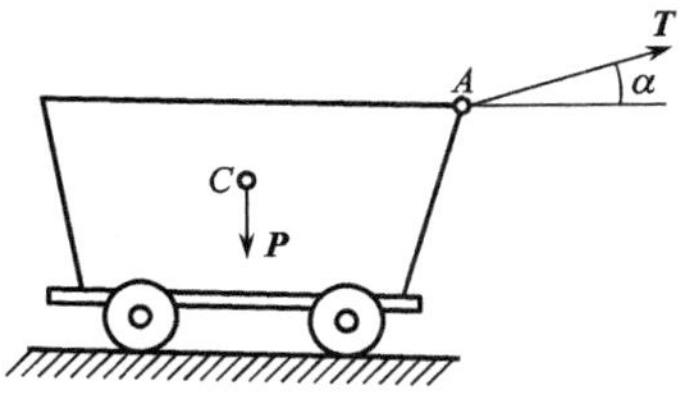

图 1-4　小车受力图

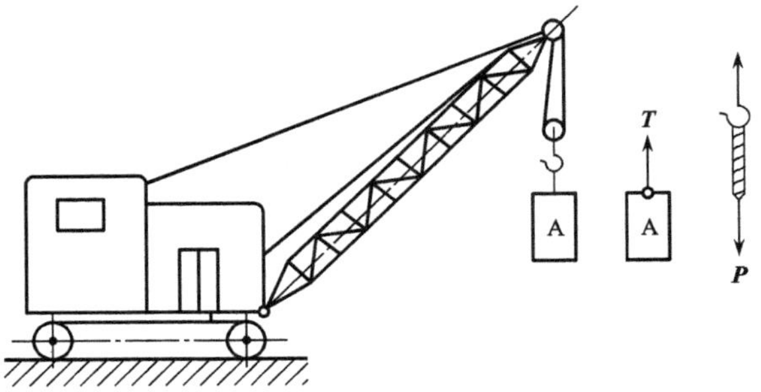

图 1-5　起吊重物受力图

1.1.3　力的基本性质

1. 性质一（二力平衡原理）

作用在刚体上的两个力，使刚体保持平衡的必要和充分条件是：这两个力大小相等，方向相反，作用在同一直线上（即两力等值、反向、共线），如图 1–6 所示。

只受两个力的作用而保持平衡的刚体称为二力体。

2. 性质二（力的平衡四边形法则）

作用在物体上同一点的两个力，可以按平行四边形法则合成一个合力。此合力也作用在该点，其大小和方向由这两力为边构成的平行四边形的主对角线确定，如图 1–7 所示。

$$\boldsymbol{F}=\boldsymbol{F}_1+\boldsymbol{F}_2$$

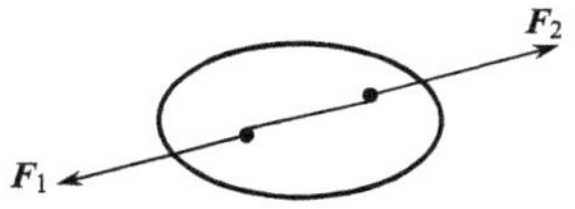

图 1–6　二力平衡

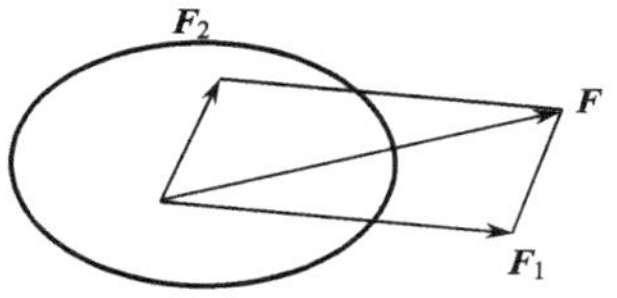

图 1–7　力的平衡四边形

3. 性质三（作用和反作用定律）

任意两个相互作用的物体之间的作用力和反作用力同时存在。这两个力大小相等，作用线相同而指向相反，分别作用在这两个物体上。（注意和二力平衡的区别）

4. 性质四（力的可传性）

作用在刚体上的力，可沿其作用线任意移动其作用点而保持它原来对刚体的作用效果。如图 1–8 所示。

图 1–8　力的可传性

1.2　力矩、力偶、力的平移

1.2.1　力矩

力除了能使物体移动外，还能使物体转动。例如用手推门时，使门绕门轴的铰链中心转动；用扳手拧紧螺母时，加力可使扳手绕螺母中心转动。其他如杠杆，滑轮等简单机械，也是加力后产生转动效应的实例。那么力使物体产生转动效应与哪些因素有关呢？现以扳手拧紧螺母为例来说明。如图 1–9（a）所示，力 $\boldsymbol{F}$ 使扳手绕螺母中心转动。转动的效果，不仅与力的大小成正比，而且还与螺母中心到该力作用线的垂直距离 d 成正比。因此可用两者的乘积 $\boldsymbol{F}\times d$ 来量度力 $\boldsymbol{F}$ 对扳手的转动效应。转动中心 O 称为矩心。矩心到力作用线的垂直距离 d 称为力臂。此外，扳手的转向可能是逆时针方向，也可能是顺时针方向。因此，用力的大小与力臂的乘积 $\boldsymbol{F}\times d$ 再加上正号或负号来表示力 $\boldsymbol{F}$ 使物体绕 O 点转动的效应（如图 1–9（b）所示），称为力 $\boldsymbol{F}$ 对 O 点的矩，简称力矩，用符号 M_O（$\boldsymbol{F}$）或 M_O 表示。一般规定，

使物体产生逆时针方向转动的力矩为正，反之为负。所以力对点的矩是代数量，即

$$M_O(\boldsymbol{F})=\pm F\times d \tag{1-1}$$

力矩的单位为牛·米（N·m）或千牛·米（kN·m）

由力矩定义和式（1-1）可看出：

① 当力的作用线通过矩心时，则力矩等于零（因为力臂 $d=0$）。

② 当力沿作用线移动时，不改变力对某点的矩。这是因为力的大小、方向和力臂的大小均未改变。

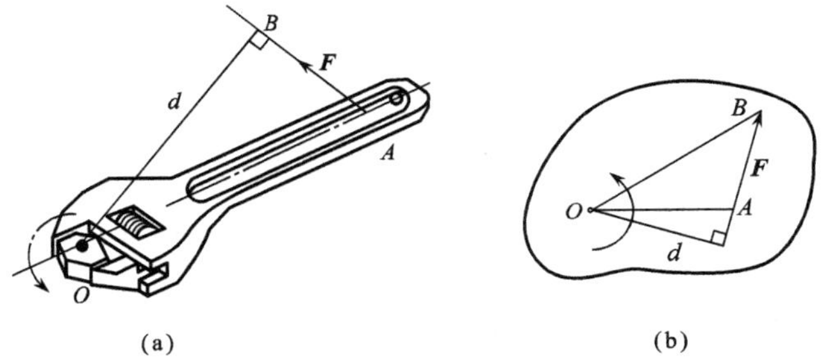

图 1-9　力矩示意图

应当指出，在一般情况下，力使物体将同时产生移动和转动两种效应，其中转动可以相对于物体上的任意点；而力矩是力使物体绕某点产生的转动效应的度量。因此，矩心不一定要取在物体可以绕之转动的固定点上，根据分析和计算的需要，物体上任意点都可以取为矩心。

【例 1-1】 用羊角榔头起钉子（如图 1-10 所示），在 A 点施加一个垂直于锤柄的力 $\boldsymbol{F}$ 使钉锤转动，试分析转动中心在何处？力臂长应如何确定？

解

从图中可以看出，力矩的转动中心在羊角榔头与物体表面的接触点 O。延长力 $\boldsymbol{F}$ 的作用线至 A_1，自点 O 作 $OA_1 \perp AA_1$，则 OA_1 即为力臂的长度。

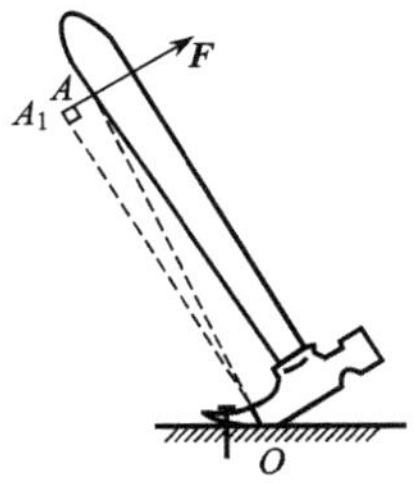

图 1-10　例 1-1 图

合力矩定理　力矩是度量力对物体的转动效应的物理量，而合力与分力是等效的，故可证明：由分力 $\boldsymbol{F}_1$，$\boldsymbol{F}_2$，$\boldsymbol{F}_3$，…，$\boldsymbol{F}_n$ 的合力 $\boldsymbol{F}$ 对某点 O 的力矩等于各分力 $\boldsymbol{F}_1$，$\boldsymbol{F}_2$，$\boldsymbol{F}_3$，…，$\boldsymbol{F}_n$ 对同一点力矩的代数和。即

若

$$\boldsymbol{F}=\boldsymbol{F}_1+\boldsymbol{F}_2+\boldsymbol{F}_3+\cdots+\boldsymbol{F}_n \tag{1-2}$$

则

$$M_O(\boldsymbol{F})=M_O(\boldsymbol{F}_1)+M_O(\boldsymbol{F}_2)+\cdots+M_O(\boldsymbol{F}_n)=\sum M_O(\boldsymbol{F}) \tag{1-3}$$

合力矩定理不仅适用于平面汇交力系，对任何有合力的力系均成立。

在求力矩时，如果力臂不容易计算，力矩很难直接求出。但如果将力进行适当分解，各分力的力矩就容易计算，所以应用合力矩定理可以简化力矩的计算。

由力矩定义可知，力矩具有以下性质：

① 当力的作用线通过矩心时，力臂为零，力矩也为零，即该力不能使物体绕矩心转动。

② 当力沿其作用线移动时，不改变该力对任一点之矩。

③ 矩心的位置可任意选定，即力可以对其作用平面内的任意点取矩，矩心不同，所求的力矩的大小和转向就可能不同。

1.2.2 力偶

大小相等、方向相反、作用线相互平行的两力称为力偶。如图 1-11 中所示的力 $\vec{F}$ 与 $\vec{F}'$ 构成一力偶。两个力的作用线所决定的平面称为力偶的作用面，两个作用线的垂直距离 d 称为力偶臂。在实际的生活中司机两手同时施于方向盘的的两个力组成一个力偶。

尽管对于力偶的两个力有 $\vec{F}+\vec{F}'=0$，但作用线不重合，故这两个力不可能用一个力与其等效。如果说单个力是最简单的力系，则力偶是另一种不可能再简化的简单的力系。它的作用效果是改变刚体转动状态，或引起变形体扭曲。

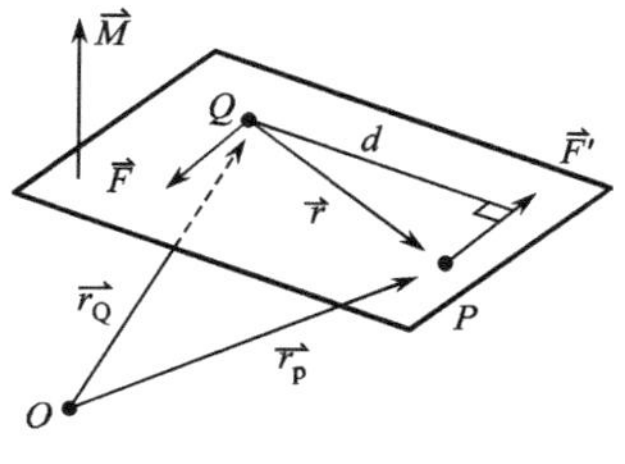

图 1-11 力偶矩

与作用于刚体的力的三要素类似，力偶对刚体作用取决于力偶矩的大小、作用面的方位与力偶的转动方向，称它们为力偶的三要素。

做一做 >>>>

试比较力矩与力偶矩的异同点。

<table>
<tr><th colspan="2">异同点</th><th>力矩</th><th>力偶矩</th></tr>
<tr><td rowspan="3">相同点</td><td>1</td><td colspan="2">使物体产生转动效应</td></tr>
<tr><td>2</td><td colspan="2">单位：N · m 或 kN · m</td></tr>
<tr><td>3</td><td colspan="2">正负规定：逆时针为正，反之为负</td></tr>
<tr><td rowspan="3">不同点</td><td>1</td><td>力矩是力使物体绕某固定点产生转动效应的量度</td><td>力偶矩是力偶使物体转动效应的量度</td></tr>
<tr><td>2</td><td>力矩是力使物体绕某固定点转动效应的量度</td><td>力偶对其作用面上任意点之矩恒等于力偶矩，与矩心的选择无关</td></tr>
<tr><td>3</td><td>力矩不能完全描述一个力，因为力可使物体移动，也可使物体转动</td><td>力偶矩完全可以描述一个力偶，它只能使物体转动</td></tr>
</table>

1.2.3 力向一点平移

力的平移定理：作用于刚体上的力可以平行移动到刚体上的任意一指定点，但必须同时在该力与指定点所决定的平面内附加一力偶，其力偶矩等于原力对指定点的力矩（如图 1-12所示）。

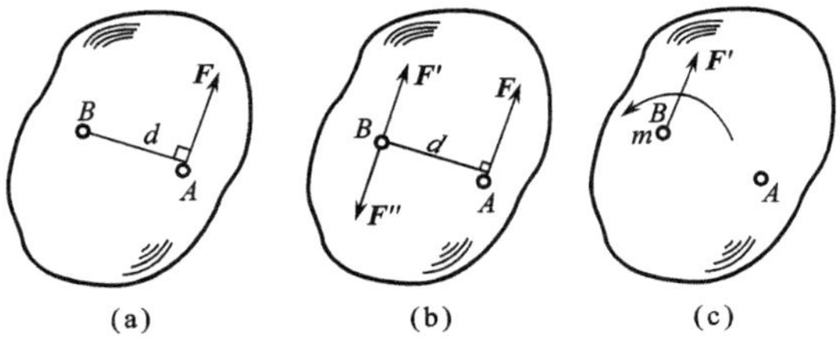

图 1-12　力的平移

力的平移定理表明，可以将一个力分解为一个力和一个力偶；反过来，也可以将同一平面内的一个力和一个力偶合成为一个力。

应该注意，力的平移定理只适用于刚体，而不适用于变形体，并且只能在同一刚体上平行移动。

1.3　约束、约束力、力系和受力图的应用

1.3.1　约束、约束力

在分析物体的受力情况时，常将力分为给定力（已知力，如重力、磁力、流体压力、弹簧弹力和某些作用在物体上的已知力）和约束力。

1. 基本概念

约束　对物体运动起限制作用的其他物体称为约束物，简称约束。

约束力　约束对被约束物的力称为约束力。约束力的方向与该约束所能限制的运动方向相反。约束力的大小需由平衡条件求出。

2. 常见的约束类型

（1）光滑接触表面约束

两物体的接触表面非常光滑，摩擦可忽略不计时，即属于光滑表面约束（如图 1-13 所示）。

约束力作用在接触点，方向沿接触表面的公法线并指向受力物体。

（2）柔性约束

由柔软的绳索、链条（假设其不可伸长）等构成的约束称为柔性约束（如图 1-14 所示）。

其约束力为拉力，作用在接触点，方向沿绳索背离物体。

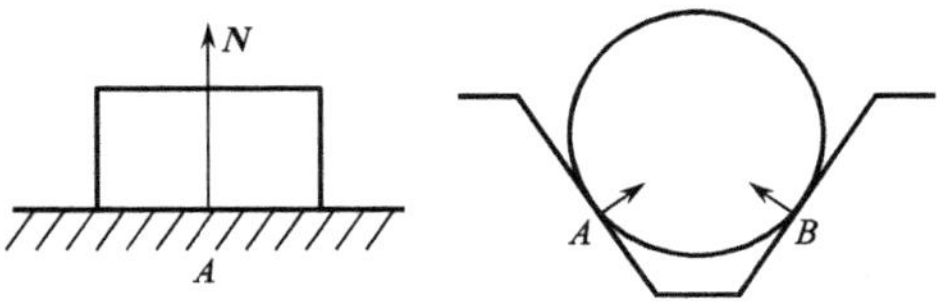

图 1-13　光滑接触表面约束

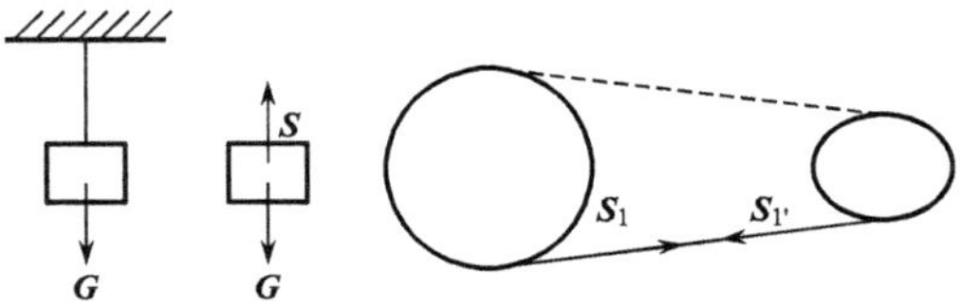

图 1-14　柔性约束

(3) 光滑柱铰

约束物与被约束物以光滑圆柱面相连接。其中一个为约束物，另一个为被约束物，约束物不动时，称为固定铰链支座，简称固定支座（如图1-15所示）。

约束力为过接触点K沿径向的压力，由于接触点在圆周上的位置不能预先确定，因此，通常用两个相互垂直的分力代替。

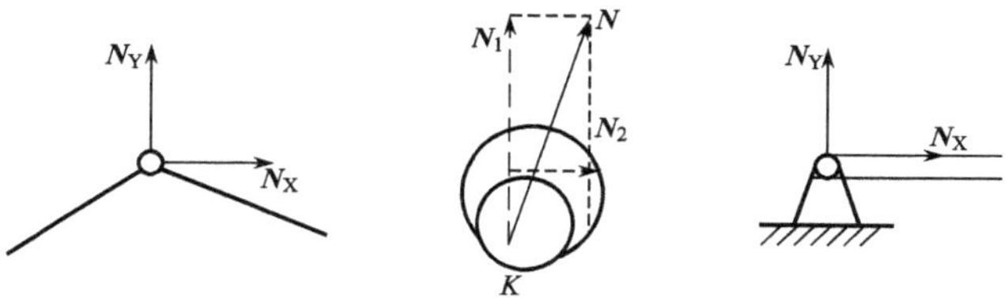

图1-15 光滑柱铰

(4) 可动支座（可动铰链支座的简称）

它是一种复合约束，约束力的方向与支承面垂直（如图1-16所示）。

(5) 固定端约束（如图1-17所示）

(6) 二力体（如图1-18所示）

二力体为一种复合约束。工程上常见的二力体是指两端有铰且自重不计的拉杆或压杆。

二力体对被约束物的约束力的作用线与二力体所受两力作用点的连线重合。

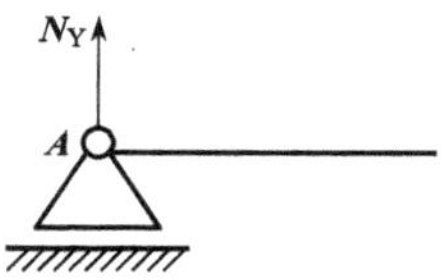

图1-16 可动支座

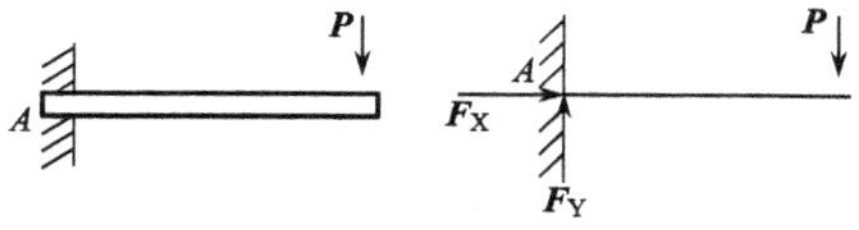

图1-17 固定端约束

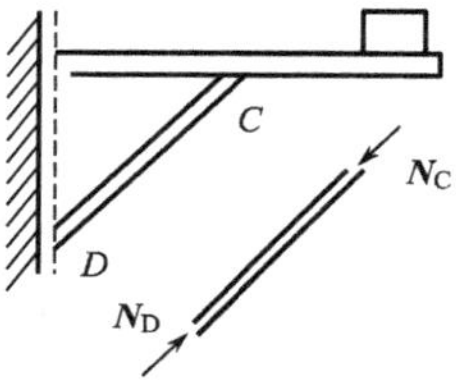

图1-18 二力体

1.3.2 力系

平面力系　各力的作用线都在同一平面内的力系。

平面汇交力系　各力的作用线交于一点的平面力系（如图1-19所示）。

平面平行力系　各力的作用线相互平行的平面力系（如图1-20所示）。

平面一般力系　各力的作用线不完全交于一点也不完全相互平行的平面力系（如图1-21所示）。

研究力系的合成与平衡问题通常有两种方法：几何法和解析法。

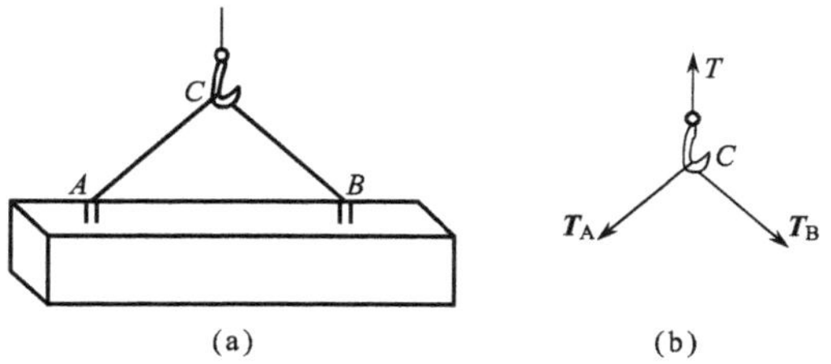

图1-19 平面力系

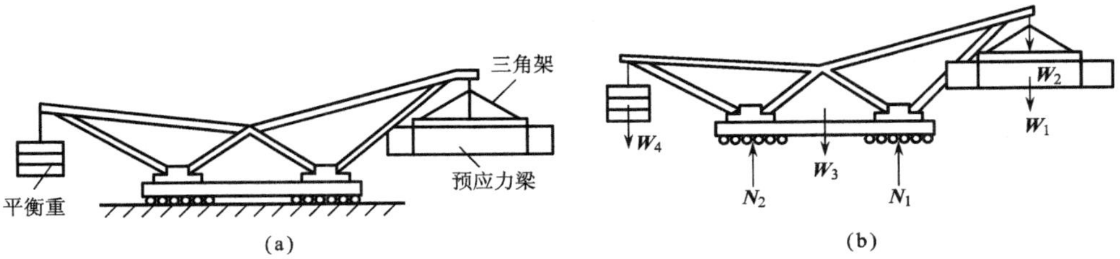

图 1-20　平面汇交力系

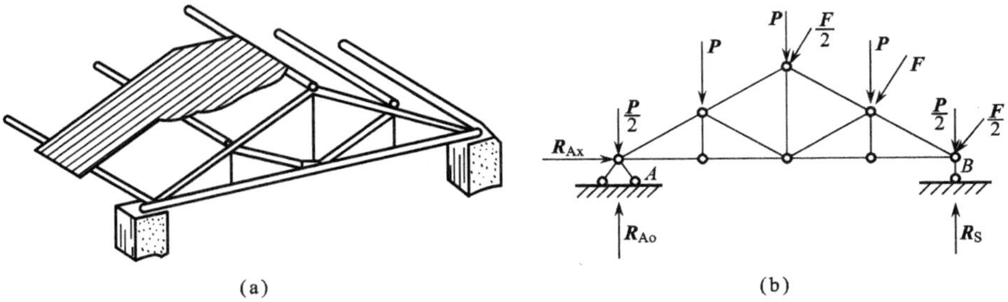

图 1-21　平面一般力系

1.3.3　典型构件受力图

1. 带传动的受力

平带传动、V 带传动都是利用张紧在带轮上的皮带与带轮之间的摩擦力工作的。如图 1-22所示，皮带进入主动带轮的一侧为紧边，拉力为 F_1，另一边为松边，拉力为 F_2。

带拉力的方向和轮缘相切，皮带的张紧力使带轮轴受到较大的力的作用。

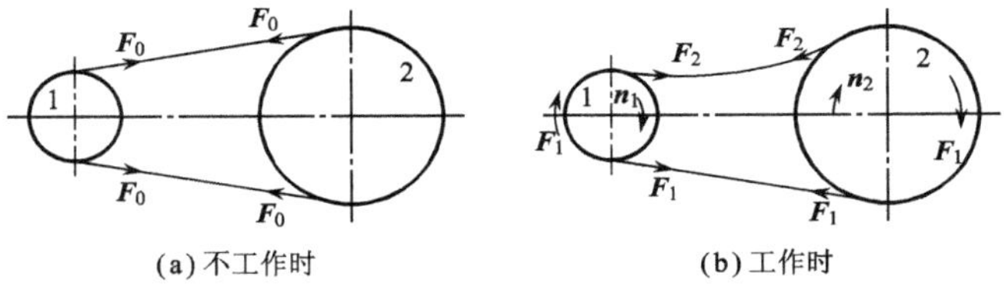

图 1-22　带传动的受力

2. 直齿圆柱齿轮受力

如图 1-23 所示，直齿圆柱齿轮沿齿廓的公法线方向受法向力 F_n，法向力 F_n，可分解为圆周力 F_t，径向力 F_r。一对相互啮合的齿轮，作用在主动轮和从动轮上各对应力大小相等、方向相反。从动轮上的圆周力是驱动力，其方向与回转方向相同；主动轮上的圆周力是阻力，其方向与回转方向相反；径向力分别指向各轮轮心。

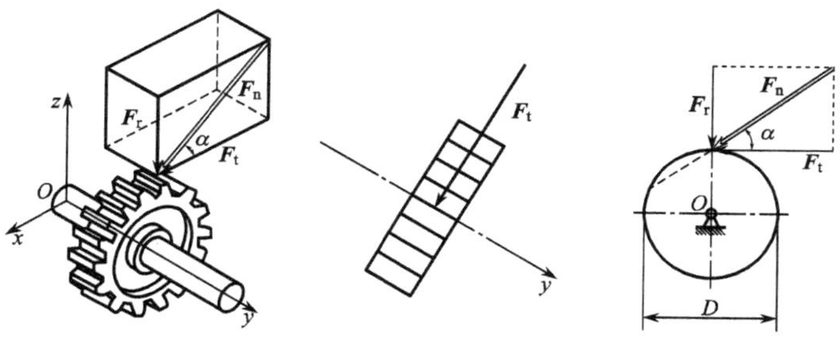

图 1-23　直齿圆柱齿轮受力情况

F_n、F_r、F_t 三者的关系为

$$\begin{cases} F_r = F_n \cdot \sin\alpha \\ F_t = F_n \cdot \cos\alpha \end{cases} \tag{1-4}$$

3. 斜齿圆柱齿轮受力

如图 1-24 所示，斜齿圆柱齿轮沿齿廓的公法线方向受法向力 F_n，法向力 F_n 可分解为圆周力 F_t、径向力 F_r、轴向力 F_a。一对相互啮合的斜齿轮，圆周力、径向力方向的判定与直齿圆柱齿轮相同。轴向力的方向决定于齿轮螺旋线方向和齿轮回转方向，用主动轮的左、右手法则判断：左螺旋用左手，右螺旋用右手。用手握住主动轮轴线，四指握向齿轮的旋转方向，拇指的指向即主动轮的轴向力方向，从动轮轴向力方向与其相反、大小相等。螺旋角 β 越大，轴向力越大。

在长方体对角平面中，先将法向力 F_n 分解为径向力 F_r 和力 F'，再将力 F' 分解为圆周力 F_t、轴向力 F_a。具体计算如下

$$\begin{cases} F_r = F_n \cdot \sin\alpha \\ F_t = F_n \cdot \cos\alpha\cos\beta \\ F_a = F_n \cdot \sin\alpha\sin\beta \end{cases} \tag{1-5}$$

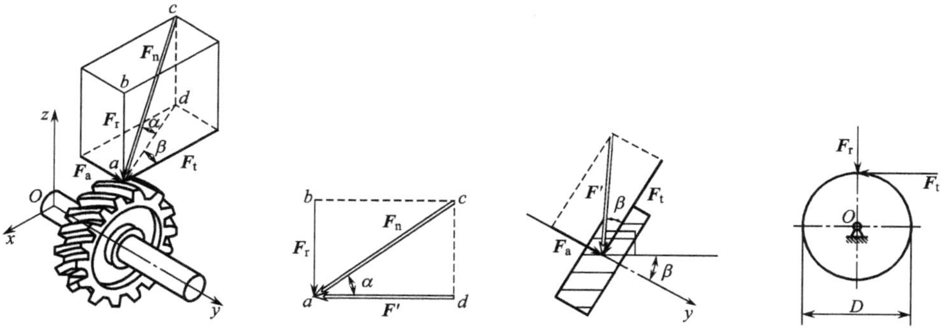

图 1-24　斜齿圆柱齿轮受力

4. 圆锥齿轮受力

如图 1-25 所示，圆锥齿轮沿齿廓的公法线方向受法向力 F_n，法向力 F_n 可分解为圆周力 F_t、径向力 F_r、轴向力 F_a。一对相互啮合的圆锥齿轮，圆周力、径向力方向的判定与直齿圆柱齿轮相同。轴向力 F_a 沿轴线由圆锥齿轮的小端指向大端，锥顶角 δ 越大，轴向力越

大。轴承承受轴向载荷越大。具体计算如下

$$
\begin{cases}
F_r = F_n \cdot \sin\alpha \\
F_t = F_n \cdot \cos\alpha\cos\delta \\
F_a = F_n \cdot \sin\alpha\sin\delta
\end{cases}
\tag{1-6}
$$

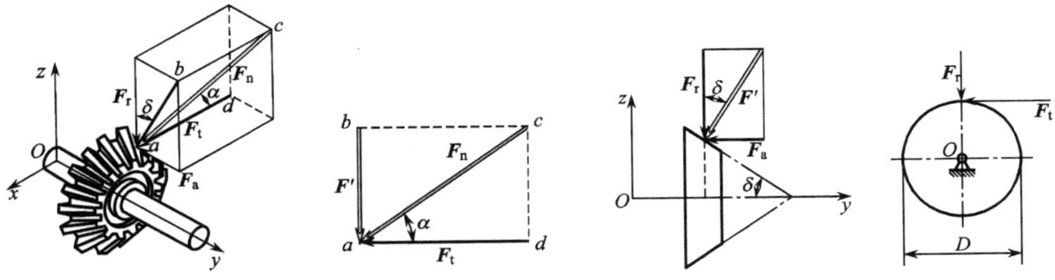

图 1-25　圆锥齿轮受力

5. 轴的受力分析

轴是机器中的重要零件。轴上通常装有带轮、链轮、齿轮等传动零件，所以，轴上受的力既有径向力、圆周力，又有轴向力。将圆周力和轴向力平移到轴心线上，使轴线受到力偶作用。轴的受力不在同一个平面，属于空间力系。

空间力系的平衡问题，可以转化为几个平面力系的平衡问题。

如图 1-26 所示，轴受竖直径向力 $\boldsymbol{F}_1$ 和水平径向力 $\boldsymbol{F}_2$ 作用，取空间直角坐标系。在垂直面内，作用力为 $\boldsymbol{F}_1$，轴承反力 $\boldsymbol{R}_{Az}$、$\boldsymbol{R}_{Bz}$；在水平面内，作用力为 $\boldsymbol{F}_2$，轴承反力 $\boldsymbol{R}_{Ay}$、$\boldsymbol{R}_{By}$；分别建立平衡关系，求出支座在某方向的分力。再对某支座的两个分力进行合成就可求得支座约束反力。支座 A、B 的约束反力计算见公式 1-7。

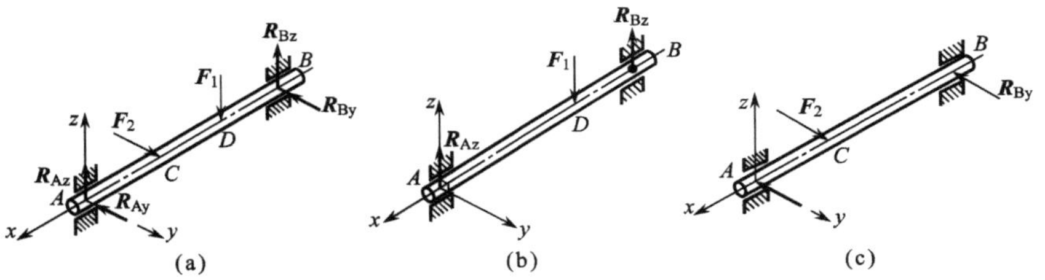

图 1-26　轴的受力分析

$$
\begin{cases}
R_A = \sqrt{R_{Az}^2 + R_{Ay}^2} \\
R_B = \sqrt{R_{Bz}^2 + R_{By}^2}
\end{cases}
\tag{1-7}
$$

*1.4　平面力系的平衡方程及应用

1.4.1　分析平面力系

各力的作用线分布在同一平面内的任意力系称为平面任意力系，简称平面力系。平面力系的研究不仅在理论上而且在工程实际应用中都具有重要意义。首先，平面力系是工程中常见的一种力系。另外许多工程结构和构件受力的作用时，虽然力的作用线不都在同一平面内，但其作用力系往往具有一对称平面，可将其简化为作用在对称平面内的力系。

1. 平面力系向平面内一点简化

设在刚体上作用一平面力系（$\vec{F}_1,\vec{F}_2,\cdots,\vec{F}_n$），各力的作用点如图 1-27 所示。$O$ 点称为简化中心，$M_i = M_O(\vec{F}_i)$ 。

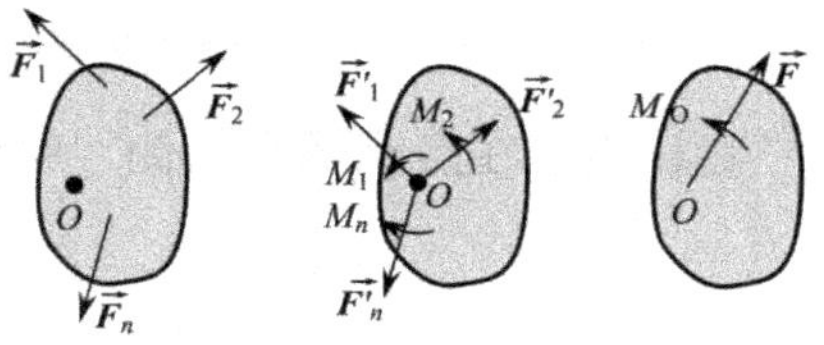

图 1-27　平面力系向平面内一点简化

主矢$\vec{F}$的计算公式如下

$$\begin{cases}\vec{F} = \sum \vec{F}_i \\ F = \sqrt{\left(\sum F_{ix}\right)^2 + \left(\sum F_{iy}\right)^2} \\ \cos\alpha = \dfrac{\sum F_{ix}}{F} \\ \cos\beta = \dfrac{\sum F_{iy}}{F}\end{cases} \tag{1-8}$$

主矩的计算公式如下

$$M_O = \sum M_O(\vec{F}_i) \tag{1-9}$$

结论：平面力系向作用面内任一点简化，一般可得到一个力和一个力偶，该力通过简化中心，其大小和方向等于力系的主矢，主矢的大小和方向与简化中心无关；该力偶的力偶矩等于力系对简化中心的主矩，主矩的大小和转向与简化中心相关。

2. 固定端约束（插入端约束）

概念：物体的一部分固嵌于另一物体中所构成的约束（如图 1-28 所示）。
实例：电线杆。

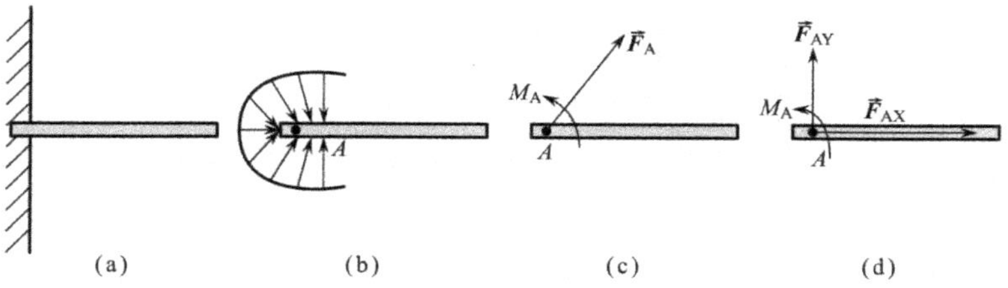

图 1-28　固定端约束

当主动力为一平面力系时，物体在固嵌部分所受的力系也是一个平面力系，一般比较复杂，但可向点简化为一个力和一个力偶，力的大小和方向都是未知的。

3. 平面力系简化的最后结果

（1）简化结果（如图 1-29 所示）

① $\vec{F} = 0, M_O = 0$，平面力系平衡。

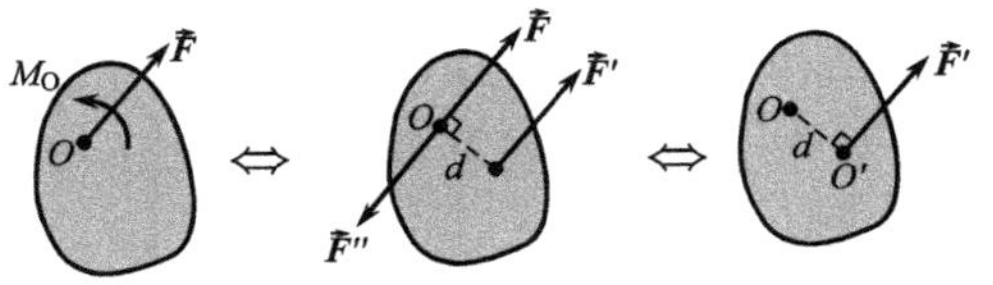

图 1-29 平面力系的简化

② $\vec{F}=0, M_O \neq 0$，平面力系简化为一个合力偶，力偶矩的大小和转向由主矩决定，与简化中心无关。

③ $\vec{F} \neq 0, M_O=0$，平面力系简化为一个合力，此合力过简化中心，大小和方向由主矢确定。

④ $\vec{F} \neq 0, M_O \neq 0$，平面力系简化为一个合力，合力 $\vec{F}'$ 的作用线在点 O 的哪一侧，应使得 $\vec{F}'$ 对 O 之矩与主矩 M_O 的转向相同。图中 $d=\dfrac{|M_O|}{F}$。

(2) 合力矩定理

$$M_O(\vec{F}')=F'd=Fd=M_O=\sum M_O(\vec{F}_i) \tag{1-10}$$

即平面力系的合力对作用面内任一点的矩等于力系中各力对同一点矩的代数和，称为平面力系的合力矩定理。

(3) 合力作用线方程

如图 1-30 所示，由平面内力对点之矩的解析表达式可知

$$M_O(\vec{F}')=F_y x-F_x y=M_O \tag{1-11}$$

其中 O 是 (x,y) 合力作用线上任一点。

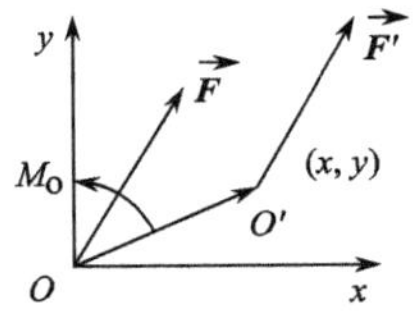

图 1-30 合力作用线

【例 1-2】 已知：矩形板的四个顶点上分别作用四个力及一个力偶如图 1-31 (a) 所示。其中 $F_1=2\text{kN}, F_2=3\text{kN}, F_3=4\text{kN}, F_4=\sqrt{2}\text{kN}$，力偶矩 $M=10\text{kN}\cdot\text{m}$，转向如图中所示，图中长度单位为 m。试分别求：(1) 力系向点 B 简化结果；(2) 力系向点 C 简化结果；(3) 力系简化的最后结果。

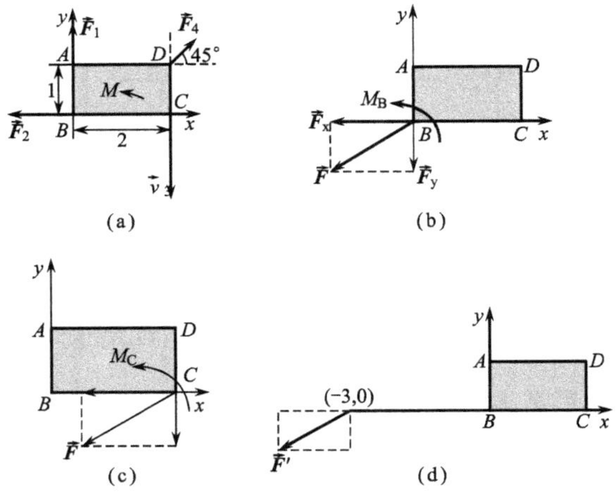

图 1-31 例 1-2 图

解

（1）计算力系的主矢 $\vec{F}$

$$F_x = \sum F_{ix} = F_4\cos45° - F_2 = -2\text{kN}$$

$$F_y = \sum F_{iy} = F_1 - F_3 + F_4\sin45° = -1\text{kN}$$

$$F = \sqrt{F_x^{\ 2} + F_y^{\ 2}} = \sqrt{5}\text{kN}$$

$$\cos\alpha = \frac{F_x}{F} = \frac{-2}{\sqrt{5}} = \frac{-2\sqrt{5}}{5} \quad \cos\beta = \frac{F_y}{F} = \frac{-1}{\sqrt{5}} = -\frac{\sqrt{5}}{5}$$

$\vec{F}$ 的解析式　$\vec{F} = -2\vec{i} - 1\vec{j}$

（2）向 B 点简化的主矩

$$M_B = -F_4\cos45° \times 1 + F_4\sin45° \times 2 + M - F_3 \times 2 = 3\text{kN}\cdot\text{m}$$

即平面力系向点 B 简化得到一力和一力偶，该力过点 B，其大小和方向与力系的主矢 $\vec{F}$ 相同。该力偶的力偶矩等于主矩 M_B，如图 1-32（b）所示。

（3）向 C 点简化的主矩

利用两点之矩的关系计算　$M_C = M_B + M_C(\vec{F}) = 3 + F_y \cdot 2 = 5\text{kN}$

平面力系向点 C 简化仍得到一力和一力偶，该力过点 C，其大小和方向仍与力系的主矢相同，该力偶的力偶矩等于主矩 M_C，如图 1-32（c）所示。

（4）力系简化的最后结果

因为主矢 $\vec{F} \neq 0$，所以力系简化的最后结果为一合力 $\vec{F}'$，其大小和方向与主矢 $\vec{F}$ 相同，作用线方程为 $-x + 2y = 3$，合力 $\vec{F}'$ 经轴 x 的交点坐标为（-3，0）。

1.4.2 平衡方程及应用

1. 平面力系的平衡方程

（1）基本形式

平面力系是平面汇交力系和平面力偶系的组合，因而平面力系平衡的必要条件是

$$\vec{F} = 0, M_O = 0 \tag{1-12}$$

（2）解析式

$$\begin{cases} \sum F_{ix} = 0 \\ \sum F_{iy} = 0 \\ M_O = 0 \end{cases} \tag{1-13}$$

即平面力系平衡的必要与充分的解析条件是：力系中各力在作用面内两个直角坐标轴上投影的代数和等于零，力系中各力对于平面内任意点之矩的代数和也等于零。

（3）二力矩式

$$\begin{cases} \sum M_A(\vec{F}_i) = 0 \\ \sum M_B(\vec{F}_i) = 0 \\ \sum F_{ix} = 0 \end{cases} \tag{1-14}$$

且 x 轴不垂直于 A、B 两点的连线。

证明：必要性，若平面力系平衡，则 $\vec{F}=0, M_O=0$ 易知成立。

充分性：反证法，假定成立，而力系不平衡，则由前两式知力系不能简化为合力偶，所以必为一合力，且此合力必过 A，B 两点，由 $\sum F_{ix}=0$ 知此合力必垂直于 x 轴，与已知矛盾，所以式（1-14）成立，必有力系平衡。

（4）三力矩式

$$\begin{cases}\sum M_A(\vec{F}_i)=0\\ \sum M_B(\vec{F}_i)=0\\ \sum M_C(\vec{F}_i)=0\end{cases} \tag{1-15}$$

且 A、B、C 不共线。

【例 1-3】 如图 1-32（a）所示结构中，A，C，D 三处均为铰链约束。横杆 AB 在 B 处承受集中载荷 $\vec{F}_1$，若已知 $\vec{F}_1$ 和 l，试求撑杆 CD 的受力以及 A 处的约束力。

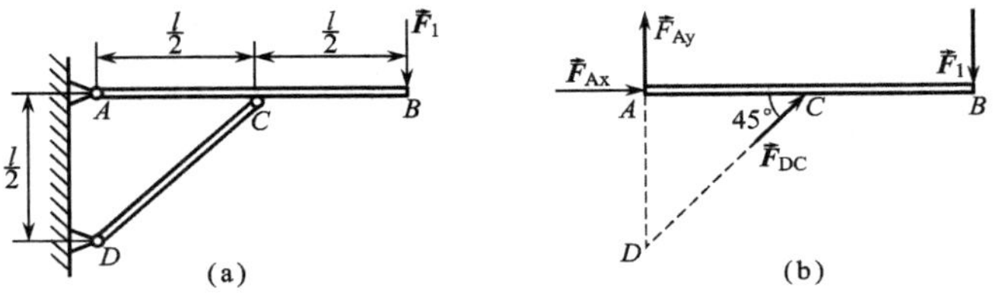

图 1-32 例 1-3 图

解

研究对象：ACB 杆。

受力分析：易知 CD 是二力杆，所以点 C 受力如图 1-32（b）示。

列平衡方程求解，基本方程

$$\sum F_{ix}=0$$

$$\sum F_{iy}=0$$

$$F_{Ax}+F_{DC}\cdot\cos45°=0$$

$$F_{Ay}+F_{DC}\cdot\sin45°-F_1=0$$

$$\sum M_A(\vec{F}_i)=0$$

$$F_{DC}\cdot\sin45°\cdot\frac{l}{2}-F_1\cdot l=0$$

可得

$$\begin{cases}F_{DC}=2\sqrt{2}F_1\\ F_{Ax}=-2F_1\\ F_{Ay}=-F_1\end{cases}$$

三力矩式

$$\sum M_A(\vec{F}_i)=0$$

$$\sum M_B(\vec{F}_i) = 0$$

$$\sum M_C(\vec{F}_i) = 0$$

$$F_{DC} \cdot \sin 45° \cdot \frac{l}{2} - F_1 \cdot l = 0$$

$$-F_{Ay} \cdot \frac{l}{2} - F_1 \cdot \frac{l}{2} = 0$$

$$-F_{Ax} \cdot \frac{l}{2} - F_1 \cdot l = 0$$

可得

$$\begin{cases} F_{DC} = 2\sqrt{2}F_1 \\ F_{Ax} = -2F_1 \\ F_{Ay} = -F_1 \end{cases}$$

2. 静定和静不定问题

（1）静定和静不定问题概念

前面例子所讨论的平衡问题，未知力的个数正好等于平衡方程的数目，因而能由平衡方程解出全部未知数。这类问题称为静定问题。相关的结构称为静定结构。工程上为了提高结构的强度常常在静定结构上再附加一个或几个约束，从而使未知约束力的个数大于独立平衡方程的数目。因而，仅仅由平衡方程无法求得全部未知约束力，这时的平衡问题称为超静定问题或静不定问题，相应的结构称为超静定结构或静不定结构。

（2）平面内刚体的自由度

以 OXY 坐标平面内运动的刚体为例（如图1-33 所示），说明平面内运动的刚体自由度。

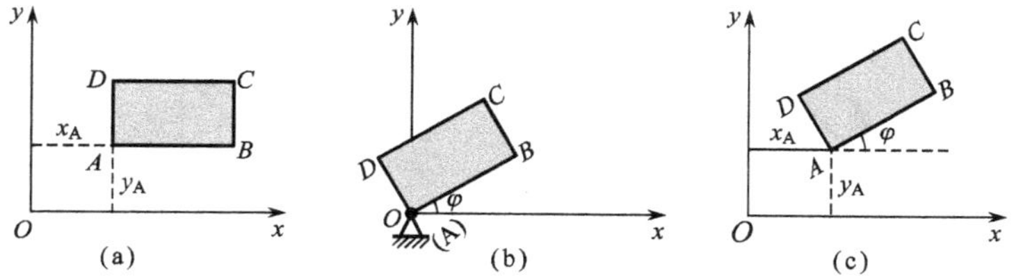

图1-33 平面内刚体的自由度

若刚体平移（平动），有两个自由度（图1-33（a））；若刚体定轴转动，有一个自由度（图1-33（b））；若刚体做平面一般运动（既有平动又有转动），有3个自由度（图1-33（c））。

（3）刚体的三种约束状态

所谓约束状态是指刚体在空间所受的限制状况。约束状态与自由度有关，自由度大于零称为不完全约束，自由度等于零者称为完全约束。

若：N 为自由度；N_r 为未知约束力个数；N_e 为独立平衡方程数目

则：$N_e > N_r$ 时，$N > 0$ 为不完全约束；

$N_e = N_r$ 时　$N = 0$ 为完全约束，且为静定问题；

$N_e < N_r$ 时　$N = 0$ 为完全约束，但为超静定问题。

如图 1-34（a）所示为不完全约束；如图 1-34（b）所示为完全约束，且为静定结构；如图 1-34（c）所示为完全约束，但为超静定结构。

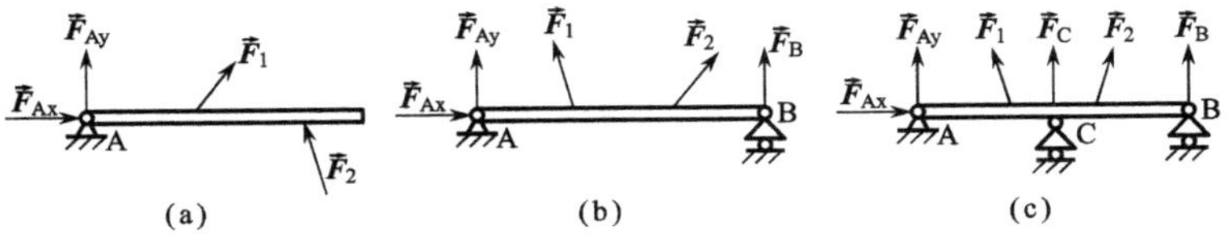

图 1-34　刚体的三种约束状态

（4）超静定次数

超静定问题中，未知约束力的个数与独立的平衡方程个数的数目之差，称为超静定次数，与超静定次数对应的约束对于结构保持静定是多余的，故称为多余约束。

静不定次数用之表示由式确定 $i = N_r - N_e$。

3. 简单多刚体系统平衡问题

多刚体系统平衡问题的特点是：仅考虑系统的整体或某个局部（单个刚体或局部刚体系统）不能确定全部未知力。为了解决多刚体系统的平衡问题，需将平衡的概念加以扩展，即系统若整体是平衡的，则组成系统的每一局部以及每一个刚体也必然是平衡的。如刚体系统由 n 个刚体组成，设其中 n_1 个刚体受平面力偶系作用，n_2 个刚体受平面汇交力系或平面平行力系作用，n_3 个刚体受平面力系作用，则 $n = n_1 + n_2 + n_3$，分别考虑每个刚体的平衡，总共可得 $m = n_1 + 2n_2 + 3n_3$ 个独立的平衡方程。若未知的外约束力和内约束力的总数为 K 个，如 $K \leqslant m$，则刚体系统是静定的，否则是静不定的，静力学只研究静定平衡问题。

【例 1-4】 如图 1-35（a）所示起重机置于组合梁 ACB 上，各梁的自重不计，已知：$Q = 10\text{kN}$，起吊重物 $P = 4\text{kN}, L_1 = 1\text{m}, L_2 = 2\text{m}$，试求支座 A、B 的约束力（设梁与起重机光滑接触）。

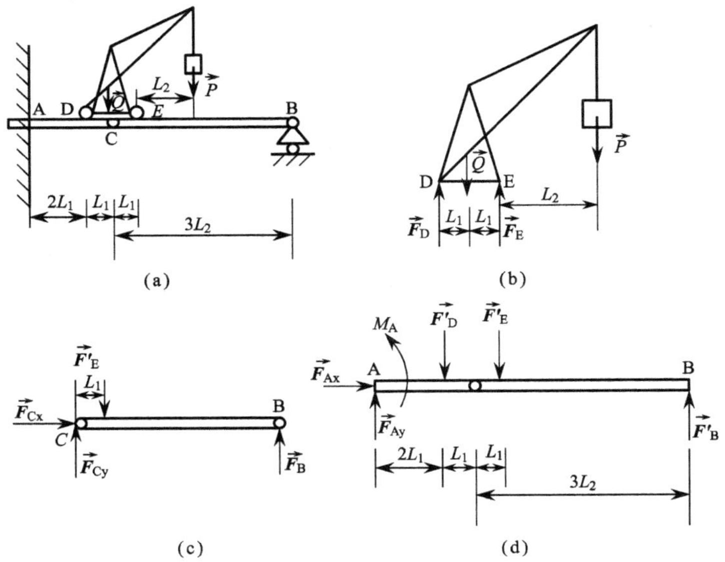

图 1-35　例 1-4 图

解

（1）判断系统的静定性：$n=3$，其中$n_2=1, n_3=2$，得$m=8$，而$K=8$。所以静定。整体不单独静定，而起重机DE单独静定，故可以研究起重机DE。

（2）取研究对象：起重机DE。

受力分析如图1-36（b）所示。

列方程求解

$$\sum F_{iy}=0 \quad F_D+F_E-Q-P=0$$

$$\sum M_D(\vec{F}_i)=0 \quad -QL_1-P(2L_1+L_2)+F_E\cdot 2L_1=0$$

解得：$F_E=13\text{kN}, F_D=1\text{kN}$

（3）取研究对象：CB梁。

受力分析如图1-36（c）所示。

列方程求解

$$\sum M_C(\vec{F}_i)=0$$

$$-F'_E L_1+F_B\cdot 3L_2=0$$

解得：$F_B=2.167\text{kN}$

（4）选择ACB为研究对象。

受力分析如图1-36（d）所示。

列方程求解：

$$\sum F_{ix}=0 \quad F_{Ax}=0$$

$$\sum F_{iy}=0 \quad F_{Ay}+F_B-F'_D-F'_E=0$$

解得：$F_{Ay}=11.833\text{kN}$

$$\sum M_A(\vec{F}_i)=0 \quad M_A-F'_D\cdot 2L_1-F'_E\cdot 4L_1+F_B(3L_1+3L_2)=0$$

解得：$M_A=34.5\text{kN}\cdot\text{m}$

想一想 >>>>

如图1-36所示机构由曲杆EC、BCD及直杆AE铰链组成，各杆自重不计。已知：$q_1=100\text{kN/m}$，$M=600\text{kN}\cdot\text{m}, P=300\text{kN}, L=1\text{m}$，试求：曲杆BCD在铰链C、D处所受的力。

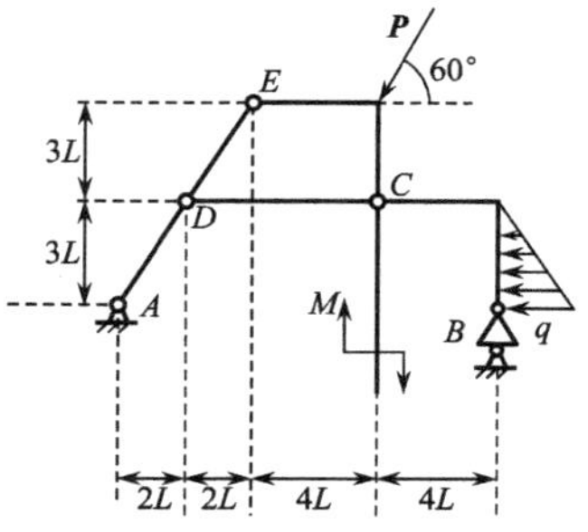

图1-36 曲杆机构

习题1

1-1　力的________、________、________称为力的三要素，所以说力是__________。

1-2　力对物体的作用效果一般分为________效应和________效应。

1-3　力偶的________、________、________称为力偶的三要素。

1-4　力偶是由大小______、方向________、作用线________的二力构成的力系。

1-5　通常规定________转向的力矩为正值；________转向的力矩为负值。

1-6　合力对某点的力矩等于各分力对该点之矩的代数和，这个关系称为________。

1-7　当力的作用线通过矩心时，力矩为________。

1-8　如果说 $\boldsymbol{F}_r$ 是 $\boldsymbol{F}_1$、$\boldsymbol{F}_2$ 二力的合力，用矢量方程表示为 $\boldsymbol{F}_r=\boldsymbol{F}_1+\boldsymbol{F}_2$，则三力大小之间的关系为______。

A. 必有 $\boldsymbol{F}_r=\boldsymbol{F}_1+\boldsymbol{F}_2$　　B. 不可能有 $\boldsymbol{F}_r=\boldsymbol{F}_1+\boldsymbol{F}_2$

C. 必有 $F_r \geqslant F_1$，$F_r \geqslant F_2$　　D. 可能有 $F_r \leqslant F_1$，$F_r \leqslant F_2$

1-9　作用在同一物体上的两个力，若其大小相等，方向相反，则它们________。

A. 只能是一对平衡力　　B. 只能是一个力偶

C. 可能是一对平衡力或一个力偶　　D. 可能是一对作用力和反作用力

1-10　属于力矩作用的是________。

A. 用丝锥攻螺纹　　B. 双手握方向盘

C. 用起子扭螺钉　　D. 用扳手拧螺母

1-11　在车床上用切槽刀车削环形槽，刀具固定在车床小刀架上（如图 1-37 所示），设刀刃和固定点 A 在同一水平平面，车刀伸出部分长 $L=120$，零件给刀刃的切削阻力 $\boldsymbol{F}=2000\text{N}$，力与铅垂线的夹角 30°，试求力 $\boldsymbol{F}$ 对点 A 的矩。

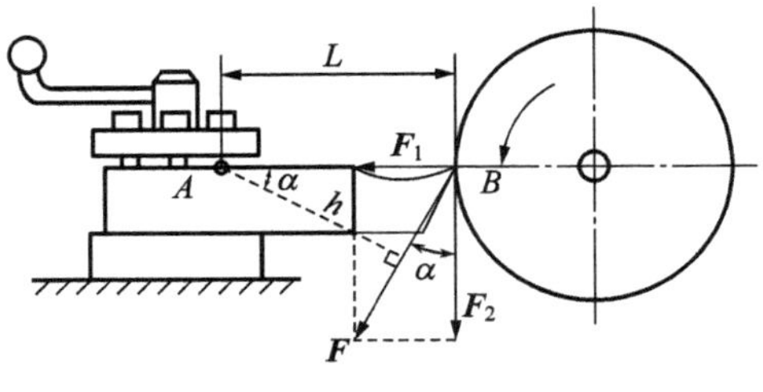

图 1-37　题 1-11 图

第2章　直杆的基本变形

教学目标

1. 了解杆件拉伸（压缩）、剪切、扭转、弯曲基本变形的特点。
2. 树立构件强度、刚度、稳定性的工程观念。
3. 初步具备提高杆件强度、刚度、稳定性的基本知识。
4. 了解交变应力和疲劳破坏的概念。

当外力以不同方式作用于零件时，可以使零件产生不同的变形，基本的变形形式有轴向拉伸（或压缩）、剪切、扭转和弯曲，以及由两种或两种以上基本变形形式叠加而成的组合变形。

2.1　直杆的轴向拉伸与压缩

2.1.1　常见工程结构和机械零件的变形形式及失效状态演示

【演示1】　手表车床螺栓断裂失效

江西手表厂从国外引进一批加工手表用的车床，经过海船运输到上海港，再陆运到江西南昌，拆箱检查，发现车床包装纸完好无损，而车床螺栓等零部件断裂失效。如果是海上运输振动引起的断裂，应属疲劳断裂；若是在装卸船时损坏的，包装纸也应损坏。因此要得出正确结论，首先要查明螺栓断口的类型及断裂的性质。螺栓断口宏观外貌如图2-1所示，断口呈现45°左右的倾斜，表面为暗灰色。通过对螺栓断口各个不同部位的观察，均发现有韧性断裂的微观形貌特征——韧窝花样，因此可判定螺栓发生了一次剪切断裂，即在未装箱之前就已经损坏。

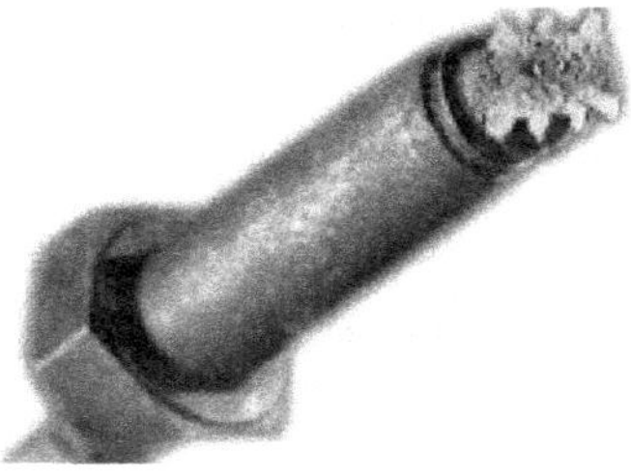

图2-1　螺栓的断口

【演示2】　移动模架销轴断裂

在苏通大桥 B_1 标段，架桥机在第36个桥墩处，移动模架发生坠落事故。事故发生后发现销轴断裂，该轴的实物照片如图 2-2 所示。断裂发生在如图 2-2（a）所示的焊接处。断面情况如图 2-2（b）所示。

该销轴的轴径为 $\phi80$，其轴端为 M64 的螺纹。该轴的作用为连接上下两个工件，为了防止该轴在工作状态下和下面的连接件发生转动，设计图纸中设计了具体的焊接位置和焊缝形式，把下工件和该轴焊接在了一起。该轴材质为 40Cr 钢，在使用大约一年后断裂。

(a)

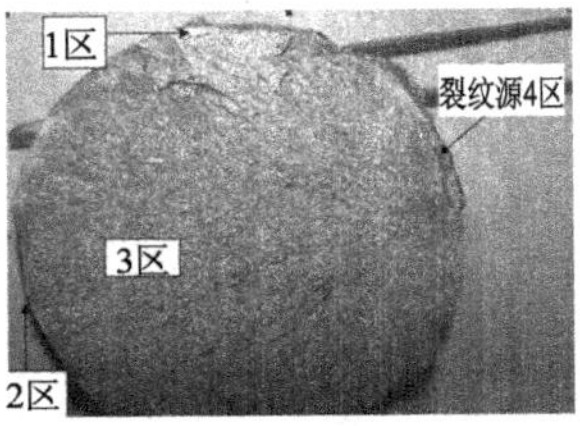

(b)

图 2-2　移动模架销轴断裂

知识链接 >>>>

机械零件常见的失效有整体断裂、过大的残余变形、表面破坏以及破坏正常工作条件引起的失效。

1. 整体断裂　当零件受拉、压、弯、剪、扭等外载荷作用时，由于某一危险截面上的应力超过零件的强度极限而发生的断裂，或者零件在受变应力作用时，危险截面上发生的疲劳断裂均属此类。例如螺栓的断裂、齿轮轮齿根部的折断等。

2. 过大的残余变形　如果作用于零件上的应力超过了材料的屈服极限，零件将产生残余变形。例如机床上夹持定位零件的过大的残余变形，要降低加工精度；高速转子轴的残余挠曲变形，将增大不平衡度，并进一步引起零件的变形。

3. 零件的表面破坏　零件的表面破坏主要是腐蚀、磨损和接触疲劳。腐蚀是发生在金属表面的一种电化学或化学侵蚀现象。腐蚀的结果是使金属表面产生锈蚀，从而零件表面遭到破坏。对于承受变应力的零件，还要引起腐蚀疲劳。磨损是两个接触表面在做相对运动的过程中表面物质丧失或转移的现象。零件表面的接触疲劳是受到接触变应力长期作用的表面产生裂纹或微粒剥落的现象。处于潮湿空气中或与水、汽及其他腐蚀性介质相接触的金属零件均有可能发生腐蚀现象；所有做相对运动的零件接触表面都有可能发生磨损；而在接触变应力条件下工作的零件表面都有可能发生接触疲劳。

4. 破坏正常工作条件引起的失效 有些零件只有在一定的工作条件下才能正常地工作。例如液体摩擦的滑动轴承，只有在存在完整的润滑油膜时才能正常的工作；带传动，只有在传递的有效圆周力小于临界摩擦力时才能正常的工作；高速转子，只有其转速与系统的固有频率不相等时才能正常工作等。如果破坏了这些必备的条件，将发生不同类型的失效。例如滑动轴承将发生过热、胶合、磨损等形式的失效；带传动将发生打滑失效；高速转子将发生共振从而使振幅增大，以致引起断裂失效等。

2.1.2　轴向拉伸与压缩

在生产实际中经常遇到轴向拉伸和压缩杆件，虽然杆件的外形各有差异，加载方式也不同，但一般对受轴向拉伸与压缩杆件的形状和受力情况进行简化，计算简图如图 2-3 所示。图中用实线表示变形前杆件的外形，用虚线表示变形后杆件的形状。轴向拉伸是在轴向力作用下，杆件产生伸长变形，也简称拉伸；轴向压缩是在轴向力作用下，杆件产生缩短变形，也简称压缩。

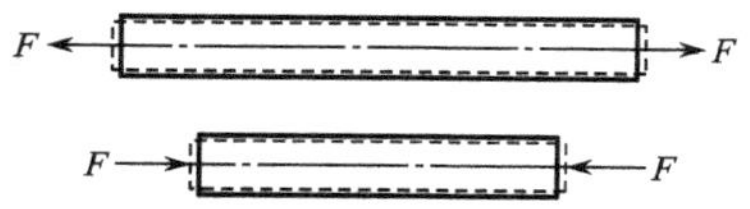

图 2-3　简化的杆件受力情况

轴向拉伸和压缩杆件的工程实例：如图 2-4 所示为用于连接的螺栓；图 2-5 所示为桁架中的拉杆；图 2-6 所示为汽车式起重机的支腿；图 2-7 所示为火箭发射架撑臂 AB 中的活塞杆。

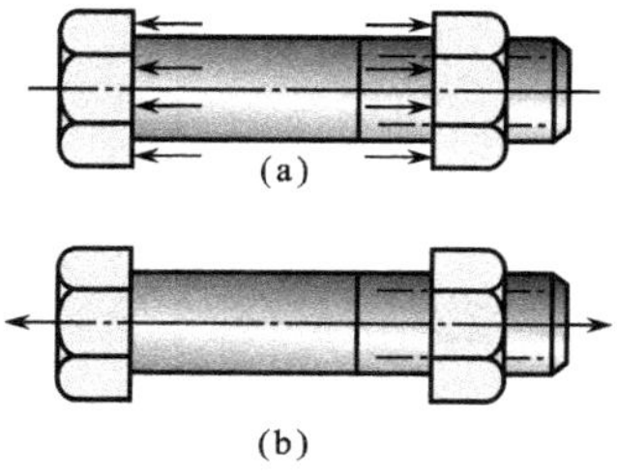

图 2-4　用于连接的螺栓

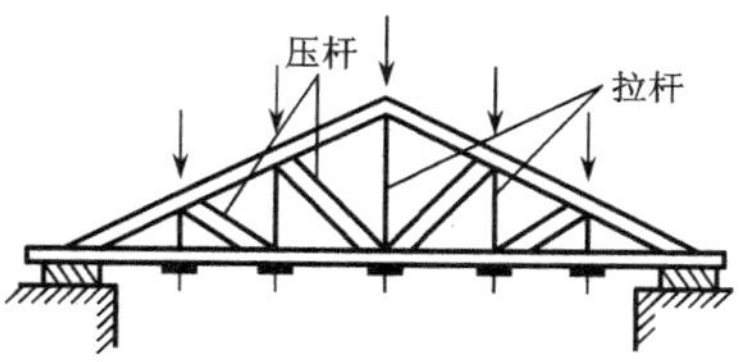

图 2-5　桁架中的拉杆

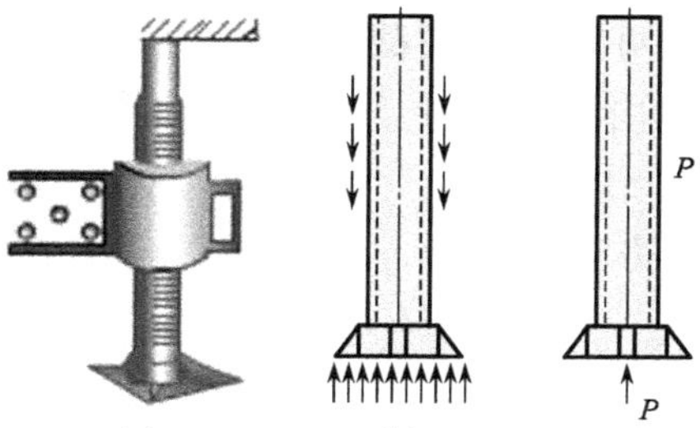

图 2-6　车式起重机的支腿

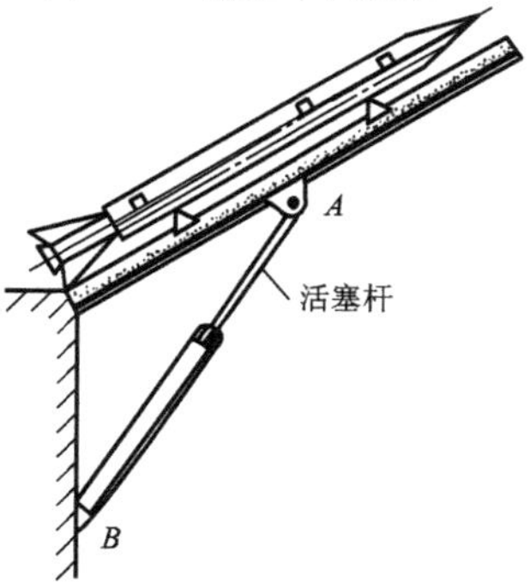

图 2-7　火箭发射架撑臂 AB 中的活塞杆

通过上述实例可总结出轴向拉伸和压缩的特点如下。

① 受力特点：作用于杆件两端的外力大小相等，方向相反，作用线与杆件轴线重合，即称轴向力。

② 变形特点：杆件变形是沿轴线方向上的伸长或缩短。

2.1.3　* 截面法　内力

1. 内力

由于构件变形，其内部各部分材料之间的相对位置发生改变，从而引起相邻两部分材料间因力图恢复原有形状而产生相互作用力，称该力为内力。注意：材料力学中的内力是指外力作用下材料反抗变形而引起的内力的变化量，也就是“附加内力”，它与构件的强度、刚度密切相关。

2. 截面法

截面法是假想用截面把构件分成两部分，以显示并确定内力的方法，如图 2-8 所示。从图中可以看出：

(1) 截面的两侧必定出现大小相等，方向相反的内力。

(2) 被假想截开的任一部分上的内力必定与外力相平衡。

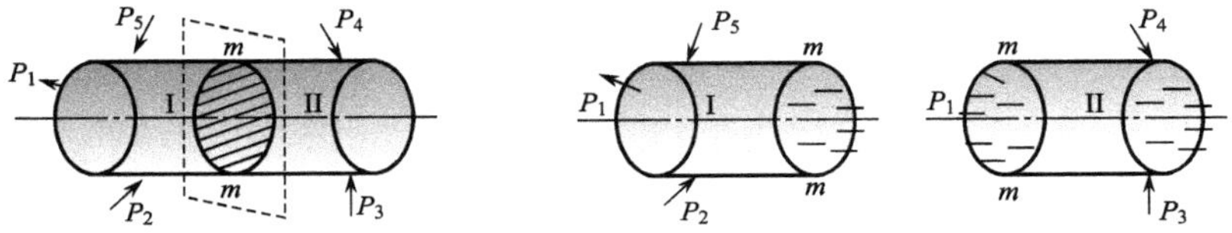

图 2-8　截面法

用截面法求内力可归纳为四个字：

截——欲求某一横截面的内力，沿该截面将构件假想地截成两部分。

取——取其中任意一部分为研究对象，而弃去另一部分。

代——用作用于截面上的内力，代替弃去部分对留下部分的作用力。

平——建立留下部分的平衡条件，由外力确定未知的内力。

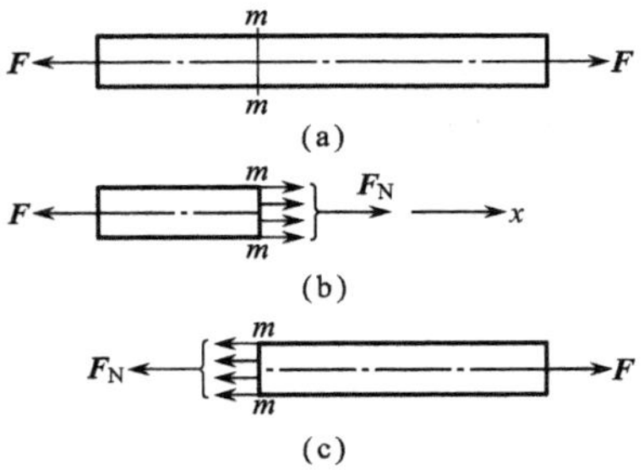

图 2-9　受拉伸的等直杆

如图 2-9 (a) 所示为一受拉伸的等截面直杆，简称等直杆。用截面法可求得其横截面上的内力。沿横截面 mm 上相互作用的内力是一个分布力系，其合力为 F_N（如图 2-9 (b)、(c) 所示）。

由左段的平衡方程 $\sum X=0$，得

$$F_N - F = 0$$

$$F_N = F \tag{2-1}$$

因为外力 $\boldsymbol{F}$ 的作用线与杆件轴线重合，内力的合力 $\boldsymbol{F}_N$ 的作用线也必然与杆件的轴线重合，所以称 $\boldsymbol{F}_N$ 为轴力。一般，把拉伸时的轴力规定为正，压缩时的轴力规定为负。

若沿杆件轴线作用的外力多于两个，则在杆件各部分的横截面上，轴力不尽相同。这时通常用轴力图表示轴力沿杆件轴线变化的情况。作图时，沿杆件轴线方向取坐标表示横截面的位置，以垂直于杆轴的另一坐标代表轴力。下面用例题来说明轴力图的绘制。

【例 2-1】 直杆受力如图 2-10 (a) 所示，试作直杆的轴力图。

解

注意到直杆受到多个外力作用，内力将随着横截面位置的不同而发生变化。需将直杆分为三段，分别为 AB、BC 和 CD 段来计算内力。具体解法如下。

应用截面法，沿 1－1 截面假想地把直杆截开为两部分，去掉右边部分，保留左边部分，

并设截面上的轴力 F_{N1} 方向为正，即为拉力。保留部分的受力如图 2-10（b）所示。根据平衡方程 $\sum X=0$

$$F_{N1}-F=0$$

故 AB 段的轴力为

$$F_{N1}=F$$

用同样的方法，将杆件从 2－2 截面截开，保留左段，其受力如图 2-10（c）所示。根据平衡方程 $\sum X=0$

$$F_{N2}+2F-F=0$$

故 BC 段的轴力为

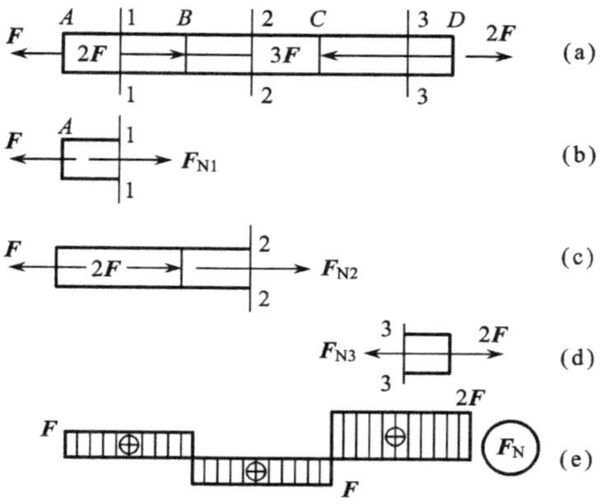

图 2-10　直杆的轴力图

$$F_{N2}=-F$$

负号表示该横截面上的轴力的实际方向与所设方向相反，即为压力。

从 3－3 截面处截开杆件，由于右段外力少，计算简便，故保留右段，受力如图 2-10（d）所示，根据平衡方程 $\sum X=0$

$$F_{N3}-2F=0$$

故 CD 段轴力为

$$F_{N3}=2F$$

最后，综合以上计算结果，按比例绘制轴力图，如图 2-10（e）所示。

2.1.4　应力

参照图 2-11（a），围绕横截面上 m 点取微小面积 ΔA。根据均匀连续假设，ΔA 上必存在分布内力，设它的合力为 ΔP，ΔP 与 ΔA 的比值为

$$\boldsymbol{p}_m=\frac{\Delta P}{\Delta A} \tag{2-2}$$

$\boldsymbol{p}_m$ 是一个矢量，代表在 ΔA 范围内，单位面积上的内力的平均集度，称为平均应力。当 ΔA 趋于零时，$\boldsymbol{p}_m$ 的大小和方向都将趋于一定极限，得到

$$\boldsymbol{p}=\lim_{\Delta A\to 0}\boldsymbol{p}_m=\lim_{\Delta A\to 0}\frac{\Delta P}{\Delta A}=\frac{dP}{dA} \tag{2-3}$$

$\boldsymbol{p}$ 称为 m 点处的（全）应力。通常把应力 $\boldsymbol{p}$ 分解成垂直于截面的分量 σ 和切于截面的分量 τ，σ 称为正应力，τ 称为剪应力。

应力即单位面积上的内力，表示某微截面积 $\Delta A\to 0$ 处 m 点内力的密集程度。

应力的国际单位为 N/m^2，且 $1N/m^2=1Pa$（帕斯卡），$1GPa=1GN/m^2=109Pa$，$1MN/m^2=1MPa=106\ N/m^2=106Pa$。在工程上，也用 kg（f）$/cm^2$ 为应力单位，它与国际单位的换算关系为 1kg（f）$/cm^2=0.1MPa$。

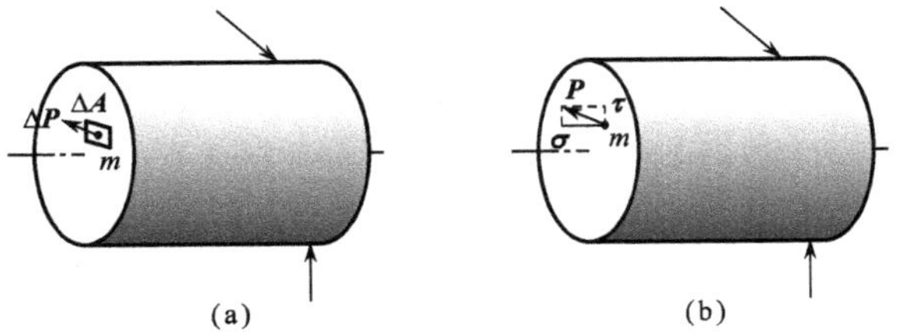

图 2-11　应力

只根据轴力并不能判断杆件是否具有足够的强度。例如用同一材料制成粗细不同的两根杆，在相同的拉力作用下，两杆的轴力自然是相同的。但当拉力逐渐增大时，细杆必定先被拉断。这说明拉杆的强度不仅与轴力的大小有关，还与横截面面积有关。所以必须用横截面上的应力来度量杆件的受力程度。

在拉（压）杆的横截面上，与轴力 F_N 对应的应力是正应力 σ。根据连续性假设，横截面上到处都存在着内力。若以 A 表示横截面面积，则微面积 dA 上的微内力 σdA 组成一个垂直于横截面的平行力系，其合力就是轴力 F_N 。于是得静力关系

$$F_N = \int_A \sigma dA \tag{2-4}$$

因为还不知道 σ 在横截面上的分布规律，仅由式（2-4）并不能确定 F_N 与 σ 之间的关系。因而必须从研究杆件的变形入手，以确定应力 σ 的分布规律。

拉伸变形前，在等直杆的侧面上画垂直于杆轴的直线 ab 和 cd（如图 2-12 所示）。拉伸变形后 ab 和 cd 仍为直线，且仍然垂直于轴线，只是分别平移至 $a'b'$ 和 $c'd'$ 处。根据这一现象，提出如下的假设：变形前原为平面的横截面，变形后仍然保持为平面。这就是轴向拉伸或压缩时的平面假设。由这一假设可以推断，拉杆所有纵向纤维的伸长都相等。又因为材料是均匀的，各纵向纤维的性质相同，因而其受力也就相同。所以杆件横截面上的内力是均匀分布的，即在横截面上各点处的正应力都相等，即 σ 等于常量。于是由式（2-4）$F_N = \int_A \sigma dA$ 得出

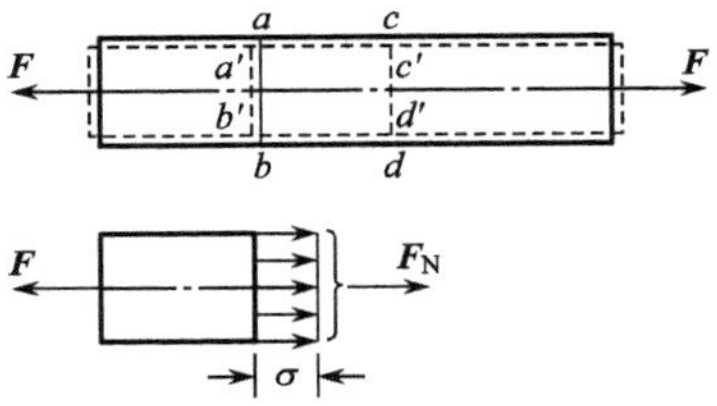

图 2-12　位伸变形前的等直杆

$$\sigma = \frac{F_N}{A} \tag{2-5}$$

这就是拉杆横截面上正应力 σ 的计算公式。当 F_N 为压力时，它同样可用于压应力计算。关于正应力的符号，一般规定拉应力为正，压应力为负。

使用公式（2-5）时，要求外力的合力作用线必须与杆件轴线重合。此外，因为在集中力作用点附近应力分布比较复杂，所以它不适用于集中力作用点附近的区域。

在某些情况下，杆件横截面沿轴线而变化。当这类杆件受到拉力或压力作用时，如外力作用线与杆件的轴线重合，且截面尺寸沿轴线的变化缓慢，则横截面上的应力仍可近似地用公式（2-5）计算。这时横截面面积不再是常量，而是关于轴线坐标 x 的函数。若以 $A(x)$ 表示坐标 x 处的横截面面积，$F_N(x)$ 和 $\sigma(x)$ 表示横截面上的轴力和应力，由式（2-5）得

$$\sigma(x) = \frac{F(x)}{A(x)} \tag{2-6}$$

【例2-2】 如图2-13（a）所示为一悬臂吊车的简图，斜杆直径 $d=20\text{mm}$，AB 为钢杆。载荷 $F=15\text{kN}$，当 F 移到 A 点时，求斜杆 AB 横截面上的应力。

解

当载荷 F 移到 A 点时，斜杆 AB 受到的拉力最大，设其值为 F_{Nmax}，根据横梁（如图2-13（c）所示）的平衡条件 $\sum M_C = 0$，得

$$F_{Nmax}\sin\alpha\,\overline{AC} - F\,\overline{AC} = 0$$

$$F_{Nmax} = \frac{F}{\sin\alpha}$$

由三角形 ABC 求出

$$\sin\alpha = \frac{\overline{BC}}{\overline{AB}} = \frac{0.8}{\sqrt{0.8^2 + 1.9^2}} = 0.388$$

代入 F_{Nmax} 的表达式，得

$$F_{Nmax} = \frac{F}{\sin\alpha} = \frac{15}{0.388}\text{kN} = 38.7\text{kN}$$

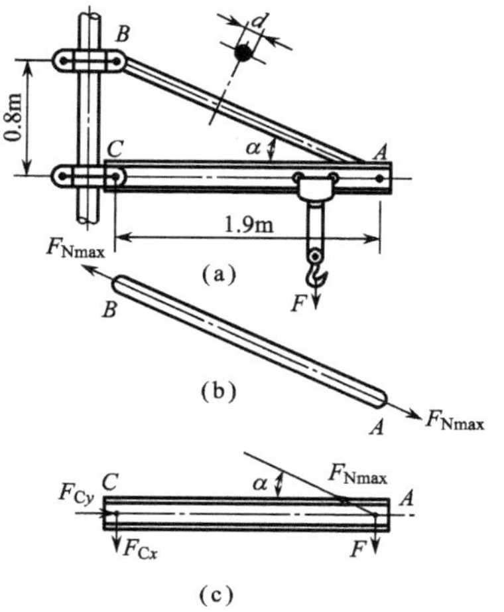

图2-13 悬臂吊车

斜杆 AB 的轴力为

$$F_N = F_{Nmax} = 38.7\text{kN}$$

由此求得 AB 杆横截面上的应力为

$$\sigma = \frac{F_N}{A} = \frac{38.7\times10^3}{\frac{\pi}{4}\times(20\times10^{-3})^2}\text{Pa} = 123\text{MPa}$$

2.1.5 变形与应变

1. 杆件的基本变形

（1）轴向拉伸或压缩　由大小相等、方向相反、作用线与杆件轴线重合的一对力引起，表现为杆件长度的伸长或缩短。如图2-14所示。

（2）剪切　由大小相等、方向相反、相互平行且非常靠近的一对力引起，表现为受剪杆件的两部分沿外力作用方向发生相对错动。如图2-15所示。

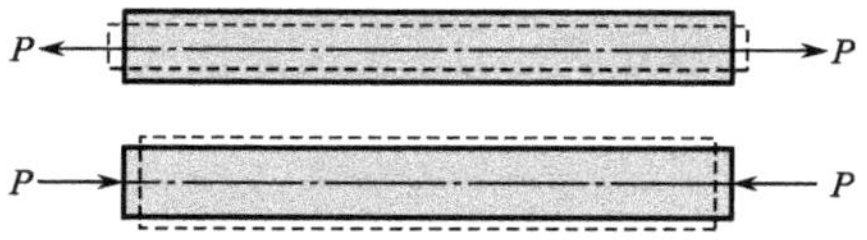

图2-14 轴向拉伸或压缩

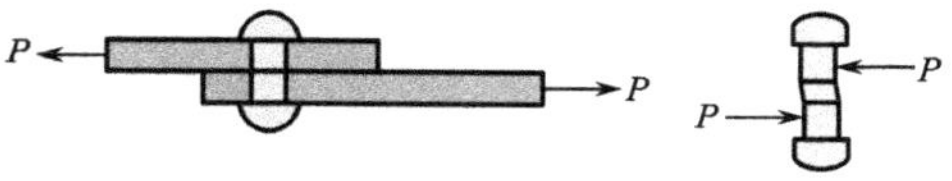

图2-15 剪切

（3）扭转　由大小相等、转向相反、作用面都垂直于杆轴的一对力偶引起，表现为杆件的任意两个横截面发生绕轴线的相对转动。如图2-16所示。

（4）弯曲　由垂直于杆件轴线的横向力，或由作用于包含杆轴的纵向平面内的一对大

小相等、方向反的力偶所引起的，表现为杆件轴线由直线变为受力平面内的曲线。如图2-17所示。

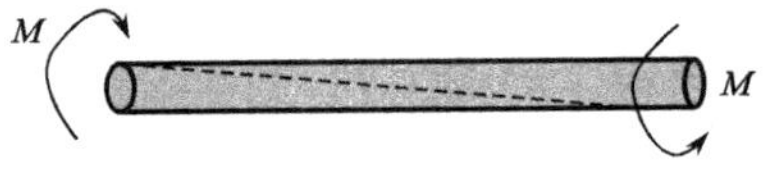

图 2-16　扭转

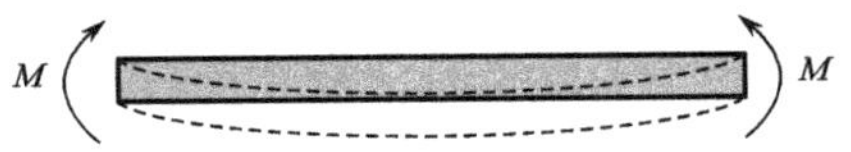

图 2-17　弯曲

2. 杆件的应变

对于轴向拉伸或压缩的杆件，将产生绝对变形

$$\triangle L = L - L_1$$

对于拉杆为伸长量，$\triangle L$ 为正值（如图 2－18 所示）；对于压杆为缩短量，$\triangle L$ 为负值（如图 2－19 所示）。将$\triangle L$ 除以 L

$$\varepsilon = \triangle L/L = (L_1 - L)\ /L$$

式中，ε 称为杆件的线应变（或称为相对变形）。对于拉杆，ε 为正值；对于压杆，ε 为负值。ε 无单位，通常用百分数表示。

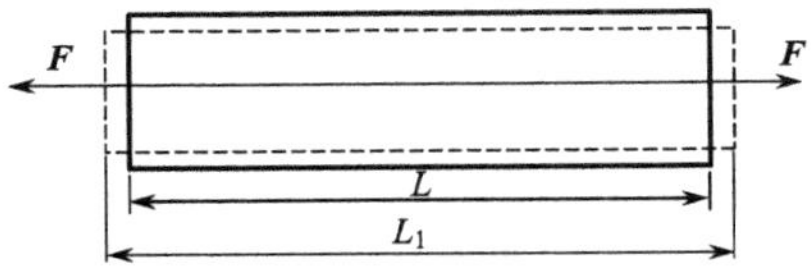

图 2-18　线应变（1）

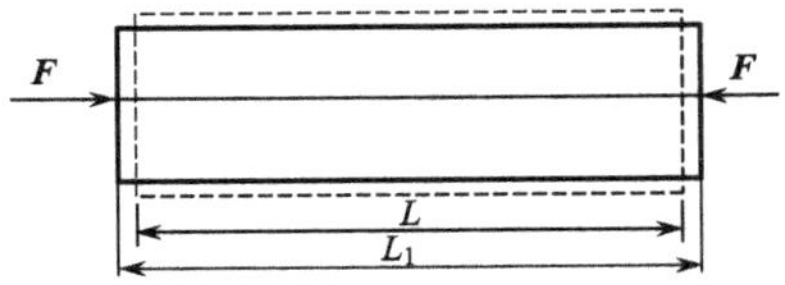

图 2-19　线应变（2）

2.1.6　材料拉伸与压缩的力学性能

为了解决构件的强度、刚度及稳定性等问题，不仅要研究构件的内力、应力和变形，还必须研究材料的力学性能。材料的力学性能是指材料在外力作用下表现出来的变形、破坏等方面的特性。不同的材料具有不同的力学性能；同一种材料在不同的工作条件下（如加载速率、温度等）也有不同的力学性能。材料的力学性能可以通过试验来测定。

在室温下，以缓慢平稳加载的方式进行的试验，称为常温、静载试验，它是确定材料力学性能的基本试验。拉伸试件的形状如图 2-20 所示，中间为较细的等直部分，两端加粗。在中间等直部分取长为 l 的一段作为工作段，l 称为标距。为了比较不同材料的试验结果，应将试件加工成标准尺寸。对圆截面试件，标距 l 与横截面直径 d 有两种比例

$$l = 10d \text{ 和 } l = 5d \tag{2-7}$$

对矩形截面杆件，标距 l 与横截面面积 A 之间的关系规定为

$$l = 11.3\sqrt{A} \text{ 和 } l = 5.65\sqrt{A} \tag{2-8}$$

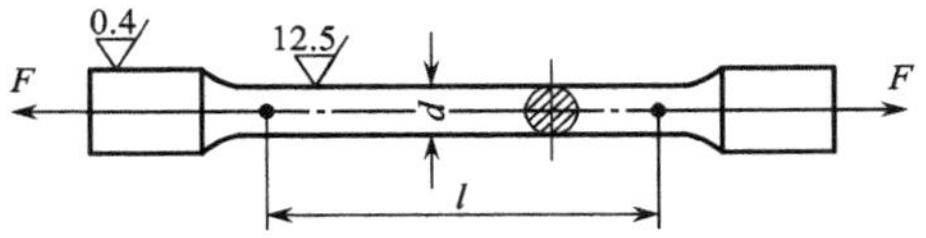

图 2-20　拉伸试件

国标 GB/T 228—2002（《金属材料　室温拉伸试验方法》）对试件的形状、加工精度、试验条件等都有具体规定。

试验时使试件受轴向拉伸，观察试件从开始受力直到拉断的全过程，了解试件受力与变形之间的关系，以测定材料力学性能的各项指标。由于材料品种很多，这里主要以低碳钢和铸铁为例，来说明材料在拉伸时的力学性能。

1. 低碳钢的拉伸试验

低碳钢是指含碳量在 0.3% 以下的碳素钢。这类钢材在工程中使用较为广泛，而且在拉伸试验中表现出来的力学性能也最为典型。

试验时，试件装在试验机上，受到缓慢增加的拉力作用。对应着每一个拉力 F，试件标距 l 有一个伸长量 Δl。表示 F 和 Δl 关系的曲线，称为拉伸图或 F–Δl 曲线，如图 2–21 所示。

F–Δl 曲线与试件尺寸有关。为了消除试件尺寸的影响，将拉力 F 除以试件横截面的原始面积 A，得出试件横截面上的正应力 $\sigma = \dfrac{F}{A}$；同时，将伸长量 Δl 除以标距的原始长度 l，得到试件在工作段内的应变 $\varepsilon = \dfrac{\Delta l}{l}$。以 σ 为纵坐标，ε 为横坐标，作图表示 σ 与 ε 的关系，称应力–应变图或 $\sigma-\varepsilon$ 曲线，如图 2–22 所示。

根据试验结果，低碳钢的力学性能可分为以下几个阶段。

（1）弹性阶段

在拉伸的初始阶段，σ 与 ε 的关系为直线 Oa，这表示在这一阶段内 σ 与 ε 成正比，即 $\sigma \propto \varepsilon$，或者把它写成等式

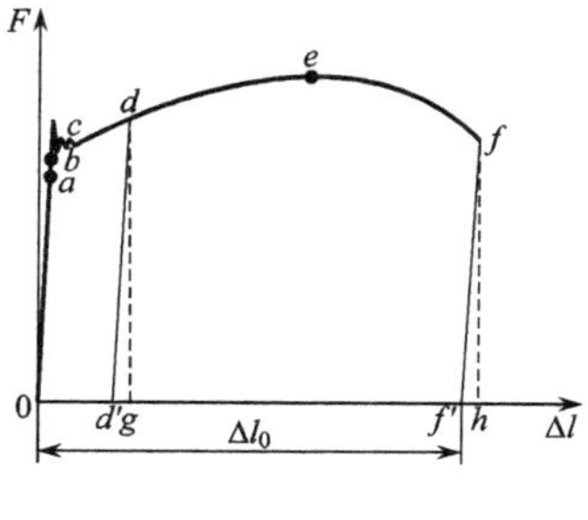

图 2–21　拉伸图

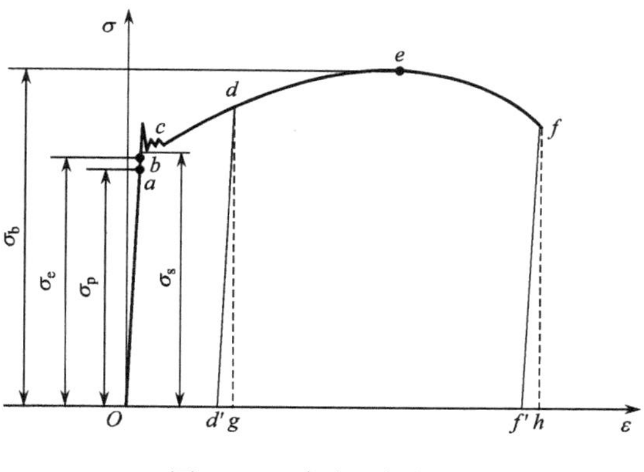

图 2–22　应力–应变图

$$\sigma = E\varepsilon \tag{2-9}$$

这就是拉伸时的胡克定律。式中 E 为与材料有关的比例常数，称为弹性模量。因为应变没有量纲，故 E 的量纲与 σ 相同，常用单位是吉帕，记为 GPa（$1\text{GPa} = 10^9\text{Pa}$）。由公式（2–9）并从 $\sigma-\varepsilon$ 曲线的直线部分可以得到

$$E = \frac{\sigma}{\varepsilon} = \tan\alpha \tag{2-10}$$

所以 E 是直线 Oa 的斜率。直线 Oa 的最高点 a 所对应的应力，用 σ_p 来表示，称为比例极限。可见，当应力低于比例极限时，应力与应变成正比，材料服从胡克定律。

超过比例极限后，从 a 点到 b 点，σ 与 ε 之间的关系不再是直线，但解除拉力后变形仍可完全消失，这种变形称为弹性变形。b 点所对应的应力 σ_e 是材料仅产生弹性变形的极限值，称为弹性极限。在 $\sigma-\varepsilon$ 曲线上，a、b 两点非常接近，所以工程上对弹性极限和比例极限并不严格加以区分。

在应力大于弹性极限后，如再解除拉力，则试件变形的一部分随之消失，这就是上面提到的弹性变形。但还遗留下一部分不能消失的变形，这种变形称为塑性变形或残余变形。

(2) 屈服阶段

当应力超过 b 点增加到某一数值时，应变有非常明显的增加，而应力先是下降，然后做微小的波动，在 $\sigma-\varepsilon$ 曲线上出现接近水平线的小锯齿形线段。这种应力基本保持不变，而应变显著增加的现象，称为屈服或流动。在屈服阶段内的最高应力和最低应力分别称为上屈服极限和下屈服极限。上屈服极限的数值与试件形状、加载速度等因素有关，一般是不稳定的。下屈服极限则有比较稳定的数值，能够反映材料的性能。通常把下屈服极限称为屈服极限，用 σ_s 来表示。

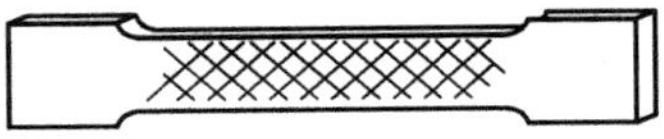
图 2-23　试件屈服的表面特征

表面磨光的试件屈服时，表面将出现与轴线大致成 45° 倾角的条纹（如图 2-23 所示）。这是由于材料内部晶格之间相对滑动而形成的，称为滑移线。因为拉伸时在与杆轴成 45°倾角的斜截面上，切应力为最大值，可见屈服现象的出现与最大切应力有关。

材料屈服表现为显著的塑性变形，而零件的塑性变形将影响机器的正常工作，所以屈服极限 σ_s 是衡量材料强度的重要指标。

(3) 强化阶段

过屈服阶段后，材料又恢复了对变形的抵抗能力，要使其继续变形必须增加拉力。这种现象称为材料的强化。在图 2-22 中，强化阶段中的最高点 e 所对应的应力 σ_b 是材料所能承受的最大应力，称为强度极限。它是衡量材料强度的另一重要指标。在强化阶段中，试件的横向尺寸有明显的缩小。

(4) 局部变形阶段

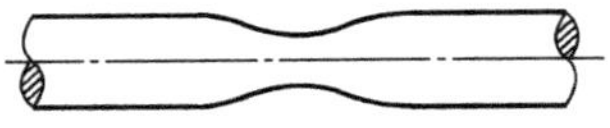
图 2-24　颈缩现象

过 e 点后，在试件的某一局部范围内，横向尺寸突然急剧缩小，形成颈缩现象（如图 2-24 所示）。由于在颈缩部分横截面面积迅速减小，使试件尺寸继续伸长所需要的拉力也相应减小。在 $\sigma-\varepsilon$ 曲线中，用横截面原始面积 A 计算出的应力 $\sigma=\dfrac{F}{A}$ 随之下降，降到 f 点时，试件被拉断。

(5) 延伸率和断面收缩率

试件拉断后，由于保留了塑性变形，试件长度由原来的 l 变为 l_1。用百分比表示的比值

$$\delta = \frac{l_1 - l}{l} \times 100\% \qquad (2-11)$$

称为延伸率。试件的塑性变形（$l_1 - l$）越大，δ也就越大。因此，延伸率是衡量材料塑性的指标。低碳钢的延伸率很高，其平均值约为20%～30%，这说明低碳钢的塑性性能很好。

工程上通常按延伸率的大小把材料分成两大类。$\delta > 5\%$的材料称为塑性材料，如碳钢、黄铜、铝合金等，而把$\delta < 5\%$的材料称为脆性材料，如灰铸铁、玻璃、陶瓷等。

原始横截面面积为A的试件，拉断后颈缩处的最小截面面积变为A_1，用百分比表示的比值

$$\psi = \frac{A - A_1}{A} \times 100\% \qquad (2-12)$$

称为断面收缩率。ψ也是衡量材料塑性的指标。

（6）卸载定律及冷作硬化

如把试件拉到超过屈服极限的d点（如图2-22所示），然后逐渐卸除拉力，$\sigma-\varepsilon$曲线将沿着斜直线dd'回到d'点，斜直线dd'近似平行于Oa。这说明：在卸载过程中，应力和应变按直线规律变化。这就是卸载定律。拉力完全卸除后，应力—应变图中，$d'g$表示消失了的弹性变形，而Od'表示不再消失的塑性变形。

卸载后，如在短期内再次加载，则应力和应变大致上沿卸载时的斜直线$d'd$变化，直到d点后，又沿曲线def变化。可见再次加载时，直到d点以前材料的变形是线性的，过d点后才开始出现塑性变形。比较图2-22中的$Oabcdef$和$d'def$两条曲线，可见在第二次加载时，其比例极限（亦即弹性阶段）得到了提高，但塑性变形和延伸率却有所下降。这种现象称为冷作硬化。冷作硬化现象经退火后可以消除。

工程上经常利用冷作硬化来提高材料的弹性极限。如起重用的钢索和建筑用的钢筋，常用冷拔工艺以提高强度。但另一方面，零件初加工后，由于冷作硬化使材料变脆变硬，给下一步加工造成困难，且容易产生裂纹，往往需要在工序之间安排退火，以消除冷作硬化的影响。

2. 其他塑性材料拉伸时的力学性能

工程上常用的塑性材料，除低碳钢外，还有中碳钢，某些高碳钢和合金钢、铝合金、青铜、黄铜等。如图2-25所示是几种塑性材料的$\sigma-\varepsilon$曲线（合金钢20Cr，930℃水淬，180℃回火。高碳钢T10A，790℃水淬，180℃回火。螺纹钢16Mn，普通黄铜H62，软态）。其中某些材料，如16Mn钢，和低碳钢一样，有明显的弹性阶段、屈服阶段、强化阶段和局部变形阶段。有些材料，如黄铜H62，没有屈服阶段，但其他三个阶段却都很明显。还有些材料，如高碳钢T10A，没有屈服阶段和局部变形阶段，只有弹性阶段和强化阶段。

对于没有明显屈服阶段的塑性材料，通常以产生0.2%塑性应变时的应力作为屈服极限，并称为名义屈服极限，用$\sigma_{0.2}$表示（如图2-26所示）。

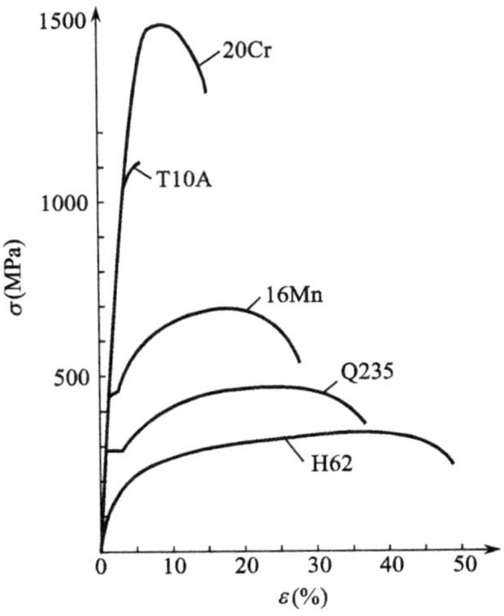

图 2-25　塑性材料的 $\sigma-\varepsilon$ 曲线

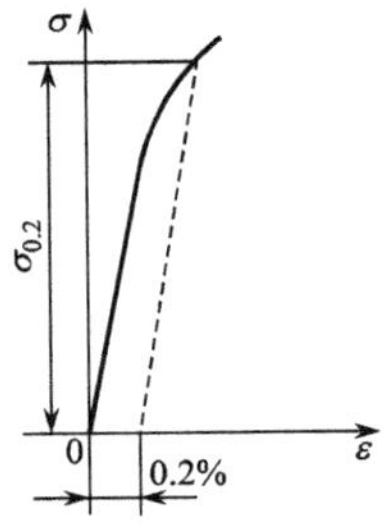

图 2-26　名义屈服极限

各类碳素钢随含碳量的增加，屈服极限和强度极限相应增高，但延伸率降低。例如合金钢、工具钢等高强度钢，其屈服极限较高，但塑性性能却较差。

3. 铸铁拉伸时的力学性能

灰口铸铁拉伸时的应力-应变关系是一段微弯曲线，如图 2-27 所示，没有明显的直线部分。铸铁试件在较小的拉力下就被拉断，没有屈服和颈缩现象，拉断前的应变很小，延伸率也很小。所以，灰口铸铁是典型的脆性材料。

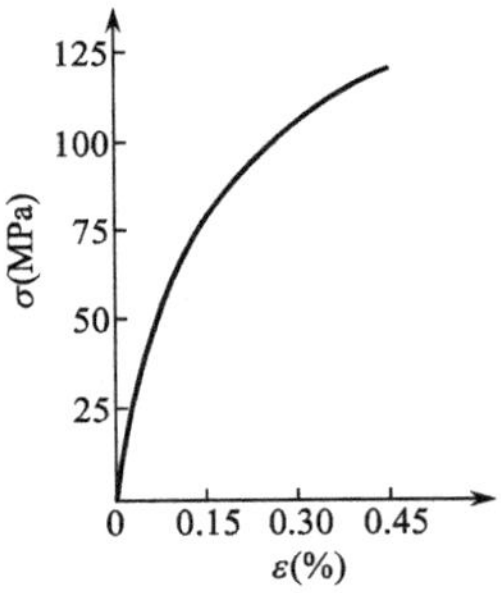

图 2-27　灰口铸铁拉伸时的应力-应变关系

由于铸铁的应力-应变图没有明显的直线部分，所以弹性模量 E 的数值随应力的大小而变。但在工程中铸铁的拉应力不能很高，而在较低的拉力下，则可近似地认为变形服从胡克定律。通常取 $\sigma-\varepsilon$ 曲线的割线代替曲线的开始部分，并以割线的斜率作为弹性模量，称为割线弹性模量。

铸铁拉断时的最大应力即为其抗拉强度极限，因为没有屈服现象，抗拉强度极限 σ_b 是衡量强度的唯一指标。铸铁等脆性材料抗拉强度很低，所以不宜作为抗拉零件的材料。

4. 压缩时材料的力学性能

金属的压缩试件一般制成很短的圆柱，以免被压弯。圆柱高度约为直径的 1.5～3 倍。混凝土、石料等则制成立方体的试块。

低碳钢压缩时的 $\sigma-\varepsilon$ 曲线如图 2-28 所示。试验表明：低碳钢压缩时的弹性模量 E 和屈服极限 σ_s，都与拉伸时大致相同。屈服阶段以后，试件越压越扁，横截面面积不断增大，试件抗压能力也继续提高，因而得不到压缩时的抗压强度极限。由于可以从拉伸试验测定低碳钢压缩时的主要性能，所以一般不做低碳钢的压缩试验。

如图 2-29 所示为铸铁压缩时的 $\sigma-\varepsilon$ 曲线。试件仍然在较小的变形下突然破坏。破坏断面的法线与轴线大致成45°~55°的倾角，表明试件沿斜截面因剪切而破坏。铸铁的抗压强度极限比它的抗拉强度极限高4~5倍。其他脆性材料，如混凝土、石料等，抗压强度也远高于其抗拉强度。

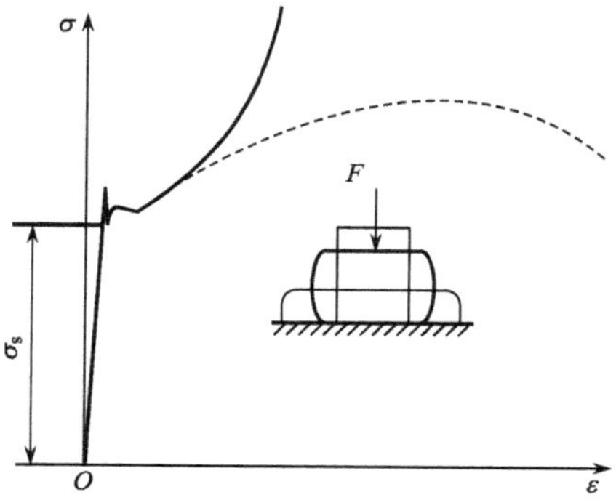

图2-28 低碳钢压缩时的$\sigma-\varepsilon$曲线

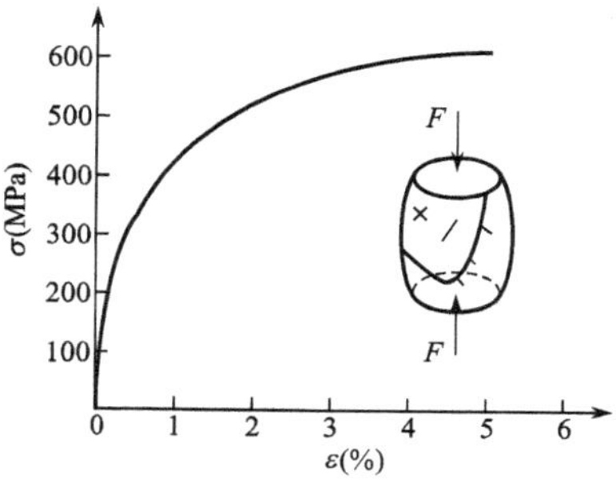

图2-29 铸铁压缩时的$\sigma-\varepsilon$曲线

脆性材料抗拉强度低，塑性性能差，但抗压能力强，而且价格低廉，宜于作为抗压零件的材料。铸铁坚硬耐磨，易于浇铸成形状复杂的零部件，广泛用于铸造机床床身、机座、缸体及轴承座等受压零部件。因此，其压缩试验比拉伸试验更为重要。

综上所述，衡量材料力学性能的指标主要有：比例极限（或弹性极限）σ_p（或σ_s）、屈服极限σ_s、强度极限σ_b、弹性模量E、延伸率δ和断面收缩率ψ等。对很多金属材料来说，这些量往往受温度、热处理等条件的影响。

5. 温度和时间对材料力学性能的影响

前面讨论了材料在常温、静载下的力学性能。但也有些零件，例如汽轮机的叶片，长期在高温中运转；又如液态氢或液态氮的容器，则在低温下工作。材料在高温和低温下的力学性能与常温下并不相同，且往往与作用时间长短有关。现在简略介绍温度和时间对材料力学性能的影响。

（1）短期静载下温度对材料力学性能的影响

为确定金属材料在高温下的力学性能，可对处于一定温度下的试件进行短期静载拉伸试验，例如在15或20分钟内拉断的试验。如图2-30所示为在高温短期静载下，低碳钢的σ_s、σ_b，E，δ和ψ等随温度变化的情况。从图线可以看出，σ_s和E随温度的升高而降低。在250~300℃之前，随温度的升高，δ和ψ降低而σ_b增加；在280~300℃之后，随温度的升高，δ和ψ增加而σ_b降低。

在低温情况下，碳钢的弹性极限和抗拉强度都有所提高，但延伸率则相应降低。这表明在低温下，碳钢的强度提高而塑性降低，倾向于变脆。

（2）高温、长期静载下材料的力学性能

在高温下，长期作用载荷将影响材料的力学性质。试验结果表明，如低于一定温度（例如对碳钢来说，温度在300~350℃以下），虽然长期作用载荷，材料的力学性能并无明显的变化。但如高于一定温度，且应力超过某一限度，则材料在这一固定应力和不变温度下，随着时间的增加，变形将缓慢加大，这种现象称为蠕变。蠕变变形是塑性变形，卸载后

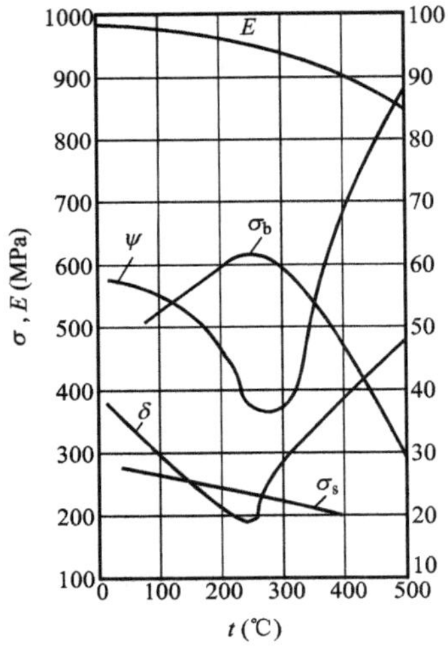

图 2-30　低碳钢随温度变化的情况

不再消失。在高温下工作的零件往往因蠕变而引起事故。例如汽轮机的叶片可能因蠕变产生过大的塑性变形，以致与轮壳相碰而打碎。如图 2-31 中所示的曲线是金属材料在不变温度和固定应力下，蠕变变形 ε 随时间 t 变化的典型曲线。图中 A 点所对应的应变是载荷作用时立刻就得到的应变。从 A 到 B 蠕变速度 $\frac{d\varepsilon}{dt}$（即曲线的斜率）不断减小，是不稳定的蠕变阶段。从 B 到 C 蠕变速度最小，且接近于常量，是稳定的蠕变阶段。从 C 点开始蠕变速度又逐渐增加，是蠕变的加速阶段。过 D 点后，蠕变速度急剧加大直至断裂。

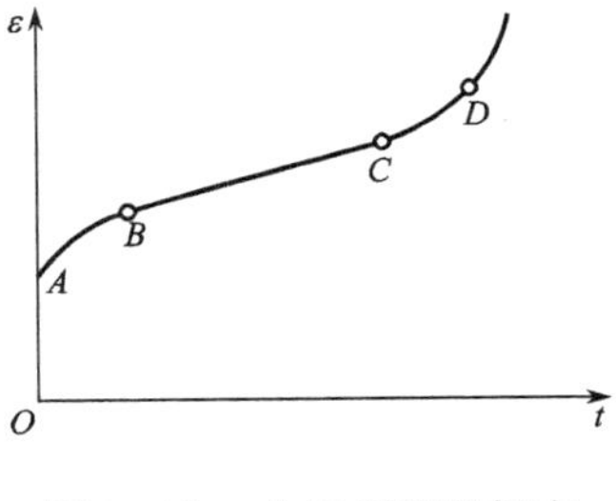

图 2-31　金属材料的蠕变

高温下工作的零件，在发生弹性变形后，如保持其变形总量不变，根据虎克定律，则零件内将保持一定的预紧力。随着时间的增长，因蠕变而逐渐发展的塑性变形将逐步地代替原来的弹性变形，从而使零件内的预紧力逐渐降低，这种现象称为松弛。靠预紧力密封或连接的机器，往往因松弛而引起漏气或松脱。例如汽轮机转子与轴的紧密配合可能因松弛的原因而松脱。对这类问题就需要了解材料有关蠕变的性质。

*2.1.7　拉伸和压缩时的强度计算（只给强度条件）

由前述可知，对于脆性材料，当应力达到其强度极限 σ_b 时，构件会断裂而破坏；对于塑性材料，当应力达到屈服极限 σ_s 时，将产生显著的塑性变形，常会使构件不能正常工作。工程中，把构件断裂或出现显著的塑性变形统称为破坏。材料破坏时的应力称为极限应力，用 σ^0 表示。为保证有足够的安全程度，将极限应力除以大于 1 的系数 n 作为材料的许用应力

$$[\sigma]=\frac{\sigma^0}{n} \tag{2-13}$$

脆性材料取强度极限 σ_b 作为极限应力，塑性材料一般取屈服极限 σ_s（或 $\sigma_{0.2}$）作为极限应力。两类材料的许用应力分别为

脆性材料　$[\sigma]=\frac{\sigma_b}{n_b}$

塑性材料　$[\sigma]=\frac{\sigma_s}{n_s}$

式中 n_b 及 n_s 分别为对应于强度极限及屈服极限的安全系数，一般情况下，静载时常取 $n_s=1.2\sim2.5$，$n_b=2\sim3.5$。$n_b>n_s$，是考虑应力达到 σ_b 时发生的断裂比应力达到 σ_s 时产生的屈服危险性更大。

当受拉或受压杆件横截面上的最大应力不大于许用应力时，杆件就可以安全正常地进行

工作，用公式表示为

$$\sigma_{\max} = \left(\frac{F_N}{A}\right)_{\max} \leqslant [\sigma] \tag{2-14}$$

式（2-14）是杆件轴向拉伸或压缩时的强度条件。

建立强度条件时，之所以要引入安全系数，把许用应力作为杆件实际工作应力的最高限度，是出于两个方面的考虑。一方面是考虑强度条件中各因素在取值上常常会有偏差。例如，载荷估计的不准确，杆件尺寸制造上的偏差，材料性质的不均匀性，以及许多情况下经过简化以后计算方法所带有的近似性等。这些都会使计算结果与实际情况存在一定的出入，因而有必要引入安全系数把极限应力降低为许用应力，以确保安全。另一方面则是考虑给构件以一定的强度储备，以避免因遭受某些意外的载荷或不利的工作条件而导致破坏。当构件的重要性大或构件的破坏所引起的后果严重时，更应考虑给予较多的强度储备。

安全系数的选择不仅与材料有关，同时还必须考虑构件所处的具体工作条件。有关部门对各种工作条件下构件的安全系数常在规范中给出具体规定。安全系数的选择是个重要的问题，安全系数过大会造成浪费，并使构件笨重。过小又保证不了安全，可能导致破坏事故的发生。合理地选择安全系数，包括许多工程技术及经济上的考虑。安全系数选定的合理与否与科学技术的发展水平有着密切的关系，随着科学技术的发展，安全系数的选择必将日益趋向于合理。

式（2-14）所表达的强度条件，是轴向拉、压杆件强度计算的依据。据此可进行强度校核、截面设计和确定许可载荷。

2.2 连接件的剪切与挤压的概念

2.2.1 剪切的概念

剪切定义为相距很近的两个平行平面内，分别作用着大小相等、方向相对（相反）的两个力，当这两个力相互平行错动并保持间距不变地作用在构件上时，构件在这两个平行面间的任一横截面将只有剪力作用，并产生剪切变形。如图2-32所示的钢杆受剪和图2-33所示的连接轴与轮的键的受剪情况。

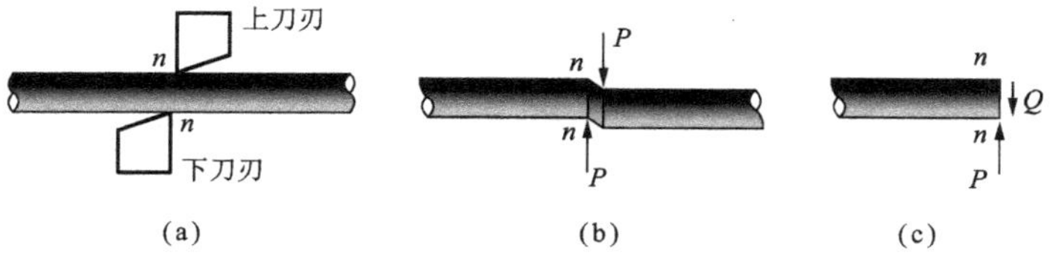

图2-32　钢杆受剪

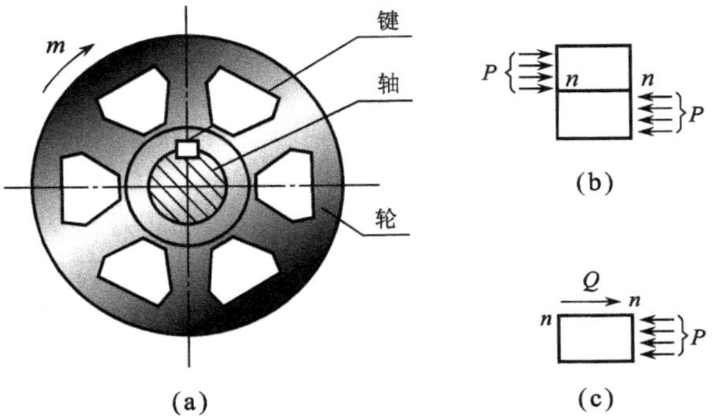

图 2-33　连接轴与轮的键的受剪

通过上面两个实例可以看出，剪切变形的特点如下。

受力特点：杆件两侧作用有大小相等，方向相反，作用线相距很近的外力。

变形特点：两外力作用线间截面发生错动，由矩形变为平行四边形。

2.2.2　挤压的概念

连接和被连接件接触面相互压紧的现象称为“挤压”。如图 2-34 所示就是铆钉孔被铆钉压成长圆孔的情况。

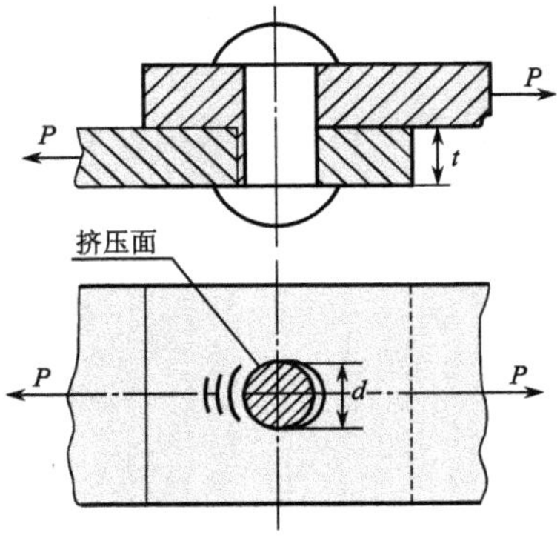

图 2-34　铆钉孔被铆钉压成长圆孔

有效挤压面：挤压面面积在垂直于总挤压力作用线平面上的投影。

挤压时，以 P 表示挤压面上传递的力，A_{bs} 表示挤压面积，则挤压应力和挤压强度条件写为

$$\sigma_{bs} = \frac{P}{A_{bs}} \leqslant [\sigma_{bs}] \qquad (2-15)$$

式中：$[\sigma_{bs}]$——材料的许用挤压应力，一般 $[\sigma_{bs}] = (1.7 \sim 2)[\sigma]$。

对于圆截面：$A_{bs} = dt$，如图 2-35 所示。

对于平键：$A_{bs} = \frac{1}{2}hl$，如图 2-36 所示。

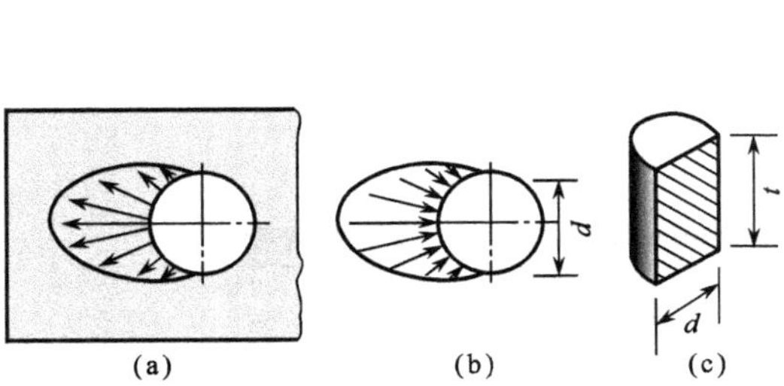

图 2-35　圆截面的挤压面积

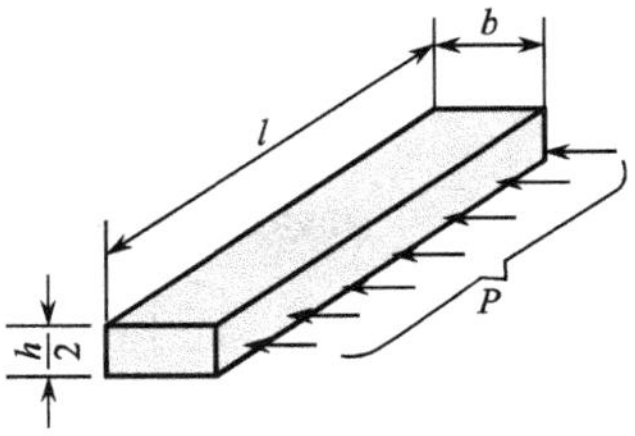

图 2-36　平键的挤压面积

2.3 圆轴扭转的概念

2.3.1 圆轴扭转的概念

工程上的轴是承受扭转变形的典型构件，如图2-37所示的攻丝丝锥，图2-38所示的桥式起重机的传动轴以及齿轮轴等。扭转有如下特点。

① 受力特点：在杆件两端垂直于杆轴线的平面内作用一对大小相等，方向相反的外力偶——扭转力偶。其相应内力分量称为扭矩。

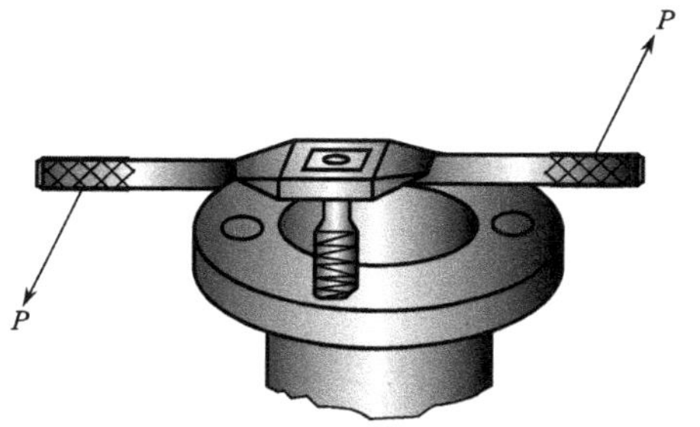

图2-37 攻丝丝锥

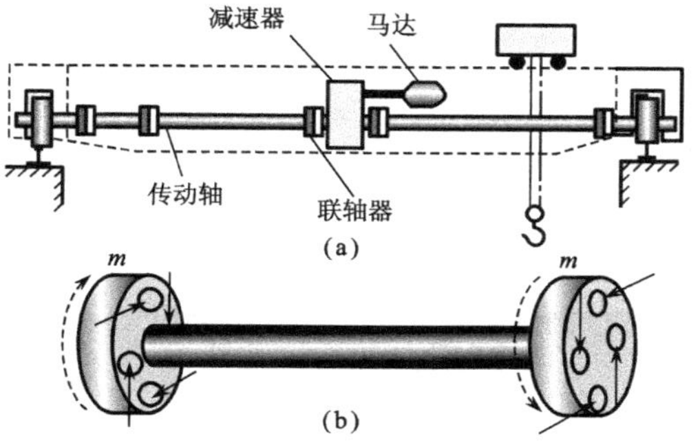

图2-38 桥式起重机的传动轴以及齿轮轴

② 变形特点：横截面绕轴线发生相对转动，出现扭转变形。若杆件横截面上只存在扭矩这一个内力分量，则这种受力形式称为纯扭转。

*2.3.2 轴扭转时的应力分布

1. 平面假设及变形几何关系

如图2-39（a）所示受扭圆轴，与薄圆筒相似，如用一系列平行的纵线与圆周线将圆轴表面分成一个个小方格，可以观察到受扭后表面变形有以下规律。

① 各圆周线绕轴线相对转动一微小转角，但大小形状及相互间距不变。

② 由于是小变形，各纵线平行地倾斜一个微小角度 γ，认为仍为直线；因而各小方格变形后成为菱形。

平面假设：变形前横截面为圆形平面，变形后仍为圆形平面，只是各截面绕轴线相对“刚性地”转了一个角度。从图2-39（a）取出如图2-39（b）所示微段 $\mathrm{d}x$，其中两截面 pp，qq 相对转动了扭转角 $\mathrm{d}\phi$，纵线 ab 倾斜小角度 γ 成为 ab'，而在半径 ρ（$\overline{Od}$）处的纵线 cd 根据平面假设，转过 $\mathrm{d}\phi$ 后成为 cd'（其相应倾角为 γ_ρ，如图2-39（c）所示），在小变形时有

$$\gamma_\rho = \rho \frac{\mathrm{d}\phi}{\mathrm{d}x} \tag{2-16}$$

对于半径为 R 的圆轴表面（如图2-39（b）所示），则为

$$\gamma = R\frac{\mathrm{d}\phi}{\mathrm{d}x} \tag{2-17}$$

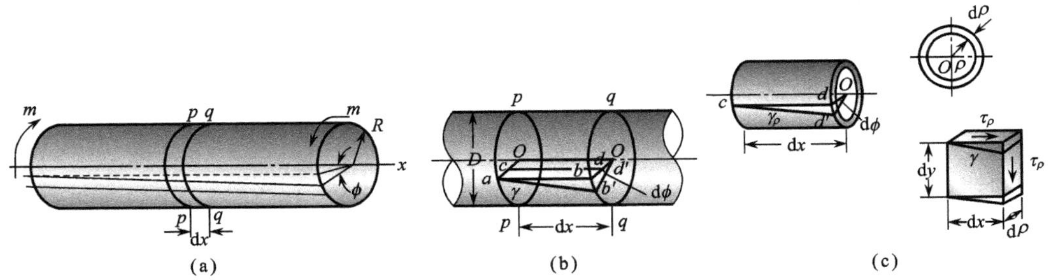

图 2-39　轴扭转时的应力分布

2. 物理关系

与受扭薄壁圆筒相同，在半径为 ρ 处截出厚为 $\mathrm{d}\rho$ 的薄圆筒（如图 2-39（c）所示），用一对相距 $\mathrm{d}y$ 而相交于轴线的径向面取出小方块（正微六面体）如图 2-39（c）所示，此为受纯剪切单元体。

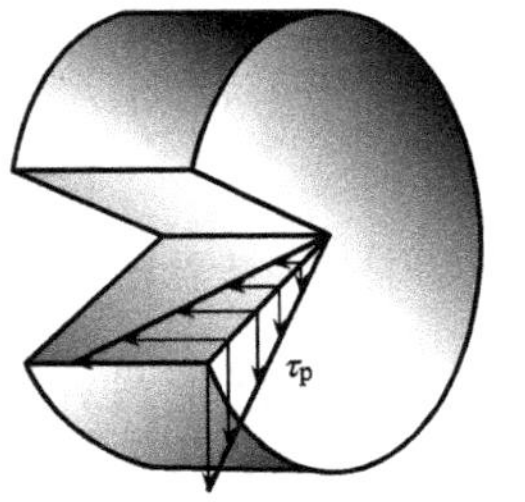

图 2-40　沿半径剪应力的分布

由剪切胡克定律和式（2-19）得

$$\tau_\rho = \gamma_\rho G = G\rho\frac{\mathrm{d}\phi}{\mathrm{d}x} \tag{2-18}$$

这表明横截面上任意点的剪应力 τ_ρ 与该点到圆心的距离 ρ 成正比，即

$$\tau_\rho \propto \rho$$

当 $\rho = 0, \tau_\rho = 0$；当 $\rho = R, \tau_\rho$ 取最大值。由剪应力互等定理，则在径向截面和横截面上，沿半径剪应力的分布如图 2-40所示。

3. 静力平衡关系

在如图 2-41 所示平衡对象的横截面内，有

$$\tau_\rho = \frac{T\rho}{L_\rho} \tag{2-19}$$

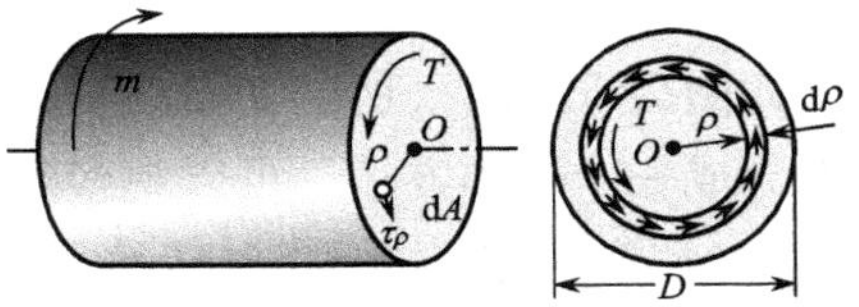

图 2-41　平衡对象的横截面

式中　L_ρ——极惯性矩，只与圆截面的尺寸有关的几何性质量，单位为 m^4 或 cm^4。则在圆截面边缘上，ρ 为最大值 R 时，得最大剪应力为

$$\tau_{max} = \frac{TR}{L_\rho} = \frac{T}{W_t} \tag{2-20}$$

式中 $W_t = \dfrac{L_\rho}{R}$，称为抗扭截面系数，单位为 m^3或 cm^3。

由此得圆轴扭转强度条件

$$\tau_{max} = \frac{T}{W_t} \leqslant [\tau] \tag{2-21}$$

式中，$[\tau]$——剪切许用应力。它由危险剪应力 τ_ρ 除以安全系数 n 得到，与拉伸时相类

似

$$[\tau] = \frac{\tau_\rho}{n} = \begin{cases} \tau_s/n_s & \text{塑性材料} \\ \tau_b/n_b & \text{脆性材料} \end{cases}$$

τ_s、τ_b 由相应材料的扭转破坏试验获得，大量试验数据表明，它与相同材料的拉伸强度指标有如下统计关系：

塑性材料　$\tau_s = (0.5 \sim 0.6)\sigma_s$

脆性材料　$\tau_b = (0.8 \sim 1.0)\sigma_b$

2.4　直梁弯曲的概念

2.4.1　弯曲的概念

如图 2-42 所示为工程中常见的桥式起重机大梁和火车轮轴，它们都是受弯构件。

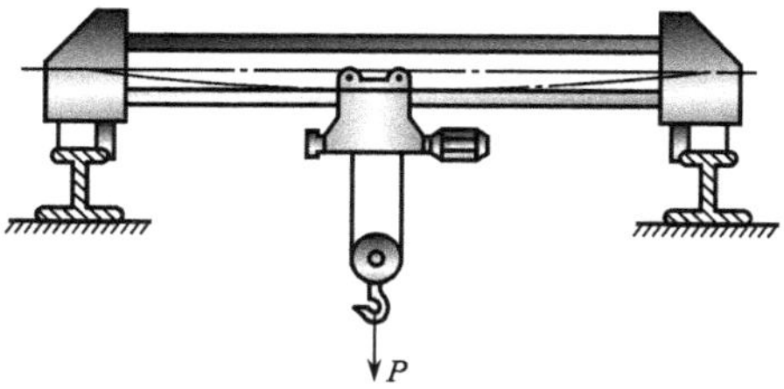

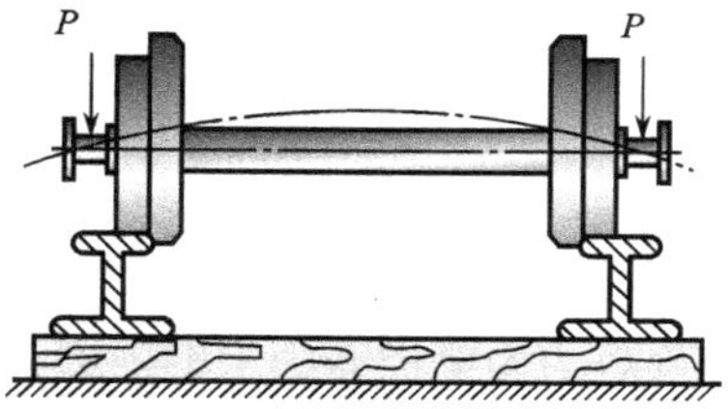

图 2-42　桥式起重机大梁和火车轮轴（受弯）

弯曲变形　杆件在垂直于其轴线的载荷作用下，使原为直线的轴线变为曲线的变形。通常将承受弯曲变形的杆件称为梁。对称弯曲梁的每一个横截面至少有一根对称轴，这些对称轴构成对称面。所有外力都作用在其对称面内时，梁弯曲变形后的轴线将是位于这个对称面内的一条曲线，这种弯曲形式称为对称弯曲，如图 2-43 所示。对称弯曲是弯曲问题中最常见的情况。

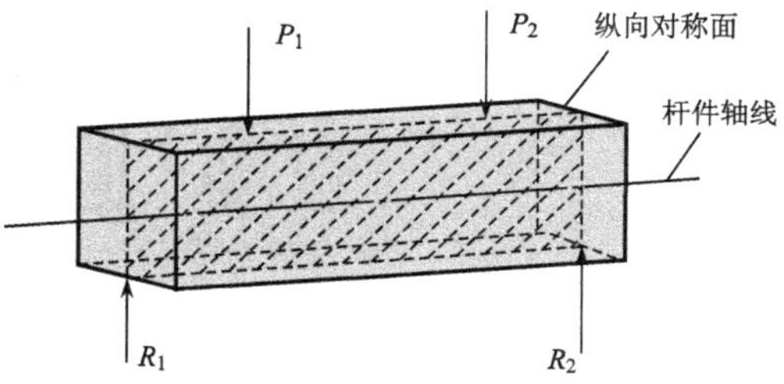

图 2-43　对称弯曲

* 2.4.2　纯弯曲时的应力分布

如图 2-44 所示的简支梁，其两端的支座反力 R_A、R_B 可由梁的静力平衡方程求得。用假想截面将梁分为两部分，并以左段为研究对象（如图 2-44（b）所示）。由于梁整体处于平衡状态，因此其各个部分也应处于平衡状态。据此，截面 I-I 上将产生内力，这些内力将与外力 P_1 、R_A，在梁的左段构成平衡力系。

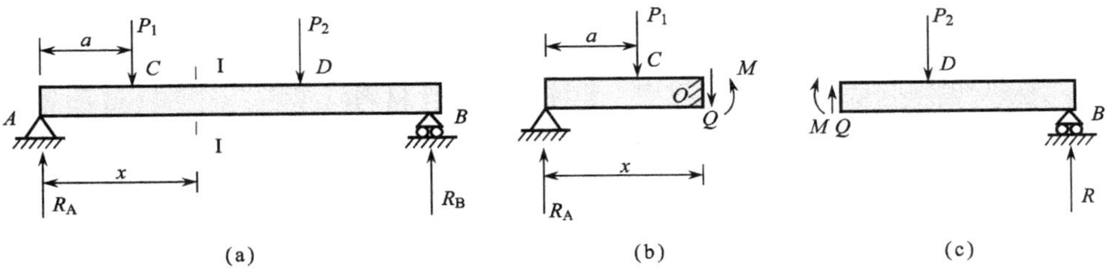

图 2-44　简支梁

由平衡方程$\sum Y=0$，则

$$R_A - P_1 - Q = 0$$

$$Q = R_A - P_1 \tag{2-22}$$

这一与横截面相切的内力 Q 称为横截面 I-I 上的剪力，它是与横截面相切的分布内力系的合力。

根据平衡条件，若把左段上的所有外力和内力对截面 I-I 的形心 O 取矩，其力矩总和应为零，即$\sum M_O = 0$，则

$$M + P_1(x-a) - R_A x = 0$$

$$M = R_A x - P_1(x-a) \tag{2-23}$$

这一内力偶矩 M 称为横截面 I-I 上的弯矩。它是与横截面垂直的分布内力系的合力偶矩。剪力和弯矩均为梁横截面上的内力，它们可以通过梁的局部平衡来确定。

剪力、弯矩的正负号规定：使梁产生顺时针转动的剪力规定为正，反之为负，如图 2-45所示；使梁的下部产生拉伸而上部产生压缩的弯矩规定为正，反之为负，如图 2-46 所示。

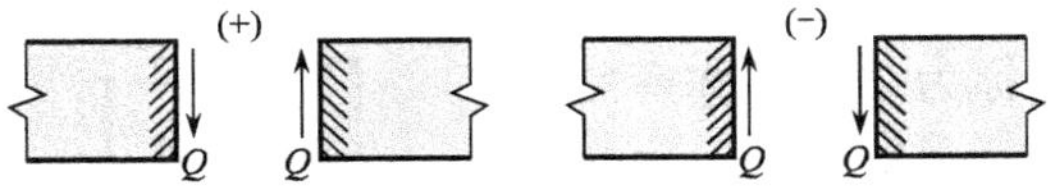

图 2-45　剪力的正、负号

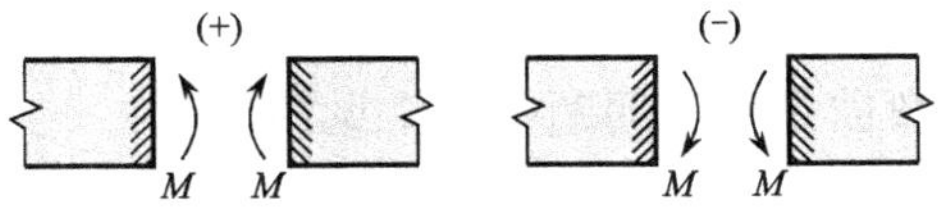

图 2-46　弯矩的正、负号

梁的横截面上同时存在剪力和弯矩时，这种弯曲称为横弯曲。剪力 Q 是横截面切向分布内力的合力；弯矩 M 是横截面法向分布内力的合力偶矩。所以横弯梁横截面上将同时存在剪应力 τ 和正应力 σ。实践和理论都证明，其中弯矩是影响梁的强度和变形的主要因素。因此，这里先讨论 $Q=0, M=$ 常数的弯曲问题，这种弯曲称为纯弯曲。如图 2-47 所示梁的 CD 段为纯弯曲；其余部分则为横弯曲。

与扭转相似，分析纯弯梁横截面上的正应力，同样需要综合考虑变形、物理和静力三方面的关系。

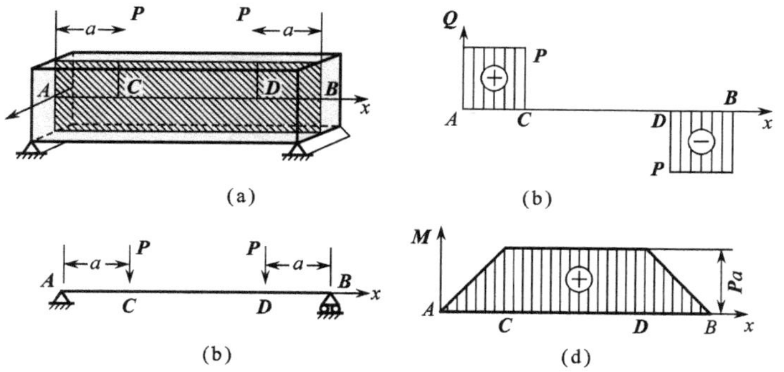

图 2-47 等截面直梁

1. 变形关系——平面假设

考察等截面直梁。加载前在梁表面上标记上与轴线垂直的横线，以及与轴线平行的纵线，如图 2-48（a）所示。然后在梁的两端纵向对称面内施加一对力偶，使梁发生弯曲变形，如图 2.48（b）所示。可以发现梁表面变形具有如下特征。

① 横线（$m-m$，$n-n$）仍是直线，只是发生相对转动，但仍与纵线（$a-a$，$b-b$）正交。

② 纵线（$a-a$，$b-b$）弯曲成曲线，且随梁一侧伸长，另一侧缩短。

根据上述梁表面变形的特征，可以作出以下假设：梁变形后，其横截面仍保持平面，并垂直于变形后梁的轴线，只是绕着梁上某一轴转过一个角度。这一假设称平面假设。

此外，还假设：梁的各纵向层互不挤压，即梁的纵截面上无正应力作用。

根据上述假设，梁弯曲后，其纵向层一部分产生伸长变形，另一部分则产生缩短变形，二者交界处存在既不伸长也不缩短的一层，这一层称为中性层。如图 2-48（c）所示。中性层与横截面的交线为截面的中性轴。

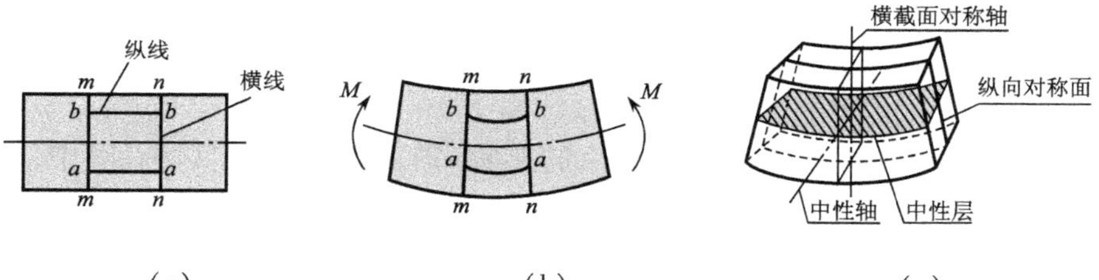

图 2-48 中性层

横截面上位于中性轴两侧的各点分别承受拉应力或压应力；中性轴上各点的应力为零。

下面根据平面假设找出纵向线应变沿截面高度的变化规律。

考察梁上相距为 dx 的微段（如图 2-49（a）所示），其变形如图 2-49（b）所示。其中 x 轴沿梁的轴线，y 轴与横截面的对称轴重合，z 轴为中性轴。则其纵向正应变为

$$\varepsilon = \frac{y}{\rho} \qquad (2-24)$$

式（2-24）表明：纯弯曲时梁横截面上各点的纵向线应变沿截面高度线性分布。

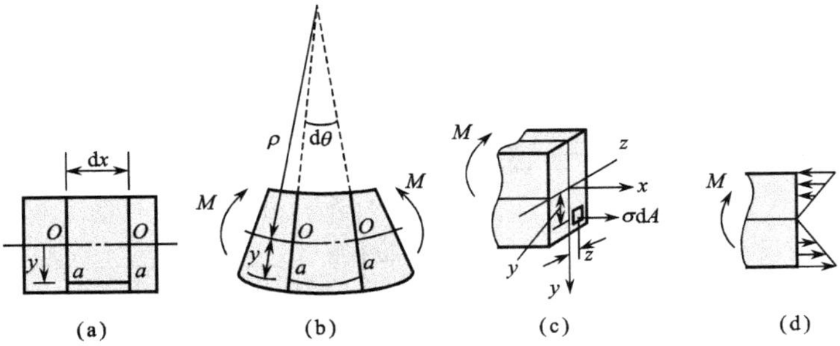

(a) (b) (c) (d)

图 2-49　纵向线应变沿截面高度线性分布

2. 物理关系

根据以上分析，梁横截面上各点只受正应力作用。再考虑到纵向层之间互不挤压的假设，所以纯弯梁各点处于单向应力状态。对于线弹性材料，根据胡克定律

于是有

$$\sigma = E\varepsilon$$

$$\sigma = \frac{E}{\rho}y \tag{2-25}$$

式中 E、ρ 均为常数，上式表明：纯弯梁横截面上任一点处的正应力与该点到中性轴的垂直距离 y 成正比。即正应力沿着截面高度按线性分布，如图 2-49（d）所示。

式（2-25）还不能直接用于计算应力，因为中性层的曲率半径 ρ 以及中性轴的位置尚未确定。这要利用静力关系来解决。

3. 静力关系

弯矩 M 作用在 $x-y$ 平面内。横截面上所有微面积上的力将组成轴力 N 以及对 y、z 轴的力矩 M_y 和 M_z，在纯弯情况下，梁横截面上只有弯矩 $M_z = M$，而轴力 N 和 M_y 皆为零。

纯弯情况下的正应力计算公式

$$\sigma = \frac{M_y}{I_z} \tag{2-26}$$

上式中正应力 σ 的正负号与弯矩 M 及点的坐标 y 的正负号有关。实际计算中，可根据截面上弯矩 M 的方向，直接判断中性轴的哪一侧产生拉应力，哪一侧产生压应力，而不必考虑 M 和 y 的正负。

*2.5　组合变形　疲劳强度　压杆稳定

2.5.1　组合变形的概念

构件的受力情况分为基本受力（或基本变形）形式（如中心受拉或受压，扭转，平面弯曲，剪切）和组合受力（或组合变形）形式。组合变形由两种以上基本变形形式组成。

处理组合变形构件的内力、应力和变形（位移）问题时，可以运用基于叠加原理的叠加法。

叠加原理：如果内力、应力、变形等与外力成线性关系，则在小变形条件下，复杂受力情况下组合变形构件的内力，应力，变形等力学响应可以分成几个基本变形单独受力情况下相应力学响应的叠加，且与各单独受力的加载次序无关。

2.5.2 交变应力与疲劳强度的概念

1. 交变应力

构件内随时间做周期性变化的应力称交变应力。

2. 疲劳与疲劳失效

结构的构件或机械、仪表的零部件在交变应力作用下发生的破坏现象，称为疲劳失效，简称疲劳。

3. 构件承受交变应力的实例

① 齿轮啮合时齿根 A 点的弯曲正应力 σ 随时间做周期性变化，如图 2-50 所示。

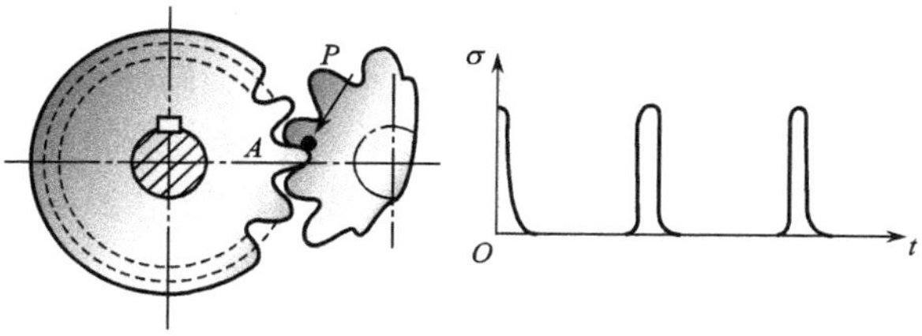

图 2-50 齿轮啮合

② 火车轮轴横截面边缘上 A 点的弯曲正应力 σ 随时间 t 做周期性变化，如图 2-51 所示。

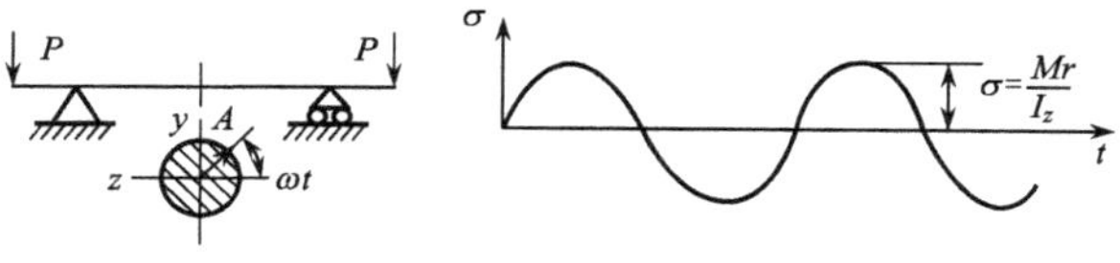

图 2-51 火车轮轴

③ 电机转子偏心惯性力引起强迫振动梁上的危险点正应力随时间做周期性变化。如图 2-52所示。

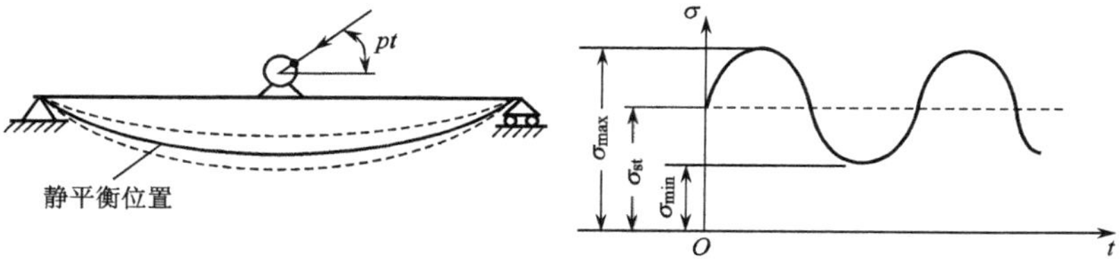

图 2-52 电机转子

4. 疲劳失效的特点与原因简述

构件在交变应力作用下失效时，具有如下特征。

① 破坏时的名义应力值往往低于材料在静载作用下的屈服应力。

② 构件在交变应力作用下发生破坏需要经历一定数量的应力循环。

③ 构件在破坏前没有明显的塑性变形预兆，即使韧性材料，也将呈现“突然”的脆性断裂。

④ 金属材料的疲劳断裂断口上，有明显的光滑区域与颗粒区域。如图 2-53 所示。疲劳失效的机理是：交变应力引起金属原子晶格的位错运动→位错运动聚集、形成分散的微裂纹→微裂纹沿结晶学方向扩展（大致沿最大剪应力方向形成滑移带）、贯通形成宏观裂纹→宏观裂纹沿垂直于最大拉应力方向扩展，宏观裂纹的两个侧面在交变载荷作用下，反复挤压、分开，形成断口的光滑区→突然断裂，形成断口的颗粒状粗糙区。

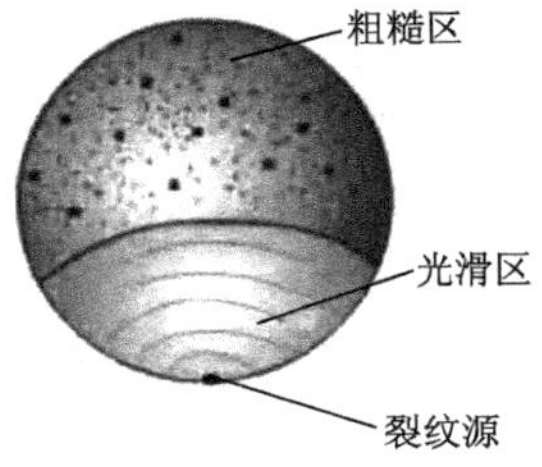

图 2-53 金属材料的疲劳断裂断口

5. 提高构件疲劳强度的措施

疲劳裂纹主要形成于构件表面和应力集中的部位，故提高疲劳强度应从以下方面着手。

① 减缓应力集中。设计构件外形时，避免方形或带有尖角的孔和槽；在截面突变处采用足够大的过渡圆角，如图 2-54（a）所示，设置减荷槽如图 2-54（b）所示或退刀槽如图 2-54（c）所示等。

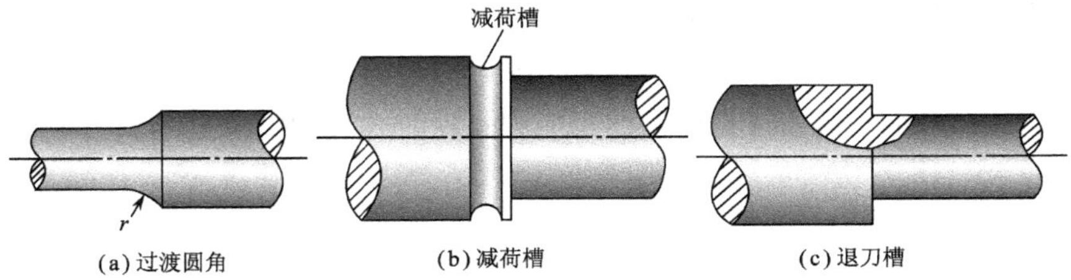

图 2-54 减缓应力集中

② 降低表面粗糙度及避免使构件表面受到机械损伤或化学损伤（如腐蚀等）。

③ 增加表层强度。可采用高频淬火等热处理，渗碳、氮化等化学处理和机械方法（如喷丸等）强化表层，以提高疲劳强度。

2.5.3 压杆稳定的概念

构件除了强度、刚度失效外，还可能发生稳定失效。例如，受轴向压力的细长杆，当压力超过一定数值时，压杆会由原来的直线平衡形式突然变弯（如图 2-55（a）所示），致使结构丧失承载能力；又如，狭长截面梁在横向载荷作用下，将发生平面弯曲，但当载荷超过一定数值时，梁的平衡形式将突然变为弯曲和扭转（如图 2-55（b）所示）；受均匀压力的薄圆环，当压力超过一定数值时，圆环将不能保持圆对称的平衡形式，而突然变为非圆对称的平衡形式（如图2-55（c）所示）。上述各种关于平衡形式的突然变化，统称为稳定失效，简称为失稳或屈曲。工程中的柱、桁架中的压杆、薄壳结构及薄壁容器等，在有压力存在时，都可能发生失稳。

由于构件的失稳往往是突然发生的，因而其危害性也较大。历史上曾多次发生因构件失稳而引起的重大事故。如1907年加拿大劳伦斯河上，跨长为548米的奎拜克大桥，因压杆失稳，导致整座大桥倒塌。近代这类事故仍时有发生。因此，稳定问题在工程设计中占有重要地位。

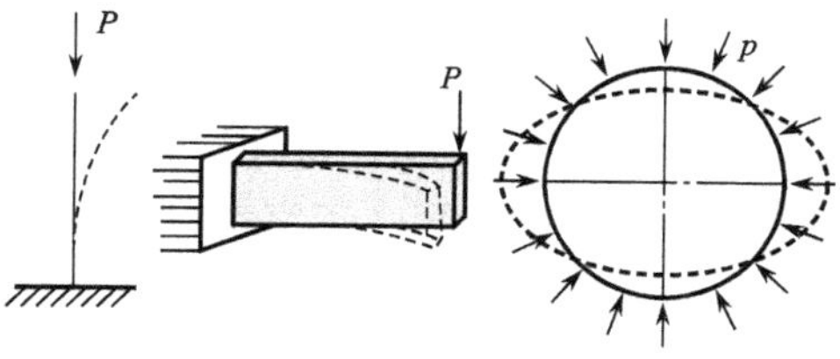

图2-55 失稳或屈曲

“稳定”和“不稳定”是针对物体的平衡性质而言的。例如，如图2-56（a）所示处于凹面的球体，其平衡是稳定的，当球受到微小干扰，偏离其平衡位置后，经过几次摆动，它会重新回到原来的平衡位置。如图2-56（b）所示处于凸面的球体，当球受到微小干扰，它将偏离其平衡位置，而不再恢复原位，故该球的平衡是不稳定的。

受压直杆同样存在类似的平衡性质问题。例如，如图2-57（a）所示下端固定、上端自由的中心受压直杆，当压力P小于某一临界值P_{cr}时，杆件的直线平衡形式是稳定的。此时，杆件若受到某种微小干扰，它将偏离直线平衡位置，产生微弯（如图2-57（b）所示）；当干扰撤除后，杆件又回到原来的直线平衡位置（如图2-57（c）所示）。但当压力P超过临界值P_{cr}时，撤除干扰后，杆件不再回到直线平衡位置，而在弯曲形式下保持平衡（如图2.57（d）所示），这表明原有的直线平衡形式是不稳定的。使中心受压直杆的直线平衡形式，由稳定平衡转变为不稳定平衡时所受的轴向压力，称为临界载荷或简称为临界力，用P_{cr}表示。

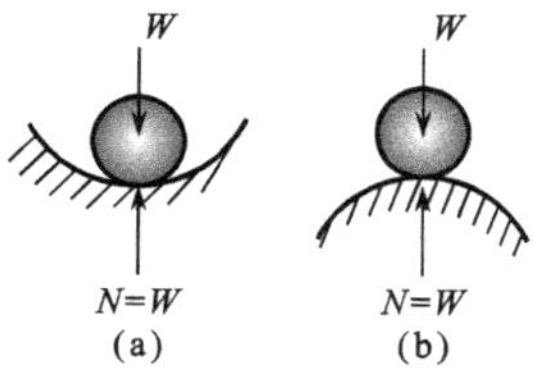

图2-56 “稳定”和“不稳定”

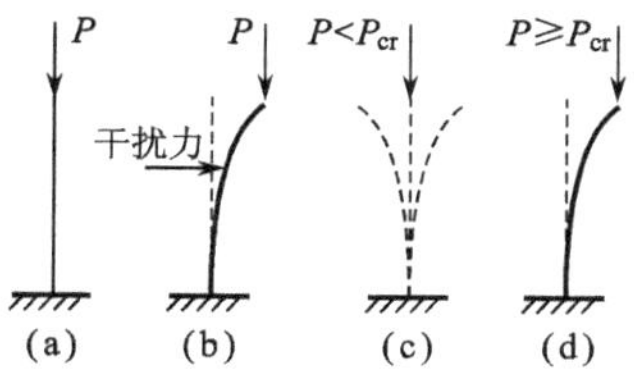

图2-57 受压直杆的平衡

为了保证压杆安全可靠的工作，必须使压杆处于直线平衡形式，因而压杆是以临界力作为其极限承载能力。可见，临界力的确定是非常重要的。

压杆的稳定性取决于临界载荷的大小。由临界应力图可知，当柔度λ减小时，则临界应力提高，而$\lambda = \mu l/i$，所以提高压杆承载能力的措施主要是尽量减小压杆的长度，选用合理的截面形状，增加支承的刚性以及合理选用材料。现分述如下。

(1) 减小压杆的长度

减小压杆的长度，可使 λ 降低，从而提高了压杆的临界载荷。工程中，为了减小柱子的长度，通常在柱子的中间设置一定形式的撑杆，它们与其他构件连接在一起后，对柱子形成支点，限制了柱子的弯曲变形，起到减小柱长的作用。对于细长杆，若在柱子中设置一个支点，则长度减小一半，而承载能力可增加到原来的 4 倍。

(2) 选择合理的截面形状

压杆的承载能力取决于最小的惯性矩 I，当压杆各个方向的约束条件相同时，使截面对两个形心主轴的惯性矩尽可能大而且相等，是压杆合理截面的基本原则。因此，薄壁圆管（如图 2-58（a）所示）、正方形薄壁箱形截面（如图 2-58（b）所示）是理想截面，它们各个方向的惯性矩相同，且惯性矩比同等面积的实心杆大得多。但这种薄壁杆的壁厚不能过薄，否则会出现局部失稳现象。对于型钢截面（工字钢、槽钢、角钢等），由于它们的两个形心主轴惯性矩相差较大，为了提高这类型钢截面压杆的承载能力，工程实际中常用几个型钢，通过缀板组成一个组合截面，如图 2-58（c）、（d）所示。并选用合适的距离 a，使 $I_y = I_z$，这样可大大的提高压杆的承载能力。但设计这种组合截面杆时，应注意控制两缀板之间的长度，以保证单个型钢的局部稳定性。

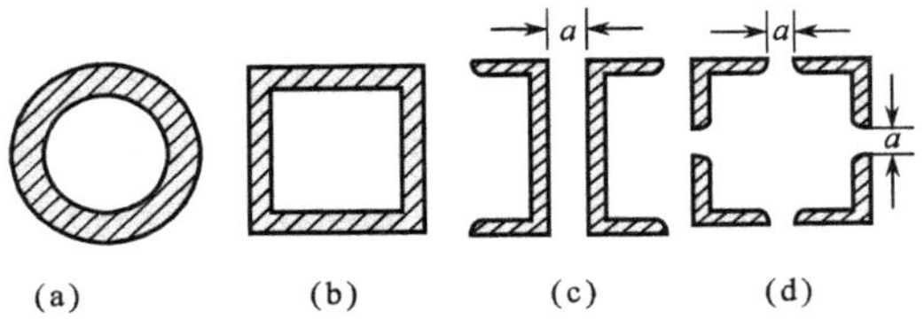

图 2-58　压杆的合理截面

(3) 增加支承的刚性

对于大柔度的细长杆，一端铰支另一端固定压杆的临界载荷比两端铰支的大一倍。因此，杆端越不易转动，杆端的刚性越大，长度系数就越小，如图 2-59 所示压杆，若增大杆右端止推轴承的长度 a，就加强了约束的刚性。

(4) 合理选用材料

对于大柔度杆，临界应力与材料的弹性模量 E 成正比。因此钢压杆比铜、铸铁或铝制压杆的临界载荷高。但各种钢材的 E 基本相同，所以对大柔度杆选用优质钢材比低碳钢并无多大差别。对中柔度杆，由临界应力图可以看到，材料的屈服极限 σ_s 和比例极限 σ_p 越高，则临界应力就越大。这时选用优质钢材会提高压杆的承载能力。至于小柔度杆，本来就是强度问题，优质钢材的强度高，其承载能力的提高是显然的。

最后仍需指出，对于压杆，除了可以采取上述几方面的措施以提高其承载能力外，在可能的条件下，还可以从结构方面采取相应的措施。例如，将结构中的压杆转换成拉杆，这样，就可以从根本上避免失稳问题，以如图 2-60 所示的托架为例，在不影响结构使用的条件下，若图 2-60（a）所示结构改换成图 2-60（b）所示结构，则 AB 杆由承受压力变为承受拉力，从而避免了压杆的失稳问题。

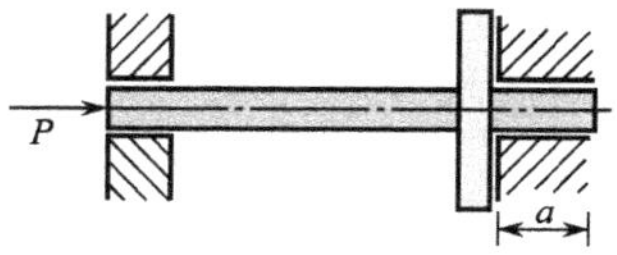

图 2-59 增加支承的刚性

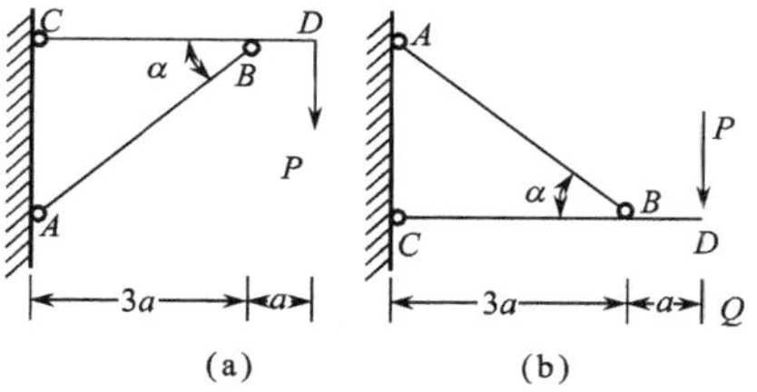

图 2-60 托架

习题2

2-1 构件的基本变形有________、________、______和________四种。

2-2 轴向拉伸与压缩的受力特点：____。变形特点：____。

2-3 杆件内部由于外力的作用而产生的相互作用力称为________。在某一范围内，它随着外力的增大__________。

2-4 单位截面上的内力称为______________。

2-5 工程中一般把__________作为塑性材料的极限应力；对于脆性材料，则把__________作为材料的极限应力。

2-6 安全系数表示材料的____________。

2-7 塑性材料（如钢）和脆性材料（如铸铁）的力学性能的主要区别是什么？

2-8 当细长杆所受压力达到某个限度时，就会突然变弯而丧失工作能力，这种现象称为____________________，简称__________。

2-9 什么是应力集中现象？怎样减少应力集中的程度？

2-10 剪切变形的受力特点：____。变形特点：____。

2-11 构件发生剪切变形的同时，往往在相互接触的作用面之间发生__________。

2-12 圆轴扭转的受力特点：____。变形特点：____。

2-13 圆轴扭转时，横截面上只有________应力，而没有________ 应力。

2-14 如图 2-61 所示中圆轴扭转应力分布正确的是__________。

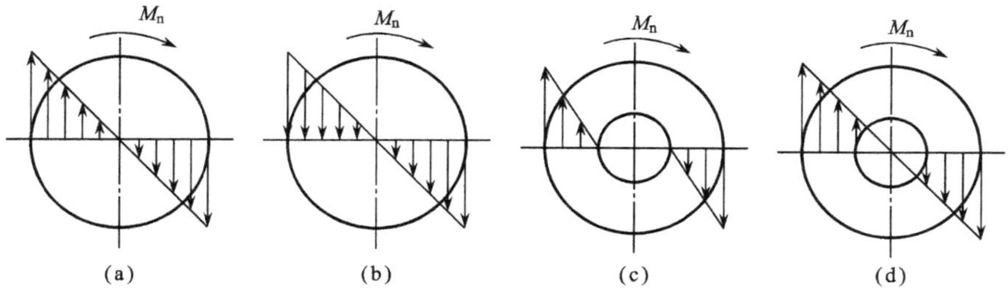

图 2-61 题 2-14 图

2-15 弯曲变形的受力特点：____。变形特点：____

2-16 根据支承方式不同，梁分为________、________和________ 三种形式。

2-17 构件在外力作用下，同时产生两种或两种以上的基本变形，称为__________。

2-18 何为材料的疲劳强度？

2-19 何谓交变应力？试列举交变应力的工程实例，并指出其循环特性。

2-20 判断构件的破坏是否为疲劳破坏的依据是什么？

第 3 章　工程材料

教学目标

1. 掌握金属材料的结构特点、性能特点。

2. 掌握结晶理论的应用；掌握铁碳合金成分、组织和性能之间的关系；掌握钢的热处理基本知识。

3. 了解我国的钢材编号规则，掌握各类钢种的牌号，熟悉钢中杂质与合金元素的分布规律及其对钢材性能的影响，熟悉常用钢材的牌号、用途、性能及热处理特点。

4. 了解零件的失效形式与提高材料性能的途径，掌握零件选材的一般原则和方法。

5. 调查工程材料市场，了解当前常用的工程材料。

3.1　黑色金属材料

3.1.1　常见工程材料演示

【演示 1】　有机玻璃旋转展示柜（如图 3-1 所示）

图3-1　有机玻璃旋转展示柜

图 3-2　搪瓷拼装罐

压克力，英文名 ACRYLIC，它是一种化学材料，名称为聚甲基丙烯酸甲酯（PMMA），俗称“经过特殊处理的有机玻璃”，在应用领域它的原材料一般以颗粒、板材、管材等形式出现。

【演示 2】　搪瓷拼装罐（如图 3-2 所示）

稀土搪瓷拼装式反应器（储存罐）是采用柔性搪瓷预制钢板以栓接方式拼装，并在连接处加涂特制密封材料进行防漏处理，集高技术含量和新材料开发于一体的新型反应（储存）设备。拼装技术采用高新技术材料——柔性搪瓷预制钢板制成的罐体材料，以快速低耗的现场拼装方式最终成型，组成成套化的单元反应器设备，设备的全套装置将达到技术先进、配制合理、性能优良、耐腐蚀性好、维修便利、外表美观的效果。

【演示3】 浮雕三氧化二铝实木地板（如图3-3所示）

【演示4】 易切削钢（如图3-4所示）

图3-3 浮雕三氧化二铝实木地板

图3-4 易切削钢

易切削钢是金属材料的一类。其中铸铁和钢是最重要的化工机械材料，它们都是铁和碳的合金，区别是含碳量和内部组织结构不同。铸铁是含碳量大于2%的铁碳合金，钢是含碳量小于2%的铁碳合金。它们是工业上应用最广泛的金属材料，在国民经济中占有极重要的地位。

*3.1.2 简化的 $Fe-Fe_3C$ 状态图

$Fe-Fe_3C$ 状态图也叫铁碳合金相图，它是人类经过长期生产实践以及大量科学实验后总结出来的，是研究钢和铸铁的基础，也是选择材料、制订热加工、热处理工艺的主要依据。铁和碳可以形成一系列化合物，考虑到工业上的实用价值，目前常用 W_c（含碳量）<6.69%的铁碳合金。

1. 简化的 $Fe-Fe_3C$ 状态图（如图3-5所示）分析

（1）坐标

$Fe-Fe_3C$ 状态图中纵坐标为温度；横坐标为碳的质量分数。横坐标的左端表示 $W_c=0\%$、$W_{Fe}=100\%$ 的纯铁；右端表示 $W_c=6.69\%$ 的 Fe_3C；横坐标上任何一点均表示一种成分的铁碳合金。

（2）特性点

状态图中具有特殊意义的点称为特性点，简化 $Fe-Fe_3C$ 状态图各特性点的温度、成分及其含义见表3-1所示。在简化 $Fe-Fe_3C$ 状图的十个特性点中，有三个特别重要且具有特殊意义的点，即“C”点、“S”点和“E”点。

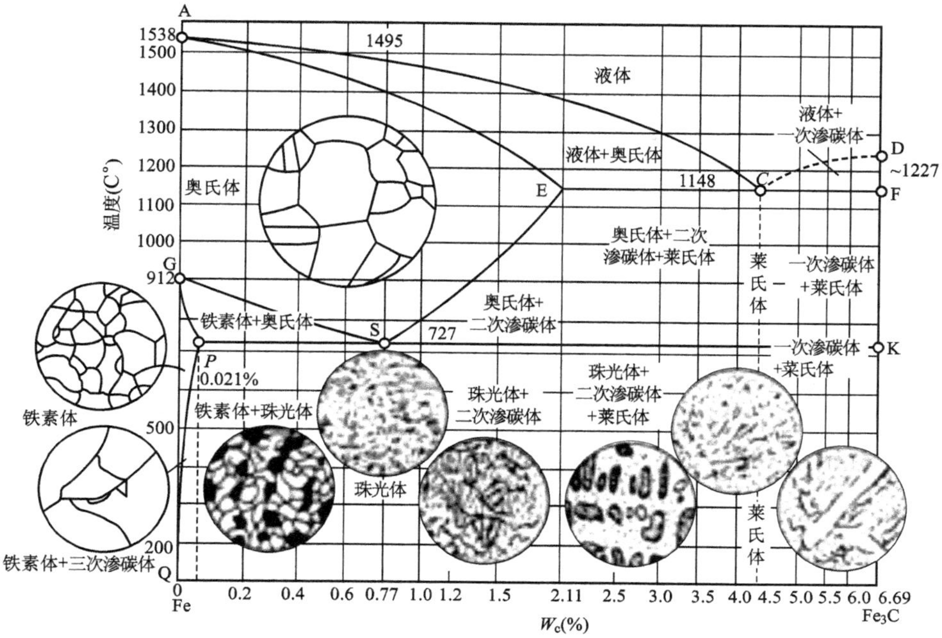

图 3-5 简化的 Fe-Fe_3C 状态图

表 3-1 简化 Fe-Fe_3C 状态图中的特性点

特性点符号	温度（℃）	W_c（%）	含 义
A	1538	0	熔点（结晶点）：纯铁的熔点
C	1148	4.3	共晶点：发生共晶转变 L 4.3 1148℃ Ld（A0.77 + Fe_3C 共晶）
D	1227	6.69	熔点：渗碳体的熔点
E	1148	2.11	溶解度点：碳在γ - Fe中的最大溶解度 分界点：碳钢与生铁的分界点
F	1148	6.69	共晶渗碳体温度点
G	912	0	同素异构转变点：γ - Fe→α - Fe
S	727	0.77	共析点：A 0.77 727℃ P（F0.218 + Fe_3C 共析）
K	727	6.69	共析渗碳体温度点
P	727	0.0218	溶解度点：碳在 α - Fe 的中最大溶解度
Q	室温	0.0008	溶解度点：室温下碳在 α - Fe 中的溶解度

“C”点为共晶点，在该点将同时析出两种晶体，称共晶转变。共晶转变所获得的共晶体（A + Fe_3C）称为高温莱氏体。在 727℃以下，高温莱氏体中的奥氏体将转变为珠光体，形成低温莱氏体。莱氏体组织可以看成是在渗碳体的基体上分布着颗粒状的奥氏体（或珠光体）。低温莱氏体的性能与渗碳体相似，硬度很高，塑性、韧性极差。

“S”点为共析点，在该点将要发生由一个固相同时生成两个固相的转变，称为共析转变。将要发生转变的固相成分为共析点成分（W_c = 0.77%），转变温度为共析点温度

（727℃），而转变出的固相分别为 F（W_c=0.0218%）和共析渗碳体（W_c= 6.69%），它们所组成的机械混合物（F + Fe_3C），称为珠光体，用符号“P”表示。

共析转变所获得的珠光体是铁素体与渗碳体层片相间的机械混合物，力学性能介于铁素体和渗碳体之间，具有较高的强度和硬度（$\sigma_b \approx$770MPa，180HBS），具有一定塑性和韧性（δ=20% ~35%，A_{kv}=24 ~32J），是一种综合力学性能较好的组织。

（3）特性线

状态图中各不同成分的合金中具有相同意义的临界点的连接线称为特性线。简化的 Fe-Fe_3C状态图中各特性线的符号、位置和意义介绍如下。

① AC 线为液体向奥氏体转变的开始线。W_c<4.3%铁碳合金在此线之上为均匀液相，冷却至该线时，液体中开始结晶出固相奥氏体，即 L→A。

② CD 线为液体向渗碳体转变的开始线。W_c >4.3% ~6.69%之间的铁碳合金在此线之上为均匀液相，冷却至该线时，液体中开始结晶出渗碳体，称为一次渗碳体，用“Fe_3CI”表示。即：L→Fe_3CI。ACD 线统称为液相线，在此线之上合金全部处于液相状态，用符号“L”表示。

③ AE 线为液体向奥氏体转变的终了线。W_c<2.11%的液体合金冷至此线，全部转变为单相奥氏体组织。

④ ECF 水平线为共晶线。碳质量分数 W_c>2.11% ~6.69%之间的液态合金冷至此线时，将在恒温（1148℃）下发生共晶转变，形成高温莱氏体。

AECF 线统称为固相线，液体合金冷却此线全部结晶为固体，此线以下均为固相区。

⑤ ES 线又称 Acm 线，是碳在奥氏体中的溶解度变化曲线。1148℃时奥氏体溶碳量最大为 W_c=2.11%，随着温度的降低，奥氏体的溶碳量逐渐减小，当温度降至 727℃时，溶碳量减小至 W_c=0.77%。因此，凡是 W_c>0.77%的铁碳合金，当温度由 1148℃降至 727℃时，均会从奥氏体中沿晶界析出渗碳体，称为二次渗碳体，用“Fe_3CII”表示。即：A→Fe_3CII。

⑥ GS 线又称 A_3线，是 W_c<0.77%的铁碳合金固态冷却，奥氏体向铁素体转变的开始线。随着温度的下降，转变出的铁素体量不断增多，剩余奥氏体的碳质量分数不断升高。

⑦ GP 线是奥氏体向铁素体转变的终了线。W_c<0.0218%的铁碳合金冷至此线时，奥氏体全部转变为单相铁素体组织。

⑧ PSK 水平线为共析线，又称 A_1线。W_c >0.0218%的铁碳合金中的奥氏体冷却至此线时，将在恒温下发生共析转变，转变出珠光体组织。

⑨ PQ 线是碳在铁素体中的溶解度曲线。727℃时铁素体溶碳量最大为 0.0218%，随着温度的降低，溶碳量不断减小，当温度降至室温时，溶碳量降至 0.0008%。因此，W_c >0.0218%的铁碳合金，从 727℃降至室温时，均会由铁素体析出渗碳体，称为三次渗碳体，用“Fe_3CIII”表示。由于 Fe_3CIII数量极少，故一般在讨论中均忽略不计。

（4）相区

由前图可看出四个单相图区：液相区（L）、奥氏体相区（A）、铁素体相区（F）和渗碳体相区（指 DFK 线）；五个两相：L + A 区、L + Fe_3CI 区、A + F 区、A + Fe_3C 和 F + Fe_3C 区。每个两相区都与相应的两个单相区相邻；两条三相共存线，即共晶线 ECF，L、A 和 Fe_3C 三相共存；共析线 PSK，A、F 和 Fe_3C 三相共存。

2. 相图中的合金分类

根据相图上P、E两点，可将铁碳合金分为工业纯铁，非合金钢和铸铁三类。其中钢和铸铁又各分三种。因此，相图上共有七种典型合金，其各自的碳质量分数和室温组织如表3-2所示。

表3-2 铁碳合金分类

分　类	名　称	碳含量（W_c,%）	室温组织	硬度HBS
工业纯铁	工业纯铁	<0.0218	F	80（100%F）
非合金钢	亚共析钢 共析钢 过共析钢	0.0218~0.77 77 0.77~2.11	F+P P $P+Fe_3CII$	140（44%F+56%P） 180（100%P） 260（93%P+7% Fe_3CII）
白口铸铁	亚共晶白口铁 共晶白口铁 过共白口铁	2.11~4.3 4.3 4.3~6.69	$P+L'd+Fe_3CII$ L'd $L'd+Fe_3CI$	

铁碳合金的相结构主要有固溶体和金属化合物两类。属于固溶体相的有铁素体和奥氏体，属于金属化合物相的主要为渗碳体。铁碳合金相图上的特性点（重点："C"点、"S"点和"E"点）、特性线、相区；两条三相共存线，即共晶线ECF、共析线PSK。根据相图上P、E两点，可将铁碳合金分为工业纯铁，非合金钢钢和铸铁三类。其中钢和铸铁又各分三种。铁碳合金相图是研究钢和铸铁的基础，也是选择材料、制订热加工、热处理工艺的主要依据。

3.1.3 铸铁

从铁碳合金相图知道，含碳量大于2.11%的铁碳合金称为铸铁。虽然铸铁的强度、塑性和韧性较差，不能进行锻造，但它却具有优良的铸造性、减摩性、切削加工性等一系列的性能特点，加上它的生产设备和工艺简单、价格低，因此广泛应用于机械制造、石油、化工、冶金、矿山、交通运输、国防工业等部门。据统计，按重量百分比计算，在农业机械中铸铁件约占（40~60)%；汽车、拖拉机中约占（50~70)%；机床中约占（60~90)%。特别是近年来由于稀土镁球墨铸铁的发展，更进一步打破了钢与铸铁的使用界限，不少过去使用碳钢和合金钢制造的重要零件，如曲轴、连杆、齿轮等，如今已可采用球墨铸铁来制造，"以铁代钢"、"以铸代锻"，这不仅为国家节约了大量的优质钢材，而且还大大减少了机械加工的工时，降低了产品的成本。

铸铁之所以具有这些特性，除了因为它具有接近共晶的成分，熔点低，流动性好，易于铸造外，还因为它的C、Si含量较高，使碳大部分不以化合态（Fe_3C），而是呈游离的石墨状态存在，石墨有润滑作用和吸油能力，因而铸铁有良好的减摩性和切削加工性。根据碳在铸铁组织中存在形式不同，可分为以下几类。

（1）白口铸铁

白口铸铁简称白口铁，完全按照$Fe-Fe_3C$相图进行结晶而得到的铸铁。其中碳全部以渗碳体（Fe_3C）形式存在，断口呈银白色。由于存在大量硬而脆的Fe_3C，硬度高，脆性大，很难切削加工。它很少用来直接制造机器，主要用于炼钢原料或制造可锻铸铁的毛坯。

(2) 灰口铸铁

碳主要结晶成游离状态的石墨。其中碳大部分或全部以片状石墨形状存在，断口为暗灰色，常见的铸铁件多数是灰口铸铁。

(3) 可锻铸铁

由一定成分的白口铸铁经石墨化退火处理而获得，其中碳大部分或全部以团状石墨形式存在，由于具有较灰口铸铁高得多的塑性和韧性，习惯上称为可锻铸铁，实际上不能锻。

(4) 球墨铸铁

铁水在浇注前经球化处理，其中碳大部分或全部以球状石墨形式存在，机械性能高，生产工艺比可锻铸铁简单，近年来日益得到广泛的应用。

(5) 蠕墨铸铁

碳以蠕虫状石墨形式存在，介于片状和球状石墨之间，是近十几年发展起来的新型铸铁。

此外，为了满足一些特殊要求，向铸铁中加入一些合金元素，如 Cr、Cu、Al、B 等，可得到耐蚀铸铁、耐热铸铁及耐磨铸铁等合金铸铁。

3.1.4 碳钢

碳钢是指含碳量小于 2% 的铁碳合金，有时也叫普碳钢或碳素钢。其力学性能取决于钢中的碳含量，一般不添加大量的合金元素。碳钢除含碳外一般还含有少量的硅、锰、硫、磷。一般碳钢中含碳量较高则硬度越大，强度也越高，但塑性较低。

按用途可以把碳钢分为碳素结构钢、碳素工具钢和易切削结构钢三类；碳素结构钢又分为建筑结构钢和机器制造结构钢两种。按冶炼方法可分为平炉钢、转炉钢和电炉钢。按脱氧方法可分为沸腾钢（F）、镇静钢（Z）、半镇静钢（b）和特殊镇静钢（TZ）。按含碳量可以把碳钢分为低碳钢（$W_c \leq 0.25\%$），中碳钢（W_c 为 0.25% ~0.6%）和高碳钢（$W_c > 0.6\%$）。按磷、硫含量可以把碳素钢分为普通碳素钢（含磷、硫较高）、优质碳素钢（含磷、硫较低）和高级优质钢（含磷、硫更低）和特级优质钢。

1. 碳素结构钢

碳素结构钢中除含有为了脱氧而加入的硅、锰元素外，不含其他有意加入的合金元素。钢中硫、磷杂质含量较高，一般来说普通质量碳素结构钢的硫的质量分数不大于 0.050%、磷的质量分数不大于 0.045%；优质碳素结构钢硫和磷的质量分数不大于 0.040%。这类钢通常以热轧状态交货和使用，主要用于工程结构。

碳素结构钢主要保证力学性能，故其牌号体现其力学性能，用 Q + 数字表示，其中 Q 为屈服点“屈”字的汉语拼音字首，数字表示屈服点数值，例如 Q275 表示屈服点为 275MPa。若牌号后面标注字母 A、B、C、D，则表示质量等级，从 A 到 D 表示 S、P 的含量依次降低、钢材质量依次提高。若在牌号后面标注字母 F 则为沸腾钢，标注 b 为半镇静钢，不标注 F 或 b 者为镇静钢。例如 Q235—A · F 表示屈服点为 235MPa 的 A 级沸腾钢，Q235—C 表示屈服点为 235MPa 的 C 级镇静钢。

碳素结构钢一般情况下都不经过热处理，而在供应状态下直接使用。通常无锡钢结构 Q195、Q215、Q235 钢碳的质量分数低，焊接性能好，塑性、韧性好，有一定强度，常轧制成薄板、钢筋、焊接钢管等，用于桥梁、建筑等结构和制造普通螺钉、螺母等零件。Q255和Q275钢碳的质量分数稍高，强度较高，塑性、韧性较好，可进行焊接，通常轧制成型钢、条钢和钢板作无锡钢结构件以及制造简单机械的连杆、齿轮、联轴节、销等零件。表3-3给出了常见碳素结构钢牌号及用途。

表3-3 碳素结构钢牌号及用途

牌号	等级	Qb/MPa	旧标准	用途
Q195	——	315～390	A1	用于制造承载较小的零件、铁丝、铁圈、垫铁、开口销、拉杆、冲压件以及焊接件等
Q215	A	335～410	A2	用于制造拉杆、套圈、垫圈、渗圈、渗碳零件以及焊接件等
	B		C2	
Q235	A	375～460	A3	A、B级用于制造金属结构件、心部强度要求不高的渗碳件或碳氮共渗件、拉杆、连杆、吊钩、车钩、螺栓、螺母、套筒、轴以及接件；C、D级用于制造重要的焊接结构件
	B		B3	
	C		——	
	D		——	
Q255	A	410～510	A4	用于制造转轴、心轴、吊钩、拉杆、摇杆、楔等强度要求不高的零件。其焊接性尚可
	B		C4	
Q275	——	490～610	C5	用于制造轴类、链轮、齿轮、吊钩等强度要求高的零件

2. 碳素工具钢

碳素工具钢（非合金工具钢）是高碳过共析、共析或亚共析钢，含碳量为0.7%～1.3%。其性能除了与冶炼、热塑性变形工艺有关外，主要取决于碳含量，碳是碳素工具钢的主要强化元素。这类钢经热处理后具有较高的硬度和耐磨性，但红硬性差、淬透性低。为了提高钢的淬透性，有的牌号在钢中加入0.40%～0.60%的锰。碳素工具钢的钢材通常以退火状态交货，一般应检验硬度，高倍、低倍和断口组织及表面脱碳层深度等。这类钢主要用于制造一般切削速度，且加工硬度和强度不太高的材料的工具，以及形状简单、精度要求较低的量具、模具等。

碳素工具钢按用途可分为刃具钢、量具钢、耐磨钢；按钢质可分为优质钢（硫质量分数不大于0.030%，磷质量分数不大于0.035%）、高级优质钢（硫质量分数不大于0.020%，磷质量分数不大于0.025%）。表3-4给出了碳素工具钢的牌号、性能特点及用途。

表3-4 碳素工具钢的牌号、性能特点及用途

牌号	性能特点	用途举例
T7、T7A、T8、T8A、T8Mn	韧性较好，一定的硬度	木工工具、钳工工具，如锤子、錾子、模具、剪刀等，T8Mn可制作截面较大的工具
T9、T9A、T10、T10A、T11、T11A	较高硬度、耐磨性，一定韧性	低速刀具，如刨刀、丝锥、板牙、锯条、卡尺、冲模、拉丝模等
T12、T12A、T13、T13A	硬度高、耐磨性高，韧性差	不受振动的低速刀具，如锉刀、刮刀、外科用刀具和钻头等

3. 易切削结构钢

易切削结构钢简称易切钢，是含有少量易削元素、具有良好的被切削加工性能的钢种。易切削结构钢是在钢中加入一些使钢变脆的元素，使钢切削时切削易脆断成碎屑，从而有利于提高切削速度和延长刀具寿命。使钢变脆的元素主要是硫，在普通低合金易切削结构钢中使用了铅、碲、铋等元素，这种钢的含硫量 W_s 在 0.08% ~0.03% 之间，含锰量 W_{Mn} 在 0.60% ~1.55% 之间。钢中的硫和锰以硫化锰形态存在，硫化锰很脆并有润滑效能，从而使切削容易碎断，并有利于提高加工表面的质量。

具体牌号有 Y12，Y12Pb，Y15，Y15Pb，Y20，Y30，Y35，Y40Mn，Y45Ca 共九个。易切削结构钢分为加硫易切削钢，加硫磷易切削钢，加铅易切削钢，加钙易切削钢，加硫碳锰易切削钢等。牌号用 Y + 数字表示，其中 Y 是“易”的汉语拼音首字母，其后用两位数字表示碳含量的万分数。用途简述如下：

(1) Y12　硫磷复合低碳易切削钢，是现有易切削钢中磷含量最多的一个钢种。常用于制造对力学性能要求不高的各种机器和仪器仪表零件，如螺栓、螺母、销钉、轴、管接头等。

(2) Y12Pb　含铅易切削钢，被切削加工性好，不存在性能上的方向性，并有较高的力学性能，常用于制造较重要的机械零件、精密仪表零件等。

(3) Y15　复合高硫低硅易切削钢，是我国自行研制成功的钢种，被切削性高于 Y12 钢，常用于制造不重要的标准件，如螺栓、螺母、管接头、弹簧座等。

(4) Y15Pb　同 Y12Pb，被切削加工性更好。

(5) Y20　低硫磷复合易切削钢，被切削加工性优于 30 钢而低于 12 钢，可进行渗碳处理，常用于制造要求表面硬、心部韧性高的仪器、仪表、轴类耐磨零件。

(6) Y30　低硫磷复合易切削钢，力学性能较高，被切削加工性也有适当改善，可制造强度要求较高的标准件。

(7) Y35　同 Y30 钢，可调质处理。

(8) Y40Mn　高硫中碳易切削钢，有较高的强度、硬度和良好的被切削加工性，适于加工要求刚性高的机床零部件，如机床丝杠、光杠、花键轴、齿条等。

(9) Y45Ca　钙硫复合易切削钢，不仅被切削性好，而且热处理后具有良好的力学性能，适于制造较重要的机器结构件，如机床齿轮轴、花键轴、拖拉机传动轴等。

3.1.5　合金钢

合金钢是在普通碳素钢基础上添加适量的一种或多种合金元素而构成的铁碳合金。根据添加元素的不同，并采取适当的加工工艺，可获得高强度、高韧性、耐磨、耐腐蚀、耐低温、耐高温、无磁性等特殊性能。

合金钢的主要合金元素有硅、锰、铬、镍、钼、钨、钒、钛、铌、锆、钴、铝、铜、硼、稀土等。其中钒、钛、铌、锆等在钢中是强碳化物形成元素，只要有足够的碳，在适当条件下，就能形成各自的碳化物，在缺碳或在高温条件下，则以原子状态进入固溶体中；锰、铬、钨、钼为碳化物形成元素，其中一部分以原子状态进入固溶体中，另一部分形成置换式合金渗碳体；铝、铜、镍、钴、硅等是不形成碳化物元素，一般以原子状态存在于固溶体中。

合金钢种类很多，通常按合金元素含量多少分为低合金钢（含量<5%），中合金钢（含量5%～10%），高合金钢（含量>10%）；按质量分为优质合金钢、特质合金钢；按特性和用途又分为合金结构钢、不锈钢、耐酸钢、耐磨钢、耐热钢、合金工具钢、滚动轴承钢、合金弹簧钢和特殊性能钢（如软磁钢、永磁钢、无磁钢）等。

在钢中除含铁、碳和少量不可避免的硅、锰、磷、硫元素以外，还含有一定量的合金元素，钢中的合金元素有硅、锰、钼、镍、硌、矾、钛、铌、硼、铅、稀土等其中的一种或几种，这种钢叫合金钢。合金钢系统随各自的资源情况、生产和使用条件不同而不同，国外以往曾发展镍、硌钢系统，我国则发展以硅、锰、钒、钛、铌、硼、铅、稀土为主的合金钢系统。合金钢在钢的总产量中约占百分之十几，一般是在电炉中冶炼的。按用途可以把合金钢分为8大类，它们是合金结构钢、弹簧钢、轴承钢、合金工具钢、高速工具钢、不锈钢、耐热不起皮钢、电工用硅钢。

合金钢根据各种元素在钢中形成碳化物的倾向，可分为三类：

① 强碳化物形成元素，如钒、钛、铌、锆等。

这类元素只要有足够的碳，在适当的条件下，就形成各自的碳化物；仅在缺碳或高温的条件下，才以原子状态进入固溶体中。

② 碳化物形成元素，如锰、铬、钨、钼等。这类元素一部分以原子状态进入固溶体中，另一部分形成置换式合金渗碳体，如（Fe，Mn）3C、（Fe，Cr）3C等，如果含量超过一定限度（除锰以外），又将形成各自的碳化物，如（Fe，Cr）7C3、（Fe，W）6C等。

③ 不形成碳化物元素，如硅、铝、铜、镍、钴等。这类元素一般以原子状态存在于奥氏体、铁素体等固溶体中。合金元素中一些比较活泼的元素，如铝、锰、硅、钛、锆等，极易和钢中的氧和氮化合，形成稳定的氧化物和氮化物，一般以夹杂物的形态存在于钢中。锰、锆等元素也和硫形成硫化物夹杂。钢中含有足够数量的镍、钛、铝、钼等元素时能形成不同类型的金属间化合物。有的合金元素如铜、铅等，如果含量超过它在钢中的溶解度，则以较纯的金属相存在。

3.1.6 钢的热处理

热处理——固态下，通过加热、保温、冷却、改变组织得到所需性能的工艺方法。如图3-6所示。

◆特点：在固态下，只改变工件的组织，不改变形状和尺寸。

◆目的：改善材料的使用、工艺性能。

◆基本过程：加热→保温→冷却。

◆分类：

普通热处理有退火、正火、淬火、回火。

表面热处理有表面淬火、化学热处理。

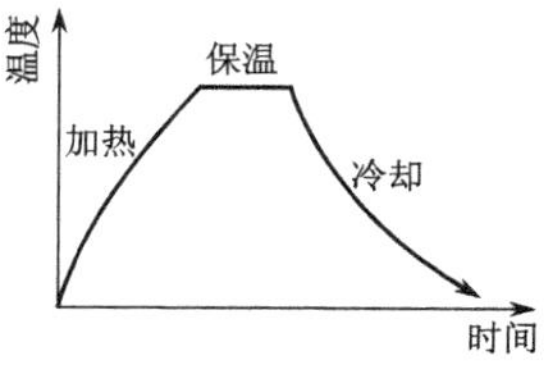

图3-6 热处理

1. 退火

将钢加热到一定温度并保温一段时间，然后使它慢慢冷却，称为退火。钢的退火是将钢加热到发生相变或部分相变的温度，经过保温后缓慢冷却的热处理方法。退火的目的，是为了消除组织缺陷，改善组织使成分均匀化以及细化晶粒，提高钢的力学性能，减少残余应力；同时可降低硬度，提高塑性和韧性，改善切削加工性能。所以退火既为了消除和改善前道工序遗留的组织缺陷和内应力，又为后续工序做好准备，故退火是属于半成品热处理，又称预先热处理。

2. 正火

正火是将钢加热到临界温度以上，使钢全部转变为均匀的奥氏体，然后在空气中自然冷却的热处理方法。它能消除过共析钢的网状渗碳体，对亚共析钢正火可细化晶格，提高综合力学性能，对要求不高的零件用正火代替退火工艺是比较经济的。

3. 淬火

淬火是将钢加热到临界温度以上，保温一段时间，然后很快放入淬火剂中，使其温度骤然降低，以大于临界冷却速度的速度急速冷却，而获得以马氏体为主的不平衡组织的热处理方法。淬火能增加钢的强度和硬度，但要减少其塑性。

淬火中常用的淬火剂有：水、油、碱水和盐类溶液等。而高速钢的淬火剂可以是“风”，所以高速钢又被称为“风钢”。

4. 回火

将已经淬火的钢重新加热到一定温度，再用一定方法冷却称为回火。其目的是消除淬火产生的内应力，降低硬度和脆性，以取得预期的力学性能。回火分高温回火、中温回火和低温回火三类。回火多与淬火、正火配合使用。

5. 调质处理

淬火后高温回火的热处理方法称为调质处理。高温回火是指在500℃ ~650℃之间进行回火。调质可以使钢的性能、材质得到很大程度的调整，其强度、塑性和韧性都较好，具有良好的综合机械性能。

6. 时效处理

为了消除精密量具或模具、零件在长期使用中尺寸、形状发生变化，常在低温回火后（低温回火温度150 ~250℃）精加工前，把工件重新加热到100 ~150℃，保持5 ~20 小时，这种为稳定精密制件质量的处理，称为时效。对在低温或动载荷条件下的钢材构件进行时效处理，以消除残余应力，稳定钢材组织和尺寸，这尤为重要。

7. 表面淬火

将钢件的表面通过快速加热到临界温度以上，但热量还未来得及传到心部之前迅速冷却，这样就可以把表面层被淬在马氏体组织，而心部没有发生相变，这就实现了表面淬硬而心部不变的目的。适用于中碳钢。

8. 化学热处理

它是将化学元素的原子，借助高温时原子扩散的能力，把它渗入到工件的表面层去，来改变工件表面层的化学成分和结构，从而达到使钢的表面层具有特定要求的组织和性能的一种热处理工艺。按照渗入元素的种类不同，化学热处理可分为渗碳、渗氮、氰化和渗金属法等四种。

（1）渗碳　渗碳是指使碳原子渗入到钢表面层的过程。也是使低碳钢的工件具有高碳钢的表面层，再经过淬火和低温回火，使工件的表面层具有高硬度和耐磨性，而工件的中心部分仍然保持着低碳钢的韧性和塑性。

（2）渗氮　又称氮化，是指向钢的表面层渗入氮原子的过程。其目的是提高表面层的硬度与耐磨性以及提高疲劳强度、抗腐蚀性等。目前生产中多采用气体渗氮法。

（3）氰化　又称碳氮共渗，是指在钢中同时渗入碳原子与氮原子的过程。它使钢表面具有渗碳与渗氮的特性。渗金属是指以金属原子渗入钢的表面层的过程。它是使钢的表面层合金化，以使工件表面具有某些合金钢、特殊钢的特性，如耐热、耐磨、抗氧化、耐腐蚀等。生产中常用的有渗铝、渗铬、渗硼、渗硅等。

3.2　有色金属材料

有色金属指铁、铬、锰三种金属以外的所有金属。铁、铬、锰为黑色金属。有色金属材料是金属材料的一类。主要是铜、铝、铅和镍等。其耐腐蚀性在很大程度上取决于其纯度。加入其他金属后，一般其机械性能增高，耐腐蚀性则降低。冷加工（如冲压成型）可提高其强度，但降低其塑性。最高许用温度：铜（及其合金）是250℃，铝是200℃，铅是140℃，镍是500℃。

分为重金属、轻金属、贵金属、半金属和稀有金属五类。

按合金系统分：重有色金属合金、轻有色金属合金、贵金属合金、稀有金属合金等；按合金用途则可分：变形（压力加工用合金）、铸造合金、轴承合金、印刷合金、硬质合金、焊料、中间合金、金属粉末等。

按化学成分分类：铜和铜合金材、铝和铝合金材、铅和铅合金材、镍和镍合金材、钛和钛合金材。按形状可分为板、条、带、箔、管、棒、线、型等品种。

按照生产及应用方式，有色金属可以做如下分类。

指以冶炼方法得到的各种纯有色金属或合金产品。

（或称变形合金）　指以机械加工方法生产出来的各种管、棒、线、型、板、箔、条、带等有色半成品材料。

指以铸造方法，用有色金属材料直接浇铸形成的各种形状的机械零件。

专指制作滑动轴承轴瓦的有色金属材料。

指以难熔硬质金属化合物（如碳化钨、碳化钛）做基体，以钴、铁或镍做黏结剂，采用粉末冶金法（也有铸造的）制作而成的一种硬质工具材料。其特点是具有比高速工具钢更好的红硬性和耐磨性，如钨钴合金、钨钴钛合金和通用硬质合金等。

焊料是指焊接金属制件时所用的有色合金。

指粉状的有色金属材料，如镁粉、铝粉、铜粉等。

3.2.1 铝及铝合金

1. 纯铝

纯铝的特点是密度小、塑性好、导热性能好、强度不高，化学性质很活泼，在空气和水中有较好的耐蚀性，但不能耐酸、碱、盐的腐蚀。

纯铝主要用来制作电线、电缆、铝型材、散热器及要求不生锈、耐腐蚀而强度不高的日用品或配制合金。

工业纯铝中存在有少量杂质（如 Fe、Si 等）。铝中所含杂质数量愈多，其导电性、导热性、抗大气腐蚀性以及塑性就愈低。

2. 铝合金

纯铝加入合金元素，如 Si、Cu、Mg、Mn 等，制成铝合金。铝合金具有强度较高，密度小，导热性及耐蚀性好等特点。根据铝合金的成分及生产工艺特点，可将铝合金分为形变铝合金和铸造铝合金两类。

（1）形变铝合金

形变铝合金按其主要性能和用途，分为防锈铝、硬铝、超硬铝和锻铝，常用形变铝合金的类别、成分、牌号、性能及用途见表 3-5 所示。

表 3-5　常用形变铝合金的类别、成分、牌号、性能及用途

类　别	成分和性能	牌　号	对应旧牌号	用 途 举 例
防锈铝	铝-锰或铝-镁系合金。这类合金的强度高于纯铝，并有良好的塑性，耐蚀性较好，主要用于制造耐蚀性高的容器、防锈及受力小的构件	5A05	LF5	焊接油箱、油管、焊条、铆钉以及中载零件及制品
		3A21	LF21	焊接油箱、油管、焊条、铆钉以及轻载零件及制品
硬铝	铝-铜-镁系合金。这类合金经过适当热处理后，强度、硬度显著提高，但耐蚀性不如纯铝	2A01	LY1	工业温度不超过100℃的结构用中等强度铆钉
		2A11	LY11	中等强度的结构零件，如骨架模锻的固定接头，支柱，螺旋桨的叶片，局部镦粗零件，螺栓和铆钉
超硬铝	铝-铜-镁-锌系合金。这类合金通过适当热处理后，强度、硬度较高，是铝合金中强度最高的	7A04	LC4	结构中主要受力件，如飞机大梁、桁架、加强框、起落架
锻铝	铝-铜-镁-硅系合金。其力学性能与硬铝相近，但具有较好的锻造性能，故称锻铝，主要用于制作航空仪表工业中形状复杂、要求强度高的锻件	2A50	LD5	形状复杂、中等强度的锻件及模锻件
		2A70	LD7	内燃机活塞和在高温下工作的复杂锻件、板材，可做高温下工作的结构件

知识链接 >>>>

根据国家标准 GB/T 16474—1996 规定，形变铝合金用四位数字体系牌号。同时规定，GB/T 3190—1982 中的旧牌号仍可继续使用，旧牌号用 LF（防锈铝合金）、LY（硬铝合金）、LC（超硬铝合金）、LD（锻铝合金）加顺序号表示。

（2）铸造铝合金

铸造铝合金的种类很多，根据化学成分可分为 Al-Si 系、Al-Mg 系、Al-Zn 系、Al-Cu 系铸造铝合金，其中 Al-Si 系铸造铝合金应用最广。

铸造铝合金具有流动性好、铸造性能好、密度小且有足够的强度等特点，适于铸造，但不适于压力加工。铸造铝合金一般用于制作质轻、耐蚀、形状复杂及有一定机械性能的零件，常用铸造铝合金的类别、牌号及用途见表 3-6 所示。

表 3-6 常用铸造铝合金的类别、牌号及用途

类别	牌号	旧牌号	应用
铝硅合金	ZALSi7Mg	ZL101	形状复杂的砂型、金属型和压力铸造零件，如飞机、仪表、零件水泵壳体，工作温度不超过 185℃的汽化器等
	ZAlSi9Mg	ZL104	砂型、金属型和压力铸造的形状复杂、在 200℃以下工作的零件，如发动机匣、汽缸体等
铝铜合金	ZAlCu4	ZL203	砂型铸造，中等载荷和形状比较简单的零件，如托架和工作温度不超过 200℃，不切削加工性能好的小零件
铝镁合金	ZAlMg5Si1	ZL303	腐蚀介质作用下的中等载荷零件，在严寒大气中以及工作温度不超过 200℃的零件，如海轮配件和各种壳体
铝锌合金	ZAlZn11Si7	ZL401	压力铸造零件，工作温度不超过 200℃、结构形状复杂的汽车、飞机零件

注：铸造铝合金旧牌号用“铸铝”的汉语拼音字首“ZL ”加三位数字表示。第一位数字表示合金类别，第二、三位则表示合金的顺序号。例如 ZL102 表示 2 号 Al-Si 系铸造铝合金。

3.2.2 铜及铜合金

1. 纯铜

纯铜是玫瑰红色的金属，表面形成氧化铜膜后，外观呈紫红色，故称紫铜。纯铜的突出优点是导电及导热性好、塑性极好。可碾压成极薄的板，拉成极细的铜线、压力加工成线材、管材、棒材及板材，广泛地应用在电气工业方面。由于纯铜价格昂贵，为贵重金属，一般不做结构零件，主要用于制作导电材料及配制铜合金的原料（如图 3-7 所示）。

工业上使用的纯铜，其含铜量为 99.5% ~99.95%。其牌号有 T1、T2、T3、T4 四种。T 为“铜”字汉语拼音字首，数字为顺序号，顺序号越大，杂质含量越高。

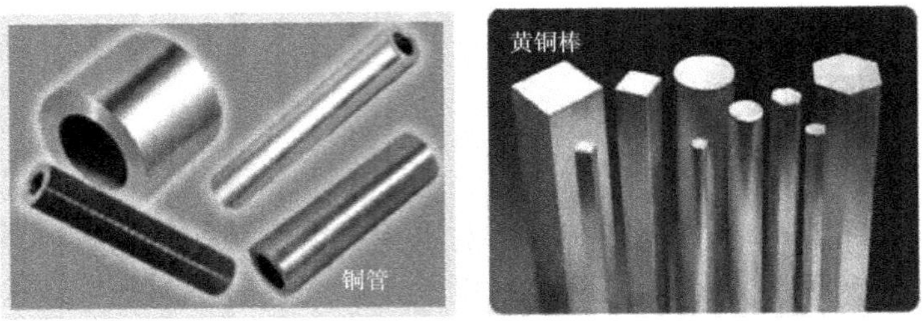

图 3-7　铜型材

2. 铜合金

在纯铜中加入合金元素制成铜合金。按照化学成分的不同，可分为黄铜、青铜和白铜。

（1）黄铜

以锌为主要合金元素的铜合金称为黄铜。按照化学成分，黄铜分普通黄铜和特殊黄铜两类。

① 普通黄铜。普通黄铜是铜和锌的二元合金，具有相当好的抗腐蚀性，加工性能很好。普通黄铜的牌号用“H” +数字表示。“H”是“黄”字汉语拼音字首，数字表示平均含铜量，余量为锌。如 H70 表示平均含铜量为 70%、含锌量为 30% 的铜锌合金。

知识链接 >>>>

普通黄铜中常用的牌号有：H80，颜色呈美丽的金黄色，又称金黄铜，可做装饰品；H70，又称三七黄铜，它具有较好的塑性和冷成型性，用于制造弹壳、散热器等，故有弹壳黄铜之称；H62，又称四六黄铜，是普通黄铜中强度最高的一种，同时又具有好的热塑性、切削加工性、焊接性和耐蚀性，价格较便宜，故工业上应用较多，如制造弹簧、垫圈、金属网等。

② 特殊黄铜。为了改善黄铜的某些性能，向其中加入少量其他元素，如 Al、Mn、Sn、Si、Pb 等，提高合金强度及改善耐腐蚀性，这种黄铜称为特殊黄铜。根据主要添加元素命名为锰黄铜、铅黄铜、锡黄铜等。

特殊黄铜的牌号是在“H”之后标以主加元素的化学符号，并在其后表明铜及合金元素含量的百分数，如 HPb59-1 表示含 Cu59%、含 Pb1%、余量为 Zn 的铅黄铜。它具有良好的切削加工性，适用于用热冲压和切削方法制作的零件。

想一想 >>>>

牌号 H62 表示什么含义？

（2）青铜

青铜是指铜与锌或镍以外的元素组成的合金。按照化学成分，青铜分普通青铜和特殊青铜两类。

① 普通青铜。普通青铜是铜和锡的二元合金，也叫锡青铜。主要特点是有良好的耐磨性，具有很高的耐蚀性能（但耐酸性差），具有足够的抗拉强度和一定的塑性。

青铜的牌号以“青”字的汉语拼音字首“Q”+锡元素和数字表示。如 QSn6.5-0.4 表示含 Sn 为 6.5%、含其他元素（P）为 0.4%、其余为 Cu 的锡青铜。

② 特殊青铜。用其他元素如 Al、Pb、Mn 等代替价格昂贵而稀缺的 Sn，把此类青铜称为无锡青铜。如铝青铜、铅青铜、锰青铜等。加入的合金元素可以改善合金的机械性能、耐腐蚀性、耐磨性以及热强性等。其牌号表示方法与锡青铜类似。

（3）白铜

以镍为主要添加元素的铜基合金称为白铜。主要应用在精密机械、医疗器材、电阻器和热电偶等方面。

3.2.3 其他有色金属材料

1. 钛及合金

钛是一种新金属，由于它具有一系列优异特性，被广泛用于航空、航天、化工、石油、冶金、轻工、电力、海水淡化、舰艇和日常生活器具等工业生产中，它被誉为现代金属。

（1）钛的基本性质

钛的密度为 4.506～4.516 克/立方厘米（20℃），熔点 1668±4℃，熔化潜热 3.7～5.0 千卡/克原子，沸点 3260±20℃，汽化潜热 102.5～112.5 千卡/克原子，临界温度 4350℃，临界压力 1130 大气压。钛的导热性和导电性能较差，近似或略低于不锈钢，钛具有超导性，纯钛的超导临界温度为 0.38～0.4K。在 25℃时，钛的热容为 0.126 卡/克原子·度，热焓 1149 卡/克原子，熵为 7.33 卡/克原子·度，金属钛是顺磁性物质，导磁率为 1.00004。钛具有可塑性，高纯钛的延伸率可达 50%～60%，断面收缩率可达 70%～80%，但强度低，不宜作结构材料。钛中杂质的存在，对其机械性能影响极大，特别是间隙杂质（氧、氮、碳）可大大提高钛的强度，显著降低其塑性。钛作为结构材料所具有的良好机械性能，就是通过严格控制其中适当的杂质含量和添加合金元素而达到的。

（2）钛的化学性质

钛在较高的温度下，可与许多元素和化合物发生反应。各种元素，按其与钛发生不同反应可分为四类。

第一类：卤素和氧族元素与钛生成共价键与离子键化合物。

第二类：过渡元素、氢、铍、硼族、碳族和氮族元素与钛生成金属间化物和有限固溶体。

第三类：锆、铪、钒族、铬族、钪元素与钛生成无限固溶体。

第四类：惰性气体、碱金属、碱土金属、稀土元素（除钪外），锕、钍等不与钛发生反应或基本上不发生反应。

钛的性质与温度及其存在形态、纯度有着极其密切的关系。致密的金属钛在自然界中是相当稳定的，但是，粉末钛在空气中可引起自燃。钛中杂质的存在，显著的影响钛的物理、化学性能、机械性能和耐腐蚀性能。特别是一些间隙杂质，它们可以使钛晶格发生畸变，而影响钛的的各种性能。常温下钛的化学活性很小，能与氢氟酸等少数几种物质发生反应，但温度增加时钛的活性迅速增加，特别是在高温下钛可与许多物质发生剧烈反应。钛的冶炼过程一般都在800℃以上的高温下进行，因此必须在真空中或在惰性气体保护下操作。

对钛和钛合金的研究已发现其有记忆、超导、贮氢三种特殊功能有应用前景。

（3）钛合金

钛合金是以钛为基体加入其他元素组成的合金。

钛合金具有强度高而密度小，机械性能好，韧性和抗蚀性能很好。另外，钛合金的工艺性能差，切削加工困难，在热加工中，非常容易吸收氢氧氮碳等杂质；抗磨性差，生产工艺复杂。钛的工业化生产是1948年开始的。航空工业发展的需要，使钛工业以平均每年约8%的增长速度发展。目前世界钛合金加工材年产量已达4万余吨，钛合金牌号有近30种。使用最广泛的钛合金是Ti-6Al-4V（TC4），Ti-5Al-2.5Sn（TA7）和工业纯钛（TA1、TA2和TA3）。

钛合金主要用于制造飞机发动机压气机部件，其次为火箭、导弹和高速飞机的结构件。20世纪60年代中期，钛及其合金已在一般工业中应用，用于制造电解工业的电极，发电站的冷凝器，石油精炼和海水淡化的加热器以及环境污染控制装置等。钛及其合金已成为一种耐蚀结构材料。此外还用于生产贮氢材料和形状记忆合金等。

2. 滑动轴承合金

（1）轴承概述

① 作用：支持轴和轴上零件的部件，保证轴的回转精度，减少轴与支承间的摩擦与磨损。

② 分类：滚动轴承和滑动轴承。

（2）滑动轴承合金的组织特性

① 软基体上分布着硬质点，称为巴氏合金。常用锡基和铅基轴承合金。

② 硬基体上分布软质点。常用的有铜基和铝基轴承合金。

（3）常用铸造轴承合金

牌号："Z"（"铸"字汉语音字首）、基体金属元素、主要合金元素符号和各主要合金元素平均质量分数（以百分之几计）构成。

① 锡基轴承合金。

特点：以锡为基础，加入少量锑、铜等元素，由锑溶于锡形成固溶体为软基体，以锡与锑、锡与铜的化合物为硬质点组成。具有良好的磨合性、韧性、导热性、耐蚀性。

常用牌号：ZSnSb11Cu6、ZSnSb12Pb10Cu4、ZSnSb15Sn10等。

用途：用于气轮机、发动机的高速轴承。

② 铅基轴承合金。

特点：力学性能不如锡基合金，用来制造承受中等载荷的中速轴承。

常用牌号：ZPbSb16Sn16Cu2、ZPbSb15Sn10。

用途：用于汽车、拖拉机曲轴的轴承。

③ 铜基轴承合鑫（铅青铜）。

特点：以铅为基本合金元素的铜基合金，具有较高的疲劳强度、良好的导热性能及低的摩擦因素。

常用牌号：ZCuPb30。

用途：用于航空发电机、高速柴油机轴承。

④ 铝基轴承合金。

特点：具有密度小，导热性好、疲劳强度高耐腐蚀好等优点。

常用牌号：ZAlSn6Cu1Ni1。

用途：用于高速重载下工作的轴承。

3. 重金属

密度在5以上的金属统称为重金属，如金、银、铜、铅、锌、镍、钴、镉、铬和汞等45种。从环境污染方面所说的重金属，实际上主要是指汞、镉、铅、铬以及类金属砷等生物毒性显著的重金属，也指具有一定毒性的一般重金属如锌、铜、钴、镍、锡等。目前最引起人们注意的是汞、镉、铬等。重金属随废水排出时，即使浓度很小，也可能造成危害。由重金属造成的环境污染称为重金属污染。

重金属污染的特点表现在以下几方面。

（1）水体中的某些重金属可在微生物作用下转化为毒性更强的金属化合物，如汞的甲基化作用就是其中典型例子。

（2）生物从环境中摄取重金属可以经过食物链的生物放大作用，在较高级生物体内成千万倍地富集起来，然后通过食物进入人体，在人体的某些器官中积蓄起来造成慢性中毒，危害人体健康。

（3）在天然水体中只要有微量重金属即可产生毒性效应，一般重金属产生毒性的范围大约在1～10mg/L之间，毒性较强的金属如汞、镉等产生毒性的质量浓度范围在0.001～0.01mg/L之间。

*3.3 工程塑料和复合材料

3.3.1 工程塑料

工程塑料是指被用做工业零件或外壳材料的工业用塑料，是强度、耐冲击性、耐热性、硬度及抗老化性均优的塑料。日本业界将它定义为“可以作为构造用及机械零件用的高性能塑料，耐热性在100℃以上，主要运用在工业上”，其性能如下。

① 热性质：玻璃转移温度（Tg）及熔点（Tm）、热变形温度（HDT）高；长期使用温度高（UL-746B）；使用温度范围大；热膨胀系数小。

② 机械性质：高强度、高机械模数、低潜变性、强耐磨损及耐疲劳性。

③ 其他：耐化学药品性、抗电性、耐燃性、耐候性、尺寸安定性佳。

通用性工程塑料包括聚碳酸酯（PC）、聚酰胺（尼龙PA）、聚缩醛（POM）、变性聚苯醚（变性PPE）、聚酯（PETP，PBTP）、聚苯硫醚（PPS）、聚芳基酯。热硬化性塑料则包括不饱和聚酯、酚塑料、环氧塑料等。它们的基本特性为拉伸强度均超过50MPa，抗拉强度在500kg/cm，耐冲击性超过50J/m，弯曲弹性率在24000kg/cm，负载绕曲温度超过100℃，硬度、老化性优。聚丙烯若改善其硬度和耐寒性，也可列入工程塑料的范围。此外，还包括较特殊者的强度弱、耐热耐药品性优的氟素塑料，耐热性优的硅溶融化合物，以及聚酰胺酰亚胺、聚酰亚胺、Polybismaleimide、Polysufone（PSF）、PES、丙烯塑料、变性蜜胺塑料、BTResin、PEEK、PEI、液晶塑料等。

各工程塑料的化学构造不同，使它们的耐药品性、摩擦特性、电机特性等也有所差异。由于各工程塑料的成型性不同，因此有的适用于任何成型方式，有的只能以某种成型方式进行加工，这样就造成了应用上的局限。热硬化型工程塑料的耐冲击性较差，因此大都添加玻璃纤维。工程塑料除了聚碳酸酯等耐冲击性大外，通常具有硬、脆、延伸率小的性质，但如果添加20% ~30%的玻璃纤维，则其耐冲击性将有所改善。

工程塑料是指一类可以作为结构材料，在较宽的温度范围内承受机械应力，在较为苛刻的化学物理环境中使用的高性能的高分子材料。一般能承受一定的外力作用，并有良好的机械性能和尺寸稳定性，在高、低温下仍能保持其优良性能，可以作为工程结构件的塑料。如ABS、尼龙、聚砜等。

1. 耐磨改性工程塑料

耐磨改性工程塑料可以提供较低的摩擦力系数来降低磨损率。比如，血糖计的盖子在使用了耐磨材料后可以增加它的来回开合的使用寿命。同时，耐磨改性工程塑料也应用于配色产品中，甚至用于不同的材料之间。在一次性使用的产品中，例如针和刀片也受益于该材料的润滑作用。此外，耐磨材料的其他应用包括导尿管，套管，传动装置及真空管。其他的效果还包括，由于光滑部件的运动而减少了噪声，提高了塑料的加工生产性能和挤出成型的效率。

2. 导电改性工程塑料

当热塑性材料增添了导电成分后，就具有了永久的静电消散（ESD）和防止静电积聚功能从而能够起到保护作用。导电类热塑性材料允许静电连续性释放，而不是快速的积聚并放电。静电会损坏敏感性电子元件并且在易燃环境下可以引发爆炸。积聚的静电会堵塞材料的传动而中断机械的传动。导电性热塑材料可以广泛的应用于配色产品中，而且某些导电材料是透明的。其运用主要包括ECG传感器，吸液管，电器保护装置以及新型的医疗分娩装置，诸如吸入产品，包括PMDI间隔装置。

3. 抗辐射类改性工程塑料

特定的添加剂可以提高热塑性塑料的密度。这些高密度的热塑性塑料具有金属的质感，但同时又保持了塑料的加工特性。医疗产品领域因为环保的原因正在寻找此类可替代铅的材料。同时这些高比重的添加物也具有抗辐射特性。由抗辐射类化合物组成的注塑件、导管件或片状材料可吸引X光而不会被射线穿过。在放射疗法或手术中使用的如织物般柔软的薄片，可以帮助保护机器和人员免受X光的散射和直射。含有钡硫酸盐的导管在植入体内后可以通过荧光透视或X光成像来跟踪其所在位置。Baxter Healthcare在做心瓣膜修复手术中使用的器械（可回用的手柄和一次性的卡扣闭环）是由聚碳酸酯特种改性工程塑料构成的。X光可见（即有防辐射功能）的塞子是使用嵌入注塑工艺在模板上成型的，而耐蒸汽处理的塞子使用的是聚醚砜材料，这就保证了整个装置能够承受高温蒸汽消毒处理。

4. 预染色改性工程塑料

近几年，塑料配色技术发展很快。在医疗应用中，设计师可以在符合 FDA 和没有迁移的颜料中进行挑选。独特的色彩效果可以有助于形成产品的独特卖点并为医疗设备设计师带来利益。当医疗产品从医院进入家庭消费市场的时候，缤纷可爱的颜色和荧光效果有助于提升产品价值。另外，弹性体的应用可以使产品具有柔软触感从而提高附加值。具有令人舒适愉悦的颜色的医疗设备也可以使得患者更愿意配合治疗，同时减轻他们的痛苦。

3.3.2 复合材料

复合材料是以一种材料为基体，另一种材料为增强体组合而成的材料。各种材料在性能上互相取长补短，产生协同效应，使复合材料的综合性能优于原组成材料而满足各种不同的要求。复合材料的基体材料分为金属和非金属两大类。金属基体常用的有铝、镁、铜、钛及其合金。非金属基体主要有合成树脂、橡胶、陶瓷、石墨、碳等。增强材料主要有玻璃纤维、碳纤维、硼纤维、芳纶纤维、碳化硅纤维、石棉纤维、晶须、金属丝和硬质细粒等。

复合材料使用的历史可以追溯到古代。从古至今沿用的稻草增强黏土和已使用上百年的钢筋混凝土均由两种材料复合而成。20 世纪 40 年代，因航空工业的需要，发展了玻璃纤维增强塑料（俗称玻璃钢），从此出现了复合材料这一名称。50 年代以后，陆续发展了碳纤维、石墨纤维和硼纤维等高强度和高模量纤维。70 年代出现了芳纶纤维和碳化硅纤维。这些高强度、高模量纤维能与合成树脂、碳、石墨、陶瓷、橡胶等非金属基体或铝、镁、钛等金属基体复合，构成各具特色的复合材料。

复合材料是一种混合物。复合材料按其组成分为金属与金属复合材料、非金属与金属复合材料、非金属与非金属复合材料。按其结构特点又分为：① 纤维复合材料。将各种纤维增强体置于基体材料内复合而成。如纤维增强塑料、纤维增强金属等。② 夹层复合材料。由性质不同的表面材料和芯材组合而成。通常面材强度高、薄；芯材质轻、强度低，但具有一定刚度和厚度。分为实心夹层和蜂窝夹层两种。③ 细粒复合材料。将硬质细粒均匀分布于基体中，如弥散强化合金、金属陶瓷等。④ 混杂复合材料。由两种或两种以上增强相材料混杂于一种基体相材料中构成。与普通单增强相复合材料比，其冲击强度、疲劳强度和断裂韧性显著提高，并具有特殊的热膨胀性能。分为层内混杂、层间混杂、夹芯混杂、层内/层间混杂和超混杂复合材料。

20 世纪 60 年代，为满足航空航天等尖端技术所用材料的需要，先后研制和生产了以高性能纤维（如碳纤维、硼纤维、芳纶纤维、碳化硅纤维等）为增强材料的复合材料，其比强度大于（4×106）cm，比模量大于（4×108）cm。为了与第一代玻璃纤维增强树脂复合材料相区别，将这种复合材料称为先进复合材料。按基体材料不同，先进复合材料分为树脂基、金属基和陶瓷基复合材料。其使用温度分别达到 250～350℃、350～1200℃和 1200℃以上。先进复合材料除作为结构材料外，还可用做功能材料，如梯度复合材料（材料的化学和结晶学组成、结构、空隙等在空间连续梯变的功能复合材料）、机敏复合材料（具有感觉、处理和执行功能，能适应环境变化的功能复合材料）、仿生复合材料、隐身复合材料等。

复合材料中以纤维增强材料应用最广、用量最大。其特点是比重小、比强度和比模量大。例如碳纤维与环氧树脂复合的材料，其比强度和比模量均比钢和铝合金大数倍，还具有优良的化学稳定性、减摩耐磨、自润滑、耐热、耐疲劳、耐蠕变、消声、电绝缘等性能。石墨纤维与树脂复合可得到膨胀系数几乎等于零的材料。纤维增强材料的另一个特点是各向异性，因此可按制件不同部位的强度要求设计纤维的排列。以碳纤维和碳化硅纤维增强的铝基复合材料，在500℃时仍能保持足够的强度和模量。碳化硅纤维与钛复合，不但钛的耐热性提高，且耐磨损，可用做发动机风扇叶片。碳化硅纤维与陶瓷复合，使用温度可达1500℃，比超合金涡轮叶片的使用温度（1100℃）高得多。碳纤维增强碳、石墨纤维增强碳或石墨纤维增强石墨，构成耐烧蚀材料，已用于航天器、火箭导弹和原子能反应堆中。非金属基复合材料由于密度小，用于汽车和飞机可减轻重量、提高速度、节约能源。用碳纤维和玻璃纤维混合制成的复合材料片弹簧，其刚度和承载能力与重量大5倍多的钢片弹簧相当。

复合材料的主要应用领域：① 航空航天领域。由于复合材料热稳定性好，比强度、比刚度高，可用于制造飞机机翼和前机身、卫星天线及其支撑结构、太阳能电池翼和外壳、大型运载火箭的壳体、发动机壳体、航天飞机结构件等。② 汽车工业。由于复合材料具有特殊的振动阻尼特性，可减振和降低噪声、抗疲劳性能好，损伤后易修理，便于整体成型，故可用于制造汽车车身、受力构件、传动轴、发动机架及其内部构件。③ 化工、纺织和机械制造领域。有良好耐蚀性的碳纤维与树脂基体复合而成的材料，可用于制造化工设备、纺织机、造纸机、复印机、高速机床、精密仪器等。④ 医学领域。碳纤维复合材料具有优异的力学性能和不吸收X射线特性，可用于制造医用X光机和矫形支架等。碳纤维复合材料还具有生物组织相容性和血液相容性，生物环境下稳定性好，也用作生物医学材料。此外，复合材料还用于制造体育运动器件和用做建筑材料等。

3.3.3 其他新型工程材料

1. 新型建筑材料

新型建筑材料是区别于传统的砖瓦、灰砂石等建材的建筑材料新品种，包括的品种和门类很多。从功能上分，有墙体材料、装饰材料、门窗材料、保温材料、防水材料、黏结和密封材料，以及与其配套的各种五金件、塑料件及各种辅助材料等。从材质上分，不但有天然材料，还有化学材料、金属材料、非金属材料等。

新型建材具有轻质、高强度、保温、节能、节土、装饰等优良特性。采用新型建材不但使房屋功能大大改善，还可以使建筑物内外更具现代气息，满足人们的审美要求；有的新型建材可以显著减轻建筑物自重，为推广轻型建筑结构创造了条件，推动了建筑施工技术现代化，大大加快了建房速度。

新型建材的性能和功用各不相同，生产新型建材产品的原材料及工艺方法也各不相同。就其发展情况而言，有的品种重在花色，花色品种层出不穷，如装饰装修材料；有的品种重在功能，如保温材料；有的则通过深加工衍生出多个品种，如新型建筑板材等。以新型建筑板材为例。目前新型建筑板材有几十个品种，其中纸面石膏板、玻璃纤维增强水泥（GRC）板、无石棉硅钙板是目前我国生产量最大、应用最普遍的三种新型建筑板材。这三种板材不但所采用的原料不同，生产工艺不同，其性能和功用也不同。如纸面石膏板主要原料为石膏和护面纸，适用于做内墙板和吊顶板；玻璃纤维增强水泥板主要原料是低碱水泥和耐碱玻璃纤维，适用于做内外墙板；硅钙板主要原料是硅钙材料，除用做内外墙板外，还可用于装修以及制作和房屋结合在一起的家具等。这三种板的同一特点是：采用它们作为原始板材，再分别配上防渗、保温、防火等功能材料，采用复合技术，可生产出各种轻质和性能优越的新型墙体材料。此外，它们所用的原材料均为非金属材料，而且又是三种最易得到的非金属材料。

部分新型建材产品有：防水密封材料、保温隔热材料、矿棉吸声板、装饰石膏板、建筑涂料、塑料异型材和门窗、塑料地板、塑料管道、壁纸、墙布、化纤地毯。

2. 纳米功能材料

（1）分类

纳米材料大致可分为纳米粉末、纳米纤维、纳米膜、纳米块体等四类。其中纳米粉末开发时间最长、技术最为成熟，是生产其他三类产品的基础。

① 纳米粉末，又称为超微粉或超细粉，一般指粒度在100纳米以下的粉末或颗粒，是一种介于原子、分子与宏观物体之间处于中间物态的固体颗粒材料。可用于高密度磁记录材料；吸波隐身材料；磁流体材料；防辐射材料；单晶硅和精密光学器件抛光材料；微芯片导热基片与布线材料；微电子封装材料；光电子材料；先进的电池电极材料；太阳能电池材料；高效催化剂；高效助燃剂；敏感元件；高韧性陶瓷材料（摔不裂的陶瓷，用于陶瓷发动机等）；人体修复材料；抗癌制剂等。

② 纳米纤维，指直径为纳米尺度而长度较大的线状材料。可用于微导线、微光纤（未来量子计算机与光子计算机的重要元件）材料；新型激光或发光二极管材料等。

③ 纳米膜。纳米膜分为颗粒膜与致密膜。颗粒膜是纳米颗粒粘在一起，中间有极为细小的间隙的薄膜。致密膜指膜层致密但晶粒尺寸为纳米级的薄膜。可用于气体催化（如汽车尾气处理）材料；过滤器材料；高密度磁记录材料；光敏材料；平面显示器材料；超导材料等。

④ 纳米块体，是将纳米粉末高压成型或控制金属液体结晶而得到的纳米晶粒材料。主要用途为超高强度材料；智能金属材料等。

（2）应用

纳米材料的用途很广，主要用途如下。

① 医药。使用纳米技术能使药品生产过程越来越精细，并在纳米材料的尺度上直接利用原子、分子的排布制造具有特定功能的药品。纳米材料粒子将使药物在人体内的传输更为方便，用数层纳米粒子包裹的智能药物进入人体后可主动搜索并攻击癌细胞或修补损伤组织。使用纳米技术的新型诊断仪器只需检测少量血液，就能通过其中的蛋白质和DNA诊断出各种疾病。

② 家电。用纳米材料制成的纳米材料多功能塑料，具有抗菌、除味、防腐、抗老化、抗紫外线等作用，可用做电冰箱、空调外壳里的抗菌除味塑料。

③ 电子计算机和电子工业。从阅读硬盘上的读卡机到存储容量为目前芯片的上千倍的纳米材料级存储器芯片都已投入生产。计算机在普遍采用纳米材料后，可以缩小成为“掌上电脑”。

④ 环境保护。环境科学领域将出现功能独特的纳米膜。这种膜能够探测到由化学和生

物制剂造成的污染，并能够对这些制剂进行过滤，从而消除污染。

⑤ 纺织工业。在合成纤维树脂中添加纳米 SiO_2、纳米 ZnO、纳米 SiO_2 复配粉体材料，经抽丝、织布，可制成杀菌、防霉、除臭和抗紫外线辐射的内衣和服装，可用于制造抗菌内衣、用品，可制造满足国防工业要求的抗紫外线辐射的功能纤维。

⑥ 机械工业。采用纳米材料技术对机械关键零部件进行金属表面纳米粉涂层处理，可以提高机械设备的耐磨性、硬度和使用寿命。

3. 21 世纪的新型材料简述

（1）高强高模纤维

目前，尼龙和涤纶的拉伸断裂强力仅为其理论值的约 5%。今后开发的高聚物纤维，拉伸断裂强力将为其理论值的 40%，抗拉模量将为其理论值的 90%。随着高聚物技术的发展以及有机与无机化合物结合的进展，极有可能开发出达 40% 理论强力的纤维。开发这种纤维的瓶颈是成本。这种纤维将适用于要求高强力、轻质量的各种设备。

（2）高耐热纤维

人们致力于开发能够在 450℃下连续使用的耐热高聚物材料。具有与常规高聚物纤维等同的形状稳定性和加工性能以及很高耐热能力的纤维将会出现。它们的应用领域将包括过滤器、高温工艺和太空开发等。

（3）超轻纤维

目前已经开发出一些轻质纤维，如：低密度的丙纶纤维和涤纶多孔（孔的比例为 40%）纤维。人们预计今后将会开发出用于老年服装的超轻和具有良好保暖性能的纤维。开发这种纤维要以新技术为基础，即在进行变形加工的工艺过程中，不会使孔的部分断裂。

（4）高导电纤维

在 21 世纪，人们将开发出在室温下与铜的导电性能相当的、用于电料和电子材料的高聚物纤维。开发这类纤维的关键是开发这种高聚物的回收技术。

（5）可生物降解纤维

目前，作为重要可生物降解纤维的聚乳酸纤维还没有足够的结果来证明其实际性能，其耐热性能尚需进一步提高。另外，仍需在强力保持性能和可生物降解性能之间加以权衡。因此，这种纤维的应用有很大局限性。而开发在一定时间内能够降解的可生物降解纤维将是解决该问题的一种方案。

（6）新纤维素纤维

今后将会出现新型再生纤维素纤维。它们将以阔叶树、竹子和建筑材料碎片为原料，并充分利用生物技术。

（7）生物纤维

通过将蜘蛛丝成功地溶解，Wyoming 大学已经克隆出蜘蛛丝的基因。蜘蛛丝具有化学纤维不可比拟的良好性能。将蜘蛛丝基因转移到蚕体内，蚕将不再生产蚕丝，而使生产蜘蛛丝变为现实。蜘蛛丝极其结实，其断裂伸长率为 35%。

（8）具有传感和康复功能的纤维

人们将开发具有传感功能的温湿度调节材料、康复用神经刺激材料和肌肉力量支持类服装。今后还将开发出具有传感功能的睡衣，用来检测温度和相对湿度，以防止那些丧失温、湿度感觉的老年人受到类似“低温烧伤”的伤害。另外，今后的开发项目还包括一种用于患者康复的纤维，它作为一种护理保健材料能刺激神经，还能以紧身连裤袜的形式支撑肌肉力量不足的患者。

（9）具有综合功能的阻燃纤维

今后将开发在保持服装一般性能的前提下，具有阻燃性能、非热熔和能够避免烧伤的纤维。现有阻燃纤维的阻燃性能已经达到令人满意的水平，但是，其他普通功能尚未达到相应的水平。以儿童和老年人的阻燃睡衣为例，还需开发具有良好手感、柔软性和吸湿性等综合功能的阻燃材料。

（10）新型节能环保材料

色素处理新技术：包膜钛白。钛白学名二氧化钛，是一种最佳的白色颜料，因其高度的化学稳定性和优异的颜料性能，被广泛地应用于陶瓷、塑料、药物、化妆品、涂料及橡胶产业等国民经济的各个领域。我国有世界上第一大的制造钛白原料的钛体矿储量，但目前国内大多采用湿化法生产钛白，由于生产工艺中使用大量污染严重的硫酸磺，所以很难打入国际市场。区别于目前国内使用的湿化法，干化法生产钛白的最大优点是无污染，不使用硫酸磺，投入的原料即等于产出成品，不存在废水和废弃物的排放问题。

（11）高密度复合材料

新型高密度复合材料的主要工艺原理是以稻草、麦秸、棉花杆、玉米杆、甘蔗渣、竹屑、芦苇杆、木屑等农业废弃物为原料，以聚乙烯、聚丙烯及其废弃物，如汽水瓶、可乐瓶、矿泉水瓶等或塑料薄膜、塑料制品的城市废弃物（白色垃圾）等做黏合材料，并加入一定量的添加剂等，在一定工艺条件下合成。这一最新成果被联合国工业发展组织（UNIDO）誉为“21世纪新材料”。它的特点是不使用木材，可以保护生态环境，缓解了实行天然林保护后木材缺乏的问题；利用废弃物，使得物尽其用，节约能源，保护环境；无毒无害，没有尿素和甲醛的成分，不会对人体产生危害；产品密度高，强度好，木材、刨花板、中密度板等均易受到厌氧菌、霉菌、甲虫、白蚁、蛀虫等生物的侵害和海水的腐蚀，而该工艺生产的板、型材均不受以上生物的侵害，吸水率低，不受海水的腐蚀；属于无三废工艺，可多次回收废料并反复利用，节约并降低成本；产品有很强的可塑性，可根据用户需要，替换不同的模具或模板，直接生产出各种各样的板材和型材，有极大的市场价值；防火性能好，有良好的阻燃性能。高密度复合材料技术的实现不仅解决了农业废弃物和城市废弃物的污染排放问题，还节省了有限的林业资源，必将对我国的21世纪的环保产业产生巨大影响。

（12）导电塑料

导电塑料一般分为结构型和复合型两大类。结构型材料合成工艺较复杂，成本较高，目前价格相当昂贵，是一种真正意义的导电塑料，研发一旦突破技术瓶颈，将给我们的生活带来无法想象的影响。复合型是由导电性物质与高分子材料复合而成。其成本稍低，可以满足各种成型要求，是一类已被广泛应用的功能性高分子材料。

3.4 材料的选择及运用

3.4.1 选材的一般原则

1. 材料的使用性能——选材的最主要依据

指的是零件在使用时所应具备的材料性能，包括机械性能、物理性能和化学性能。对大多数零件而言，机械性能是主要的性能指标，表征机械性能的参数主要有强度极限 σ_b 、弹性极限 σ_e 、屈服强度 σ_s 或 $\sigma_{0.2}$ 、伸长率 δ、断面收缩率 ψ 、冲击韧性及硬度 HRC 或 HBS 等。这些参数中强度是机械性能的主要性能指标，只有在强度满足要求的情况下，才能保证零件正常工作，且经久耐用。在材料力学的学习中，已经发现，在设计计算零件的危险截面尺寸或校核安全程度时所用的许用应力，都要根据材料强度数据推出。

从表 3-7 中可以看出，在设计机械零件和选材时，应根据零件的工作条件，损坏形式，找出对材料机械性能的要求，这是材料选择的基本出发点。

表 3-7　典型零件的工作条件失效形式及主要机械性能指标

典型零件	工作条件	失效形式	主要力学性能指标
重要螺栓	承受交变拉应力	过量塑性变形或由疲劳而造成破断	$\sigma_{0.2}$ 、HBS、σ_{-1p}
重要传动齿轮	承受交变弯曲应力、交变接触压应力、齿面受滚动摩擦冲击载荷	齿面过度磨损、疲劳麻点、齿的折断	σ_{-1} 、σ_{bb} 、HRC、接触疲劳强度
曲轴轴类	承受交变弯曲应力、扭转应力、冲击载荷	颈部摩擦、过度磨损、疲劳破断而失效	$\sigma_{0.2}$ 、σ_{-1} 、HRC
弹　簧	交变应力、振动	弹性丧失或疲劳破断	σ_s/σ_b 、σ_e 、σ_{-1p}
滚动轴承	点线接触下的交变压应力、滚动摩擦	过度磨损、疲劳破断而失效	σ_{bc} 、σ_{-1} 、HRC

注：σ_{-1p} 为抗压或对称拉伸时的疲劳强度；σ_{-1} 为光滑试样对称弯曲应力时的疲劳强度；σ_{bb} 为抗弯强度；σ_{bc} 为抗压强度。

2. 材料的工艺性能

材料的加工工艺性能主要有：铸造、压力加工、切削加工、热处理和焊接等性能。其加工工艺性能的好坏直影响到零件的质量、生产效率及成本。所以，材料的工艺性能也是选材的重要依据之一。

① 铸造性能：一般是指熔点低、结晶温度范围小的合金才具有良好的铸造性能。如：合金中共晶成分铸造性最好。

② 压力加工性能：是指钢材承受冷热变形的能力。冷变形性能好的标志是成型性良好、加工表面质量高，不易产生裂纹；而热变形性能好的标志是接受热变形的能力好，抗氧化性高，可变形的温度范围大及热脆倾向小等。

③ 切削加工性能：刀具的磨损、动力消耗及零件表面光洁度等是评定金属材料切削加工性能好坏的标志，也是合理选择材料的重要依据之一。

④ 可焊性：衡量材料焊接性能的优劣是以焊缝区强度不低于基体金属和不产生裂纹为

标志。

⑤ 热处理：是指钢材在热处理过程中所表现的行为。

以过热倾向、淬透性、回火脆性、氧化脱碳倾向及变形开裂倾向等来衡量热处理工艺性能的优劣。

总之，良好的加工工艺性可以大大减少加工过程的动力、材料消耗，缩短加工周期及降低废品率等。优良的加工工艺性能是降低产品成本的重要途径。

3. 材料的经济性能

每台机器产品成本的高低是劳动生产率的重要标志。产品的成本主要包括：原料成本、加工费用、成品率以及生产管理费用等。材料的选择也要着眼于经济效益，根据国家资源，结合国内生产实际加以考虑。此外，还应考虑零件的寿命及维修费，若选用新材料还要考虑研究试验费。

作为一个机械设计人员，在选材时必须了解我国工业发展趋势，按照国家标准，结合我国资源和生产条件，从实际出发全面考虑各方面因素。

3.4.2 零件的失效

任何零件或部件在使用一段时间后都要损伤或损坏，其损伤的程度有三种情况：

① 零件彻底破坏，不能再使用，如轴断裂。

② 严重损伤继续使用不安全，如有裂纹产生、表面磨损。

③ 虽然还能安全工作，但已达不到预定的作用。

只要发生上面情况中的任何一种都可以认为零件已经失效。对机器零件或部件进行失效分析的目的就是要找出零件破坏的原因，并且提出相应的改进措施。失效分析的结果对于零件的设计、选材、加工及使用都具有很大的指导意义。

1. 机械零件失效的方式

零件失效的形式多种多样，按零件的工作条件及失效的宏观表现与规律可分为：变形失效、断裂失效、表面损伤失效等。如图 3-8 所示。

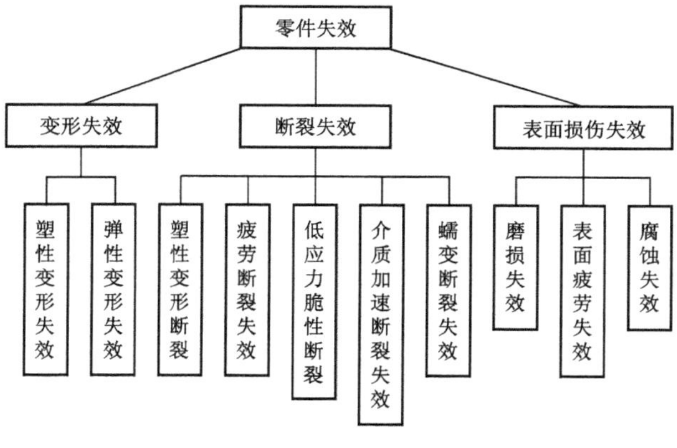

图 3-8 零件失效的形式

2. 机械零件失效的原因

失效原因有多种，在实际生产中，零件失效很少是由于单一因素引起的，往往是几个因素综合作用的结果。归纳起来可分为设计、材料、加工和安装使用四个方面（如图 3-9 所示）。可能的原因如下。

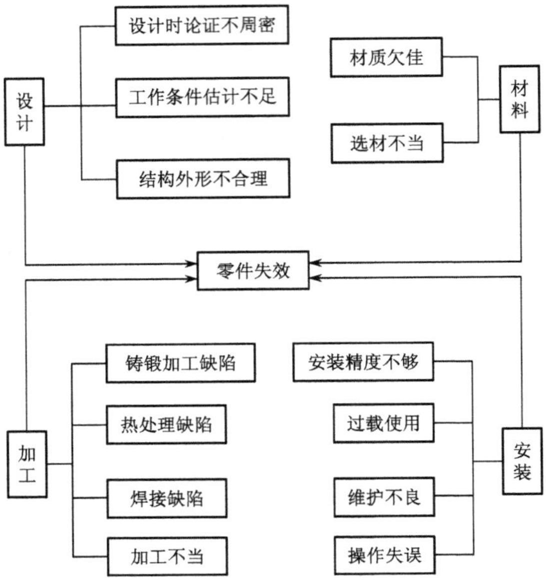

图 3-9　机械零件失效的原因

（1）设计原因

一是由于设计的结构和形状不合理导致零件失效，如零件的高应力区存在明显的应力集中源（各种尖角、缺口、过小的过渡圆角等；二是对零件的工作条件估计失误，如对工作中可能的过载估计不足，使设计的零件的承载能力不够。

（2）材料方面的原因

选材不当是材料方面导致失效的主要原因。最常见的是设计人员仅根据材料的常规性能指标来作出决定，而这些指标根本不能反映出材料所受某种类型失效的搞力；材料本身的缺陷（如缩孔、疏松、气孔、夹杂、微裂纹等）也导致零件失效。

（3）加工方面原因

由于加工工艺控制不好会造成各种缺陷而引起失效。如热处理工艺控制不当导致过热、脱碳、回火不足等；锻造工艺不良带状组织、过热或过烧现象等；冷加工工艺不良造成光洁度太低，刀痕过深、磨削裂纹等都可导致零件的失效。

有些零件加工不当造成的缺陷与零件设计有很大的关系，如热处理时的某些缺陷。零件外形和结构设计不合理会促使热处理缺陷的产生（如变形、开裂）。为避免或减少零件淬火时发生或开裂，设计零件时应注意：截面厚薄均匀，否则容易在薄避处开裂；结构对称，尽量采用封闭结构以免发生大的变形；变截面处均匀过渡，防止应力集中。

（4）安装使用与失效

零件安装时，配合过紧、过松、对中不良、固定不紧等，或操作不当均可造成使用过程中失效。

3. 零件失效分析的方法步骤

① 现场调查研究。这是十分关键的一步。尽量仔细收集失效零件的残骸，并拍照记录实况，从而确定重点分析的对象，样品应取自失效的发源部位。

② 详细记录并整理失效零件的有关资料，如设计图纸、加工方式及使用情况。

③ 对所选定的试样进行宏观和微观分析，确定失效的发源点和失效的方式。扫描电镜断口分析确定失效发源地和失效方式；金相分析，确定材料的内部质量。

④ 测定样品的有关数据：性能测试、组织分析、化学成分分析及无损探伤等。

⑤ 断裂力学分析。

⑥ 最后综合各方面分析资料做出判断，确定失效的具体原因，提出改进措施，写出分析报告。

3.4.3 典型零件的选材及应用实例

工程材料中应用较多的是金属材料，具有强度高、韧性好、疲劳抗力高等优良性能，用来制造各种重要的机器零件和工程结构件。

1. 机床零件的选材分析

机床零件的品种繁多，按结构特点、功用和受载特点可分为：轴类零件、齿轮类零件、机床导轨等。

（1）机床轴类零件的选材

机床主轴是机床中最主要的轴类零件。机床类型不同，主轴的工作条件也不一样。根据主轴工作时所受载荷的大小和类型，大体上可以分为四类：

① 轻载主轴。工作载荷小，冲击载荷不大，轴颈部位磨损不严重，例如普通车床的主轴。这类轴一般用45钢制造，经调质或正火处理，在要求耐磨的部位采用高频表面淬火强化。

② 中载主轴。中等载荷，磨损较严重，有一定的冲击载荷，例如铣床主轴。一般用合金调质钢制造，如40Cr钢，经调质处理，要求耐磨部位进行表面淬火强化。

③ 重载主轴。工作载荷大，磨损及冲击都较严重，例如工作载荷大的组合机床主轴。一般用20CrMnTi钢制造，经渗碳、淬火处理。

④ 高精度主轴。有些机床主轴工作载荷并不大，但精度要求非常高，热处理后变形应极小。工作过程中磨损应极轻微，例如精密镗床的主轴。一般用38CrMoAlA专用氮化钢制造，经调质处理后，进行氮化及尺寸稳定化处理。

过去，主轴几乎全部都是用钢制造的，现在轻载和中载主轴已经可用球墨铸铁制造。

（2）机床齿轮类零件的选材

机床齿轮按工作条件可分为三类：

① 轻载齿轮。转动速度一般都不高，大多用45钢制造，经正火或调质处理。

② 中载齿轮。一般用45钢制造，正火或调质后，再进行高频表面淬火强化，以提高齿轮的承载能力及耐磨性。对大尺寸齿轮，则需用40Cr等合金调质钢制造。一般机床主传动系统及进给系统中的齿轮，大部分属于这一类。

③ 重载齿轮。对于某些工作载荷较大，特别是运转速度高又承受较大冲击载荷的齿轮大多用 20Cr、20CrMnTi 等渗碳钢制造。经渗碳、淬火处理后使用。例如变速箱中一些重要传动齿轮等。

（3）机床导轨的选材

机床导轨的精度对整个机床的精度有很大的影响，必须防止其变形和磨损，所以机床导轨通常都是选用灰口铸铁制造，如 HT200 和 HT350 等。灰口铸铁在润滑条件下耐磨性较好，但抗磨粒磨损能力较差。为了提高耐磨性，可以对导轨表面进行淬火处理。

2. 汽车零件的选材分析

（1）发动机和传动系统零件的选材

这两部分包括的零件相当多。其中，有大量的齿轮和各种轴，还有在高温下工作的零件，如进、排气阀、活塞等。它们的用材都比较重要，目前一般都是根据使用经验来选材。对于不同类型的汽车和不同的生产厂，发动机和传动系统的选材是不相同的。应该根据零件的具体工作条件及实际的失效方式，通过大量的计算和试验选出合适的材料。

（2）减轻汽车自重的选材

随着能源和原材料供应的日趋短缺，人们对汽车节能降耗的要求越来越高。而减轻自重可提高汽车的重量利用系数，减少材料消耗和燃油消耗，这在资源、能源的节约和经济价值方面具有非常重要的意义。

减轻自重所选用的材料，比传统的用材应该更轻且能保证事业性能。比如，用铝合金或镁合金代替铸铁，重量可减轻至原来的 1/4 ~ 1/3，但并不影响其使用性能；采用新型的双相钢板材代替普通的低碳钢板材生产汽车的冲压件，可以使用比较薄的板材，减轻自重，但一点不降低构件的强度；在车身和某些不太重要的结构件中，采用塑料或纤维增强复合材料代替钢材，也可以降低自重，减少能耗。

3. 典型零件的选材实例

（1）机床主轴

如图 3-10 所示是 C620 车床主轴的结构简图。机床主轴是典型的受扭转—弯曲复合作用的轴件，它受的应力不大（中等载荷），承受的冲击载荷也不大，如果使用滑动轴承，轴颈处要求耐磨。因此大多采用 45 钢制造，并进行调质处理，轴颈处由表面淬火来强化。载荷较大时则用 40Cr 等低合金结构钢来制造。

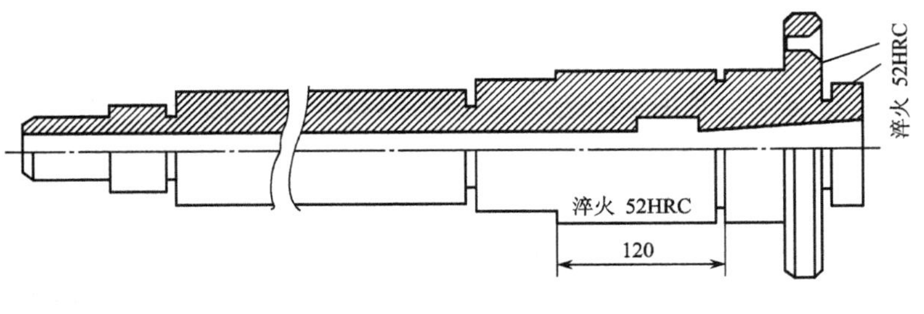

图 3-10　C620 车床主轴及热处理技术条件

对 C620 车床主轴的选材结果如下

材料：45 钢。

热处理：整体调质，轴颈及锥孔表面淬火。

性能要求：整体硬度 HB220 ~ HB240；轴颈及锥孔处硬度 52HRC。

工艺路线：锻造→正火→粗加工→调质→精加工→表面淬火及低温回火→磨削。

该轴工作应力很低，冲击载荷不大，45 钢处理后屈服极限可达 400MPa 以上，完全可满足要求。现在有部分机床主轴已经可以用球墨铸铁制造。

（2）汽车半轴

汽车半轴是典型的受扭矩的轴件，但工作应力较大，且受相当大的冲击载荷，其结构如图 3-11 所示。最大直径达 50mm 左右，用 45 钢制造时，即使水淬也只能使表面淬透深度为 10% 半径。为了提高淬透性，并在油中淬火防止变形和开裂，中、小型汽车的半轴一般用 40Cr 制造，重型车用 40CrMnMo 等淬透性很高的钢制造。

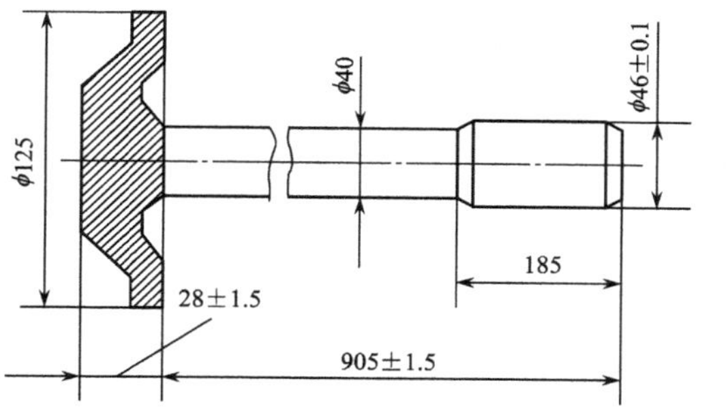

图 3-11　130 载重车半轴简图

对 130 载重车半轴的选材结果如下

材料：40Cr。

热处理：整体调质。

性能要求：杆部 37 ~ 44HRC；盘部外圆 24 ~ 34HRC。

工艺路线：下料→锻造→正火→机械加工→调质→盘部钻孔→磨花键。

（3）机床齿轮

机床齿轮工作条件较好，工作中受力不大，转速中等，工作平稳无强烈冲击，因此其齿面强度、心部强度和韧性的要求均不太高，一般用 45 钢制造，采用高频淬火表面强化，齿面硬度可达 52HRC 左右，这对弯曲疲劳或表面疲劳是足够了。齿轮调质后，心部可保证有 HB220 左右的硬度及大于 $4kg \cdot m/cm^2$ 的冲击韧性，能满足工作要求。对于一部分要求较高的齿轮，可用合金调质钢（如 40Cr 等）制造。这时心部强度及韧性都有所提高，弯曲疲劳及表面疲劳抗力也都增大。

对普通车床床头箱传动齿轮的选材结果如下

材料：45 钢。

热处理：正火或调质，齿部高频淬火和低温回火。

性能要求：齿轮心部硬度为 HB220 ~ HB250；齿面硬度 52HRC。

工艺路线：下料→锻造→正火或退火→粗加工→调质或正火→精加工→高频淬火→低温回火（拉花键孔）→精磨。

(4) 汽车齿轮

汽车齿轮的工作条件远比机床齿轮恶劣，特别是主传动系统中的齿轮，它们受力较大，超载与受冲击频繁，因此对材料的要求更高。由于弯曲与接触应力都很大，用高频淬火强化表面不能保证要求，所以汽车的重要齿轮都用渗碳、淬火进行强化处理。因此这类齿轮一般都用合金渗碳钢 20Cr 或 20CrMnTi 等制造，特别是后者在我国汽车齿轮生产中应用最广。为了进一步提高齿轮的耐用性，除了渗碳、淬火外，还可以采用喷丸处理等表面强化处理工艺。喷丸处理后，齿面硬度可提高 1 ~ 3HRC 单位，耐用性可提高 7 ~ 11 倍。

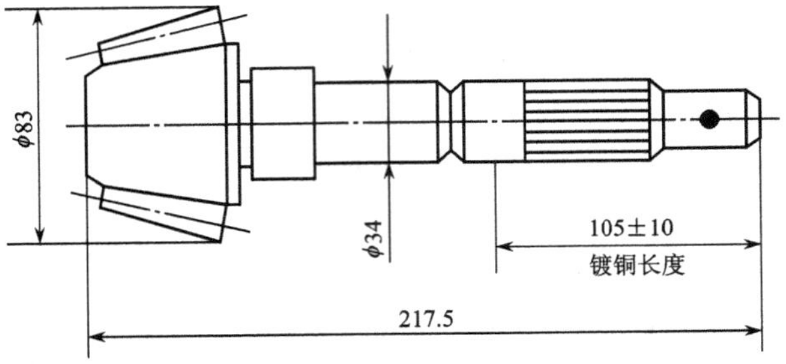

图 3-12　北京吉普后桥圆锥主动齿轮简图

对北京牌吉普车后桥圆锥主动齿轮（如图 3-12 所示）的选材结果如下

材料：20CrMnTi 钢。

热处理：渗碳、淬火、低温回火，渗碳层深 1.2 ~ 1.6mm。

性能要求：齿面硬度 58 ~ 62HRC，心部硬度 33 ~ 48HRC。

工艺路线：下料→锻造→正火→切削加工→渗碳、淬火、低温回火→磨加工。

以上各类零件的选材，只能作为机械零件选材时进行类比的参照。其中不少是长期经验积累的结果。经验固然很重要，但若只凭经验是不能得到最好的效果的。在具体选材时，还要参考有关的机械设计手册、工程材料手册，结合实际情况进行初选，重要零件在初选后，需进行强度计算校核，确定零件尺寸后，还需审查所选材料淬透性是否符合要求，并确定热处理技术条件。目前比较好的方法是，根据零件的工作条件和失效方式，对零件可选用的材料进行定量分析，然后参考有关经验作出选材的最后决定。

3.5 常用工程材料的市场销售情况调查——阶段性训练（二）

3.5.1 调查目的

1. 掌握和了解机械工程材料的分类、牌号、性能、应用范围及处理。
2. 熟悉常用机械工程材料的规格、价格和使用情况。
3. 了解选择和使用工程材料应遵循的基本原则。
4. 了解机器中典型机械零件的常用材料。

3.5.2 调查方法

1. 亲自到学校周围或其他机械制造企业参观、询问，了解常用机械工程材料的分类、牌号、规格、价格及使用情况。

2. 去当地钢材市场观察、了解、统计企业购买使用机械工程材料的情况。

3. 利用互联网或到图书馆查阅相关资料，了解企业利用机械工程材料的情况。

3.5.3 调查任务

1. 调查常用钢铁材料、有色金属材料和非金属材料的分类、牌号、性能及应用。

2. 调查机器中各种典型零件（轴套类、箱体机座类、叉架类和轮盘类）所选用的材料类型。

3. 调查钢板（热轧钢板、冷轧钢板）、钢管（无缝钢管、有缝钢管）、型钢和锻钢的类型、规格及用途。

4. 观察、测量常用工程材料的规格，了解其价格及使用情况。

5. 利用互联网或到图书馆查阅、浏览有关的机械工程材料手册或机械工程材料产品样本。

3.5.4 调查过程

1. 分成若干调查小组，分别下达调查任务。
2. 利用业余时间分头进行调查，收集并整理调查资料。
3. 回校召开调查报告会，分析、归纳、总结调查内容。
4. 每人提交一份调查报告。

3.5.5 调查报告要点

1. 通过调查你会辨别企业中使用的哪些工程材料？
2. 企业在选用材料时遵循的原则是什么？
3. 在企业调查过程中你遇到了哪些困难？是如何克服的？
4. 通过调查，你有何感想呢？你的表达能力、交往能力是否有所提高？

习题3

3-1 金属材料的性能一般分为________性能和______性能。

3-2 金属材料的力学性能主要指标有______、____、____、____和____。

3-3 金属材料在机械作用下抵抗变形和破坏的能力，称为（　　）。

A. 硬度　　B. 塑性　　C. 强度

3-4 钢按化学成分可分为______________和____________两大类。

3-5 按含碳量来分，碳素钢分为___________、___________和________。

3-6 说明下列钢铁材料其牌号的含义：Q235-A·F、HT150。

3-7 说明下列钢的碳含量及合金元素含量。

9SiCr　45钢　60Si2Mn　T3　Cr12

3-8 T8 的碳含量为（　　）。

A. 0.08%　　B. 0.8%　　C. 8%

3-9　什么是合金钢？分为哪几类？与碳素钢相比，合金钢有哪些优点？

3-10　何谓铸铁？有哪些性能特点？工业上一般分为哪几类？

3-11　可锻铸铁中石墨的形态为（　　）。

A. 片状　　B. 团絮状　　C. 球状

3-12　什么是钢的热处理？钢的热处理通常分为哪两种？

3-13　正火和退火有何异同？正火和退火的目的是什么？

3-14　钢的淬火是指________________，常用的淬火剂有________、________、________和________。

3-15　什么是钢的调质处理？调质处理后钢的性能发生哪些变化？

3-16　铝合金有哪些性能特点？常用形变铝合金分为哪几类？

3-17　防锈铝是（　　）合金。

A. Al - Cu - Mg　　B. Al - Mn 或 Al - Mg　　C. Al - Si

3-18　铜合金按化学成分不同可分为__________、__________和__________三大类。

3-19　常用的轴承合金有________、________和________。

3-20　名词解释：工程塑料，复合材料。

第4章 连 接

教学目标

1. 了解常用连接的功用、类型、特点和应用。
2. 理解平键连接的结构与标准，能正确选用普通平键连接。
3. 熟悉螺纹连接的主要类型、应用、结构和防松方法。
4. 会正确拆装螺纹连接、键连接、销连接。

4.1 键连接与销连接

4.1.1 各种连接形式演示

在机械设备中，应用着各种各样的连接。连接是两个或两个以上的零件连成一体的结构。

【演示1】 如图4-1（a）所示的某型号带式输送机中，减速器、电动机用螺栓连接固定在机座上；电动机轴与减速器输入轴、减速器输出轴与输送轮轴之间由联轴器连接。

【演示2】 如图4-1（b）所示的联轴器中也采用了多种连接。

我们一起来分析联轴器中所采用的连接形式，如图4-1（b）所示。

（1）左半联轴器与右半联轴器间为________________连接。

（2）左半联轴器与左轴间为______________连接和______________连接。

（3）右半联轴器与右轴间为________________。

本章学习常见的键连接、销连接、螺纹连接的应用及轴间连接（联轴器、离合器）等。

4.1.2 键连接

键连接是通过键将轴和轴上零件（如齿轮、带轮等）连接在一起，实现轴上零件的固定、传递转矩。键连接是一种可拆连接，其结构简单，装拆方便，工作可靠，因此得到了广泛的应用。

键连接按其结构形式的不同可分为平键连接、半圆键连接、楔键连接。

1. 平键

平键连接按用途分又有普通平键、导向平键、滑键等三种连接形式。

（1）普通平键连接

根据端部形状不同，普通平键可分为圆头（A型）、方头（B型）和单圆头（C型）三种，如图4-2所示。

普通平键连接如图4-3所示，装配时先将普通平键用手锤轻轻敲入轴的键槽中，再将轴上零件对正装入。装配后，键与键槽的两个侧面形成工作面来传递转矩，键的上表面与轮毂键槽的底面之间存在一定的间隙。普通平键用于静连接，即被连接零件间不允许产生相对运动，如轴上零件与轴没有相对运动。

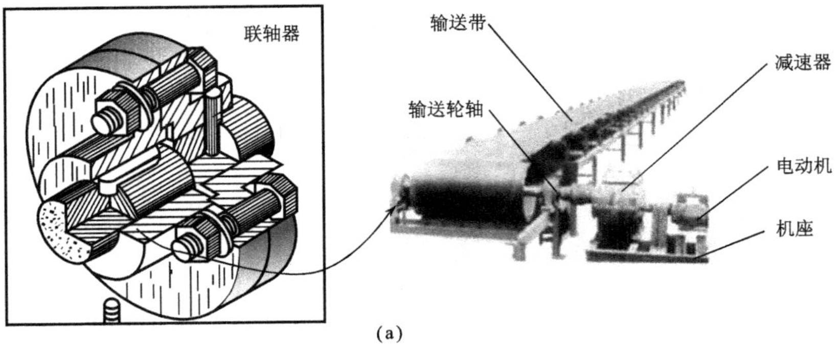

(a)

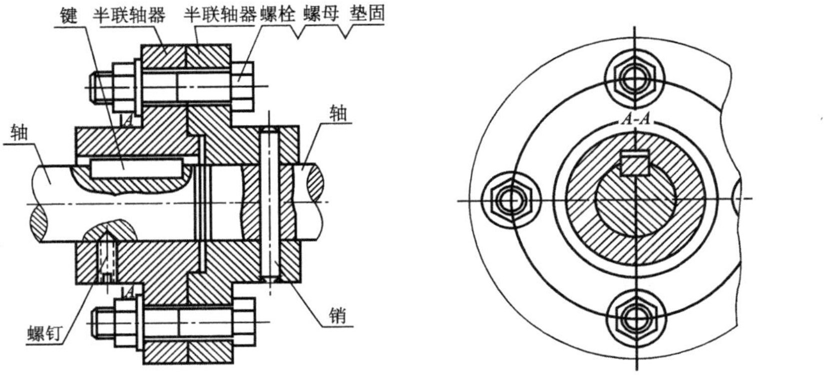

(b)

图 4-1　联轴器及连接

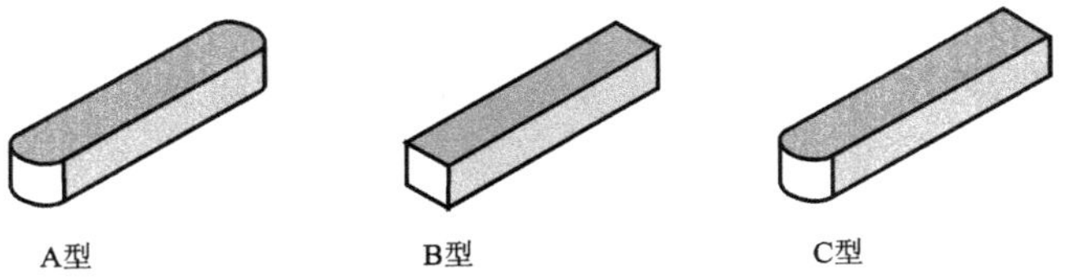

图 4-2　平键的类型

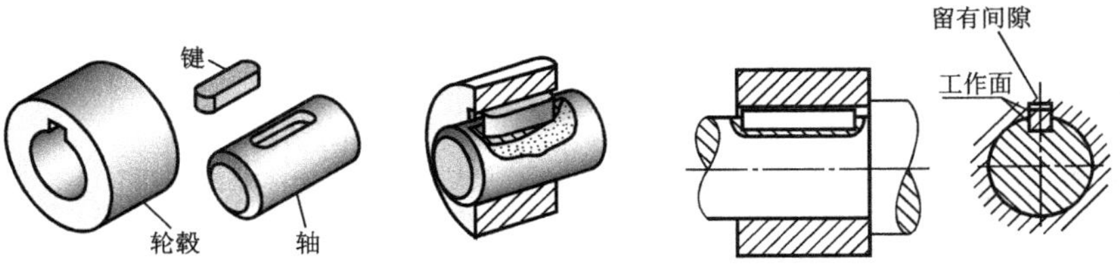

(a)　(b)　(c)

图 4-3　普通平键的连接

普通平键的标准尺寸和公差要求见表 4-1 所示。选择其标准尺寸时以轴径和轴上零件的轮毂长度为依据。

表 4-1　平键及键槽各部尺寸（摘自 GB/T 1096、GB/T 1095—2003）

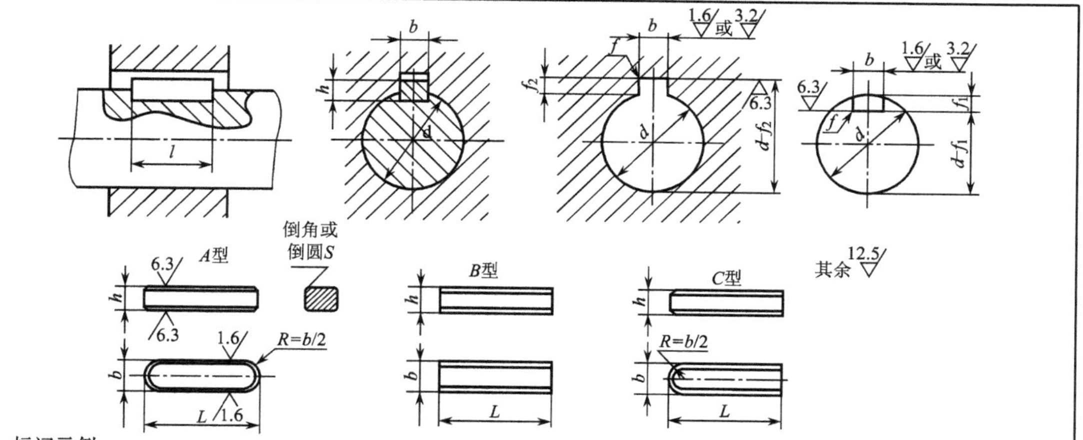

标记示例：

圆头普通平键、$b=12$、$h=8$、$L=60$：　键　GB/T　1096 12×8×60（A 型不标出“A”）

平头普通平键、$b=12$、$h=8$、$L=60$：　键　GB/T　1096 B12×8×60

单圆头普通平键、$b=12$、$h=8$、$L=60$：键　GB/T　1096 C12×8×60

单位：mm

轴	键				键槽											
					宽度 b						深度				半径 r	
						极限偏差					轴 t_1		毂 t_2			
						松连接		正常连接		紧密连接						
公称直径 d	宽度 b h8	高度 h h11	长度 L h14	倒角或倒圆 s	基本尺寸 b	轴 H9	毂 D10	轴 N9	毂 JS9	轴和毂 P9	基本尺寸	极限偏差	基本尺寸	极限偏差	最大	最小
>6~8	2	2	6~20	0.16~0.25	2	+0.025 0	+0.060 +0.020	-0.004 -0.029	±0.0125	-0.006 -0.031	1.2	+0.1 0	1	+0.1 0	0.08	0.16
>8~10	3	3	6~36		3						1.8		1.4			
>10~12	4	4	8~45		4	+0.030 0	+0.078 +0.030	0 -0.030	±0.015	-0.012 -0.042	2.5		1.8			
>12~17	5	5	10~56	0.25~0.40	5						3.0		2.3		0.16	0.25
>17~22	6	6	14~70		6						3.5		2.8			
>22~30	8	7	18~90		8	+0.036 0	+0.098 +0.040	0 -0.036	±0.018	-0.015 -0.051	4.0	+0.2 0	3.3	+0.2 0		
>30~38	10	8	22~110	0.40~0.60	10						5.0		3.3		0.25	0.40
>38~44	12	8	28~140		12	+0.043 0	+0.120 +0.050	0 -0.043	±0.0215	-0.018 -0.061	5.0		3.3			
>44~50	14	9	36~160		14						5.5		3.8			
>50~58	16	10	45~180		16						6.0		4.3			
>58~65	18	11	50~200		18						7.0		4.4			
>65~75	20	12	56~220	0.60~0.80	20	+0.052 0	+0.149 +0.065	0 -0.052	±0.026	-0.022 -0.074	7.5		4.9		0.40	0.60
>75~85	22	14	63~250		22						9.0		5.4			
>85~95	25	14	70~280		25						9.0		5.4			
>95~110	28	16	80~320		28						10.0		6.4			

注：L 系列：6~22（2 递增）、25、28、32、36、40、45、50、56、63、70、80、90、100、110、125、140、160、180、200、220、250、280、320。

(2) 导向平键和滑键

导向平键较长，分为圆头（A 型）和方头（B 型）两种（如图 4-4（a）所示）。使用前需用螺钉将键和轴连成一体，键与轮毂上的键槽配合较松，轴上零件可沿着键作轴向移动，如图 4-4（b）所示。当移动距离较大时，因采用导向平键制造较困难，故可采用滑键。滑键固定在轮毂上，沿轴上键槽作轴向滑移，如图 4-5 所示。导向平键和滑键常用于变速箱内滑移齿轮与轴的连接。

想一想 >>>>

导向平键中部的螺孔起什么作用?

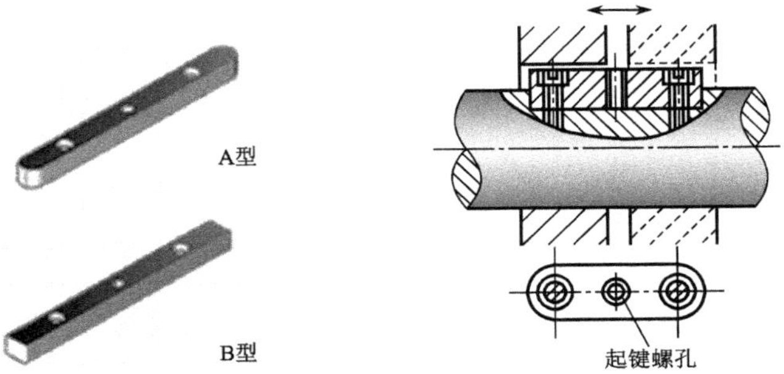

(a) 导向平键的类型　　(b) 导向平键连接

图 4-4　导向平键连接

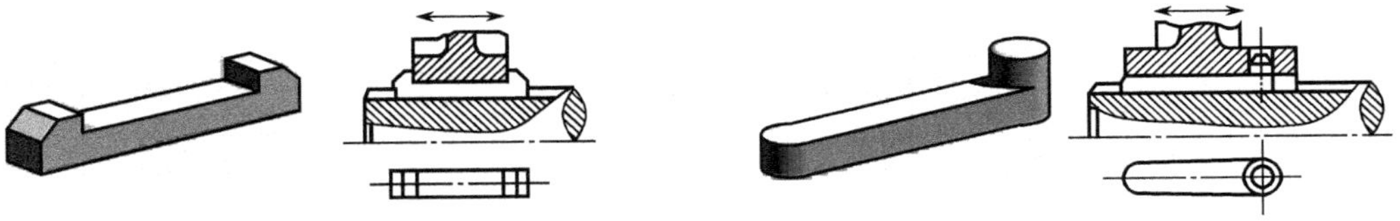

图 4-5　两种滑键连接

2. 半圆键

半圆键呈半圆柱形（如图 4-6 所示），依靠两侧面实现轴上零件的周向固定，传递转矩。半圆键连接装拆方便，键在键槽中可以摆动，以适应轮毂上的键槽斜度。但其轴上键槽较深，削弱了轴的强度。多用于轻载、锥形轴端的轴上零件的连接，如手轮与轴的连接。

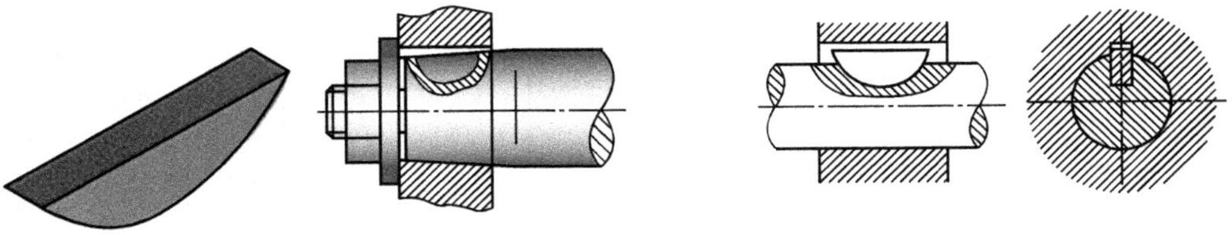

(a)　　(b)

图 4-6　半圆键连接

3. 楔键连接

楔键有普通楔键和钩头楔键（如图4-7所示）。上表面相对下表面有1:100的斜度，钩头楔键一端有钩头。楔键的上、下面为工作面，装配时需打入键槽中，依靠楔紧传递转矩，可承受单向轴力。但楔键连接的对中性差，在变载、冲击力的作用下易松脱。常用于精度要求不高，转速低，承受单向轴向载荷的场合，如图4-8所示。

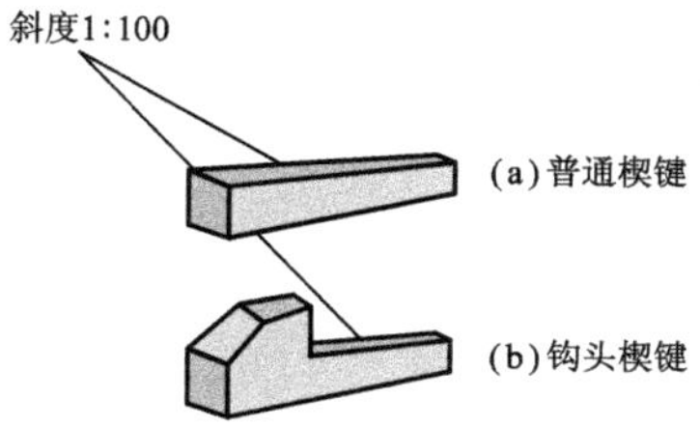

图4-7　楔键类型

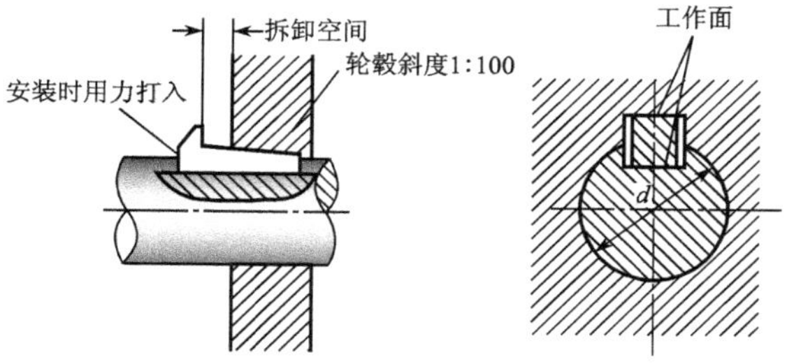

图4-8　钩头楔键连接

想一想

1. 钩头楔键的钩头有什么作用，为什么要留拆卸空间？
2. 比较楔键连接与平键连接的工作面有何不同？

4.1.3　花键连接

花键连接是由带键齿的花键轴（外花键）和带有多个键槽的轮毂（内花键）所组成的一种连接（如图4-9所示），工作时靠键齿侧面与键槽侧面的挤压传递转矩。

根据花键的齿形不同，可将其分为矩形花键（如图4-9（a）所示）、渐开线花键（如图4-9（b）所示）等。该键的优点是键齿多、分布均匀，故定心精度高、导向性好、承载能力强，能传递较大的转矩，连接可靠。多用在载荷大，定心要求高的静连接或动连接（被连接零件间可以有相对运动）中。但其加工工艺复杂，需要专用设备，生产成本高。

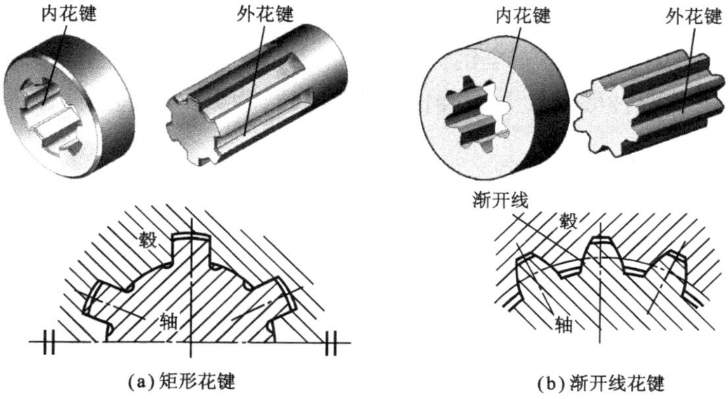

图4-9　花键连接

知识链接 >>>>

渐开线　渐开线是由一条动直线沿一个固定的圆作纯滚动时，该动直线任上一点的运动轨迹。渐开线花键齿是由两条反向渐开线形成的。

想一想 >>>>

比较矩形花键和渐开线花键的齿形有何不同?

4.1.4　销连接

销按形状分主要有圆柱销、圆锥销，圆锥销有 1∶50 的锥度。销还有许多特殊的形式，例如开口销、槽销等，如图 4-10 所示。根据销在连接中的作用不同，销可分为连接销、定位销和安全销。销是标准件，使用时可根据工作和结构要求，按标准选择其形式和规格尺寸。

(a)圆柱销　(b)圆锥销　(c)开口销　(d)槽销

图 4-10　销

(1) 定位销

空位销主要用来确定零件之间的相互位置。如图 4-11 所示，在连接中不受载荷或只承受较小载荷，使用数量不少于两个。定位销常用圆锥销，也可用圆柱销，依靠过盈配合固定在孔中。

(2) 连接销

连接销用来传递动力或转矩。如图 4-12 所示，在工作中承受剪切和挤压作用。可采用圆柱销或圆锥销。

(3) 安全销

在传递动力或转矩过载时，安全销先被切断，以保护机器中其他零、部件不受损坏。如图 4-13 所示为常用的两种形式，为了确保安全销被剪断而不提前发生挤压破坏，通常可在安全销上加一个销套。

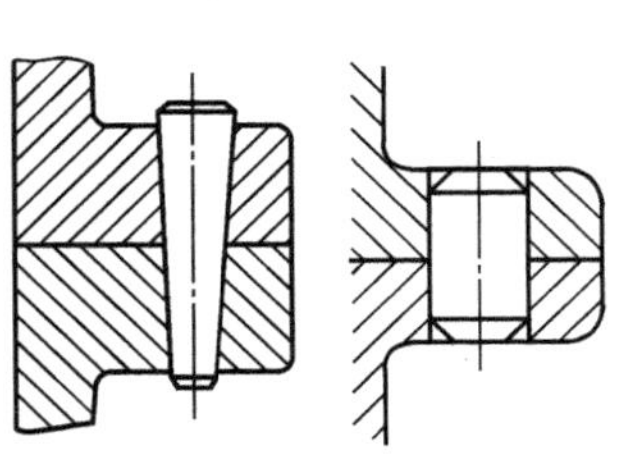

图 4-11　定位销

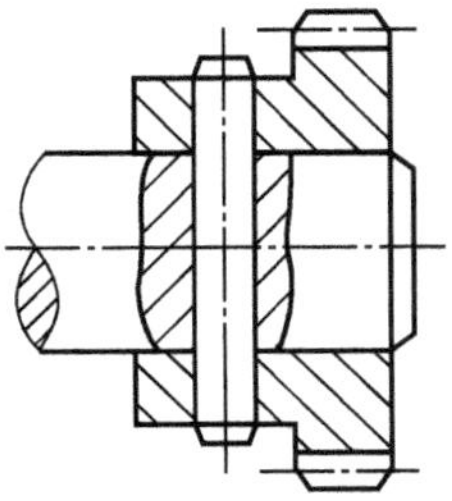

图 4-12　连接销

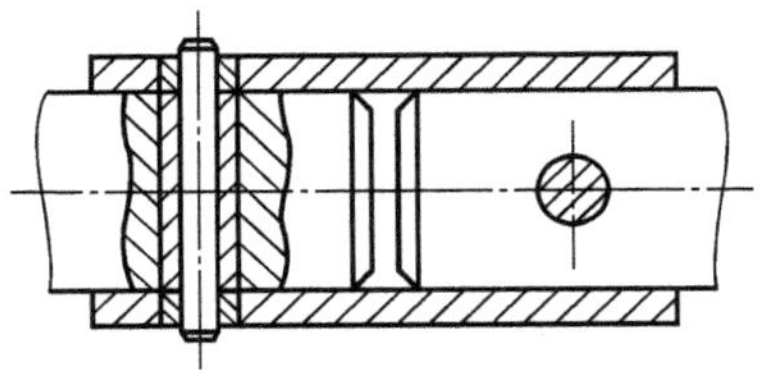

图 4-13　安全销

做一做 >>>>

说明图 4-14 所示联轴器上两种销的名称、作用。

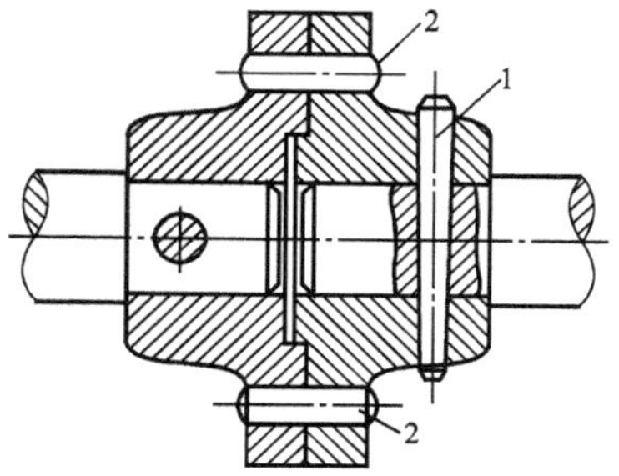

图 4-14 联轴器

4.2 螺纹连接

螺纹是机械零件上常用的一种结构。螺纹连接由螺纹连接件（紧固件）与被连接件构成，是一种应用广泛的可拆连接（不破坏连接中的任一零件就可拆开的连接），具有结构简单、装拆方便、连接可靠等特点。螺纹连接件大部分已标准化并由专门厂家生产，很容易买到。

4.2.1 螺纹

1. 螺纹

在圆柱或圆锥表面上，沿螺旋线所形成的具有相同剖面的连续沟槽和凸起称为螺纹。在圆外表面上形成的螺纹称外螺纹（如图 4-15（a）所示），在内孔表面上形成的螺纹称内螺纹（如图 4-15（b）所示），内、外螺纹一般成对使用。

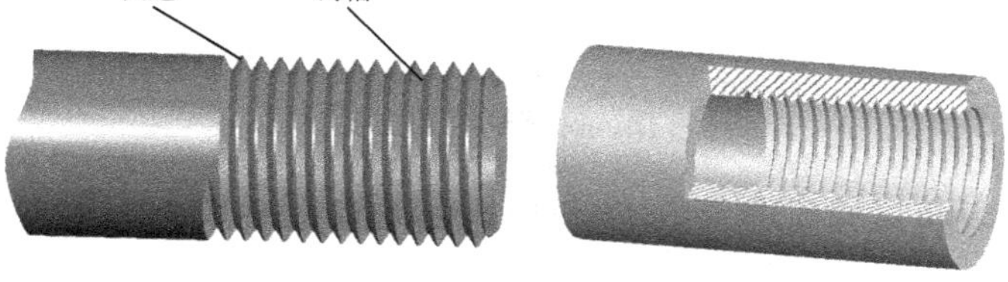

(a) 外螺纹　　(b) 内螺纹

图 4-15 螺纹

根据螺旋线的数目，螺纹可分为单线（如图 4-16（a）所示）、双线（如图 4-16（b）所示）和多线（如图 4-16（c）所示为三线）螺纹。按螺旋线的绕行方向可分为左旋螺纹（如图 4-17（a）所示）和右旋螺纹（如图 4-17（b）所示），其旋向判别方法为：螺纹轴线竖直，外螺纹的可见部分右高左低为右旋；反之为左旋。

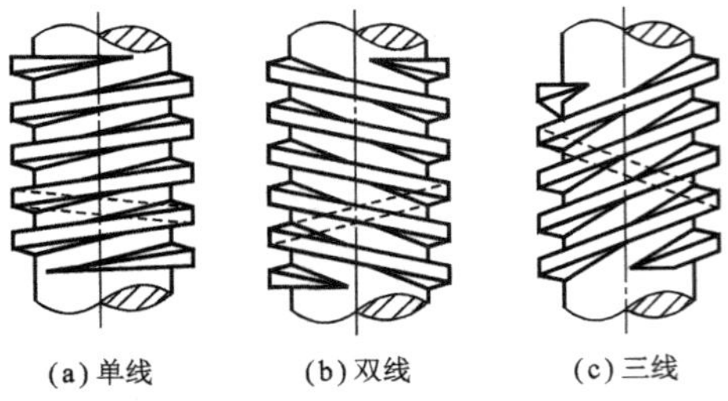

图 4-16　螺纹的线数

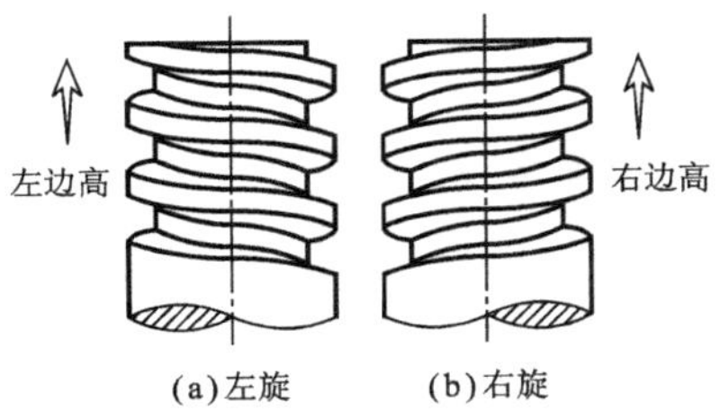

图 4-17　螺纹的旋向及判别

2. 螺纹的主要参数

普通螺纹的主要参数（如图 4-18 所示）如下：

大径（d、D）—— 分别为外螺纹的牙顶或内螺纹的牙底圆柱的直径，国标规定为螺纹的公称直径（外螺纹用 d、内螺纹用 D）。

小径（d_1、D_1）—— 分别为外螺纹的牙底或内螺纹的牙顶圆柱的直径。

中径（d_2、D_2）—— 在轴向剖面内，牙厚等于牙间宽的圆柱直径。

螺距 P—— 相邻两牙在中径线上对应两点间的轴向距离。

导程 Ph——同一螺旋线上相邻两牙在中径线上对应两点间的轴向距离。若螺纹线数为 n 时，导程与螺距的关系为

$$Ph = nP$$

牙型角 α ——在轴向剖面内，螺纹牙两侧边的夹角。

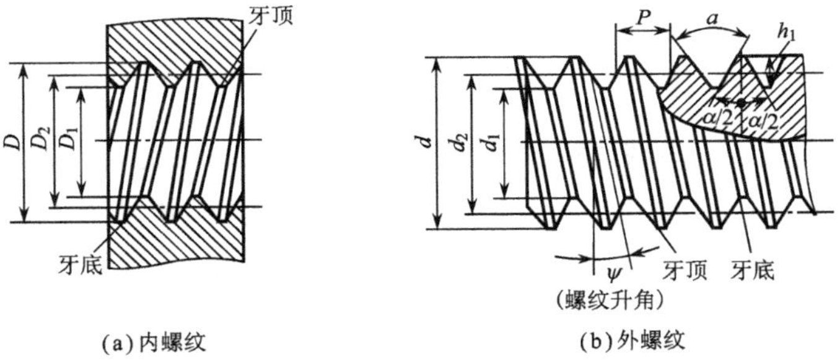

图 4-18　圆柱螺纹的主要参数

3. 螺纹的种类、特点和应用

螺纹按用途可分为连接螺纹和传动螺纹，各种螺纹的特点和应用见表 4-2 所示。

表 4-2　螺纹的种类、特点和应用

种类			牙型图	特点	应用
连接螺纹	普通螺纹	粗牙及细牙	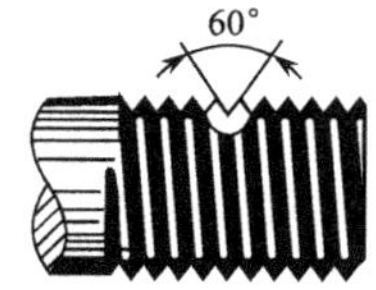	牙型角 α =60°，有粗牙、细牙之分。细牙螺纹不耐磨、易滑扣，结构紧凑，重量轻	应用最广，一般连接多用粗牙螺纹。细牙螺纹常用于薄壁、振动、受冲击零件，如微调机构
	管螺纹	圆柱管螺纹	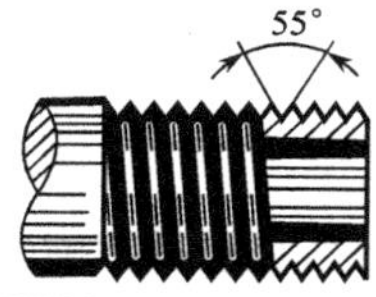	牙型角 α =55°，螺纹副本身不具有密封性	用于水、煤气管路，润滑和电线管路系统
		圆锥管螺纹		牙型角 α =55°，依靠螺纹牙的变形就可以保证连接的紧密性	用于高温、高压和润滑系统
传动螺纹	矩形螺纹		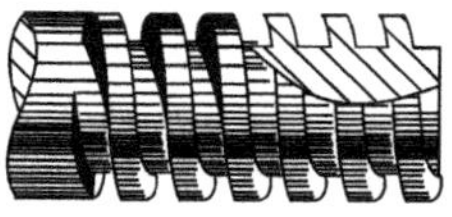	牙型为正方形，牙厚为螺距的一半，传动效率高。但精确制造困难，对中精度低，牙根强度弱	用于传力或传导螺旋
	梯形螺纹		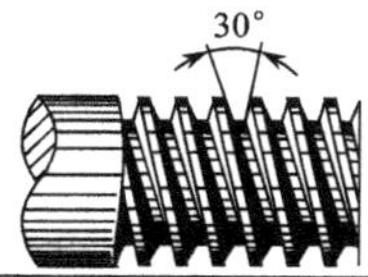	牙型角 α =30°，螺纹副的小径和大径处有相等的间隙。效率较低，但工艺性好，牙根强度高	应用较广，用于传动，如机床丝杠等
	锯齿形（3°/30°）螺纹		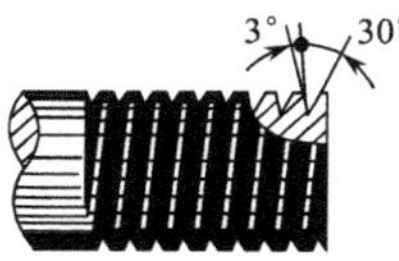	工作面的牙型斜角为3°，非工作面的牙型斜角为30°，螺纹牙强度高，螺纹副的大径处无间隙，便于对中	用于单向受力的传力螺旋，如螺旋压力机，千斤顶等

4.2.2　螺纹连接的基本形式

螺纹连接是一种可拆卸的固定连接，主要类型包括螺栓连接、双头螺柱连接、螺钉连接和紧定螺钉连接四种。各种螺纹连接的基本形式、特点和应用见表 4-3 所示。

表 4-3　螺纹连接的基本形式、特点和应用

类型		简图	特点及应用	
螺栓连接	普通螺栓连接	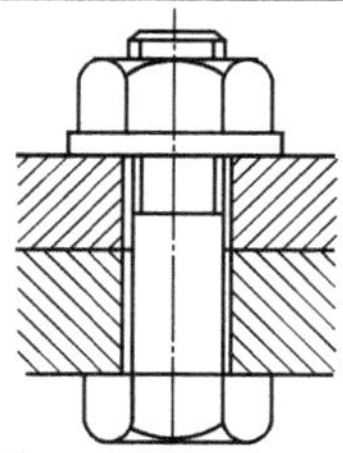	螺栓连接是利用螺栓穿过被连接件的孔并旋上螺母，将被连接的零件连接在一起。 这种连接无需在被连接件上切制螺纹，故使用时不受被连接材料的限制构造简单，装拆方便，损坏后容易更换。 广泛用于被连接件不太厚、能从两边进行安装的场合	因装配后孔和杆之间留有间隙，还可以补偿各孔之间的位置误差
	铰制螺栓连接	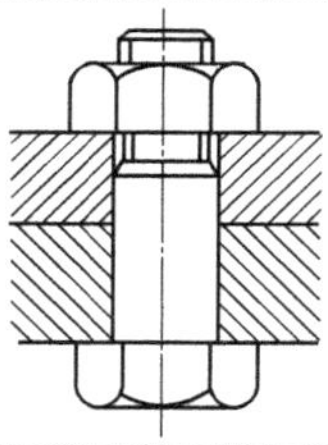		装配后孔与杆之间形成过渡配合，具有定位作用，可以承受较大横向载荷，但是加工精度高，成本高

续表

类　型	简　图	特点及应用
双头螺柱连接	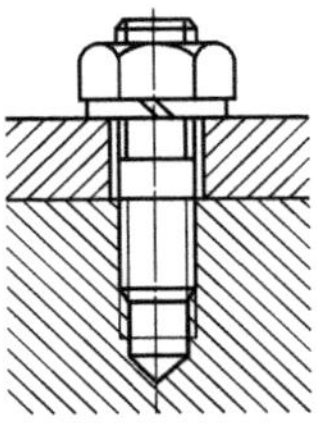	双头螺柱的两端均有螺纹，连接时，一端拧入带有螺纹的被连接件的盲孔中，另一端穿过另一被连接件的通孔，并用螺母拧紧，从而将被连接件连接在一起。拆卸时只需拧下螺母，螺柱仍留在孔中，故螺纹孔不易损坏。 多用于被连接件较厚，且经常拆装或结构上不能用螺栓连接的场合
螺钉连接	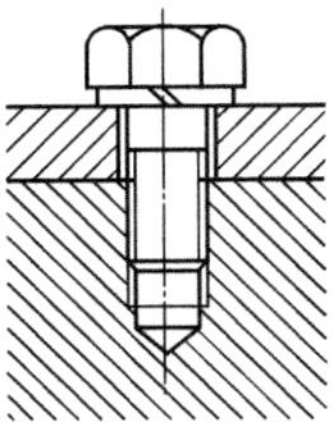	螺钉连接是将螺钉穿过一被连接件的通孔，而直接拧入另一被连接件的螺纹孔中，从而将被连接件连接在一起。 主要用于被连接件之一较厚且不需要经常拆卸的连接。由于不用螺母，结构上比双头螺柱连接更简单、紧凑
紧定螺钉连接	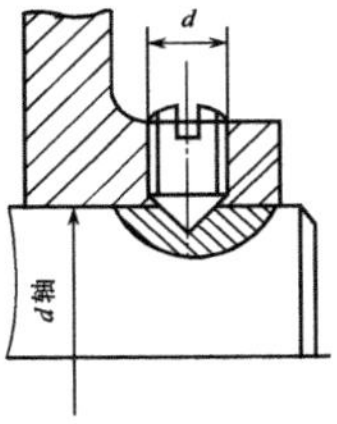	紧定螺钉旋入被连接件之一的螺纹孔中，其末端顶住另一被连接件表面的凹坑中，主要用于固定两零件的相对位置，并传递不太大的力或转矩

想一想 >>>>

自行车、手表中使用了哪些螺纹连接？属于什么形式？

4.2.3　螺纹连接件（紧固件）

螺纹连接件主要有螺栓、双头螺柱、螺钉、紧定螺钉、螺母、垫圈等，它们都是标准件。常用螺纹连接件的结构特点和应用见表 4-4 所示。

表4-4 常用螺纹连接件的结构特点和应用

类 型	图 例	结构特点及应用
六角头螺栓	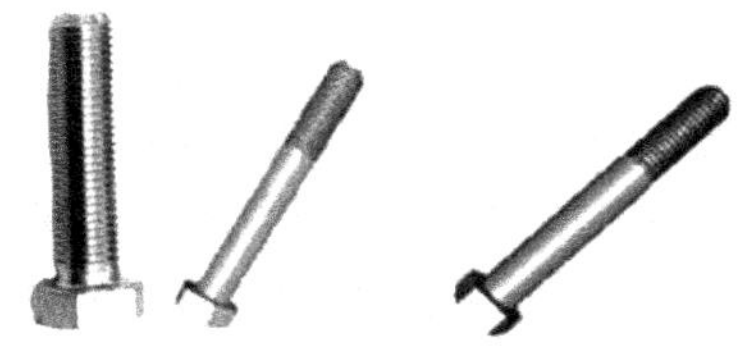 普通螺栓 铰制孔用螺栓	螺栓种类很多，应用最广。螺栓杆部可制出一段螺纹或全螺纹；螺纹可用粗牙或细牙；头部有各种不同形状，最常见的是六角头，包括标准六角头和小六角头。一般情况下使用标准六角头，在空间尺寸受到限制的地方使用小六角头螺栓，小六角头螺栓的支承面积较小，且容易被磨圆
双头螺柱	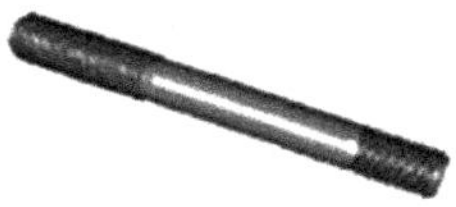	双头螺柱的两端都制有螺纹，两端螺纹可相同或不同。一般情况短端配合较紧，旋入被连接件的螺纹孔中，长端配合较松，用来安装螺母
螺钉		螺钉的头部有各种形状，通常以其头部的形状来命名，如：盘头（半圆头）螺钉、圆柱头螺钉、沉头螺钉和内六角圆柱螺钉等。十字槽螺钉头部强度高，对中性好，易于实现自动化装配；内六角螺钉能承受较大的扳手力矩，连接强度高，可代替六角头螺栓，用于要求结构紧凑的场合
紧定螺钉		紧定螺钉的末端形状常用的有锥端、平端和圆柱端。锥端适用于被顶紧零件的表面硬度较低或不经常拆卸的场合；平端接触面积大，不伤零件表面，适用于被顶紧零件的表面硬度较高或经常拆卸的场合；圆柱端压入轴上的凹坑中，适用于紧定空心轴上的零件位置
六角螺母		螺母是和螺栓相配套的标准零件，其外形有六角形、圆形、方形及其他特殊的形状；其厚度有厚、标准和扁之分，其中以标准的应用最广
圆螺母	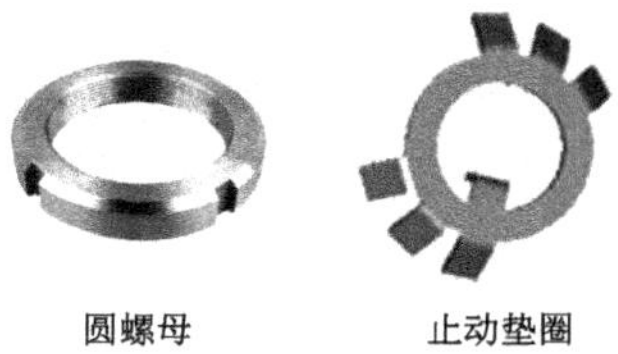 圆螺母 止动垫圈	圆螺母常与止动垫圈配用，装配时将垫圈内舌插入轴上的槽内，而将垫圈的外舌嵌入圆螺母的槽内，螺母即被锁紧。它常作为轴上零件的轴向固定用
垫圈	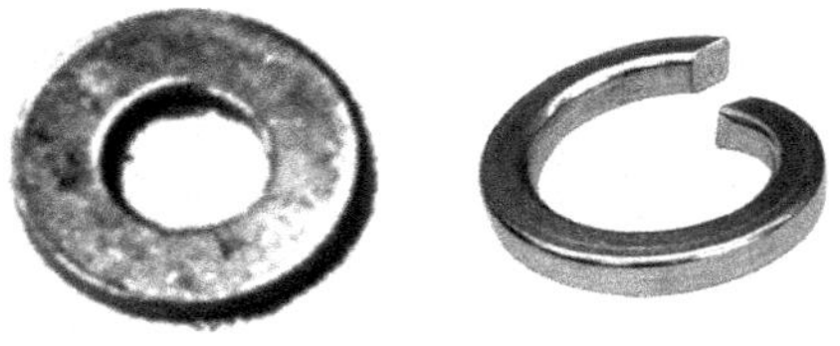 平垫圈 弹簧垫圈	垫圈品种最多，应用最广。最常见的有平垫和弹簧垫两种。平垫圈的目的主要是为了增加支承面积，对支承面起保护作用，同时也有一定的防松效果；弹簧垫圈主要用于防松，凡是有振动的地方又未采取其他防松措施时，原则上都应该加装弹簧垫

4.2.4 螺纹连接的预紧与防松

1. 预紧

多数螺纹连接在装配时都必须拧紧，从而使连接在承受工作载荷前就事先受到顶紧力的作用，称为预紧。预紧的目的是为了增强连接的可靠性、紧密性和刚性，提高连接的防松能力，防止受载后被连接件间出现间隙或发生相对位移。如果预紧力太小，连接达不到紧固要求；预紧力太大，连接件容易过载断裂。因此，要合理地控制预紧力矩。

常用的预紧工具有普通扳手（如图 4-19 所示），注意拧紧力要适当，以避免螺栓损坏；对有预紧力要求的螺纹连接，采用测力矩扳手或预置式定力矩扳手（如图 4-20 所示）来保证预紧力。

(a)梅花扳手　(b)开口扳手　(c)内六角扳手

图 4-19　普通扳手

(a)指针式测力矩扳手　(b)预置式定力矩扳手

图 4-20　力矩扳手

对成组螺纹连接的预紧除了要拧紧力合适外，还必须有正确的拧紧顺序，如图 4-21 所示为几种常见的成组螺纹连接的拧紧顺序。

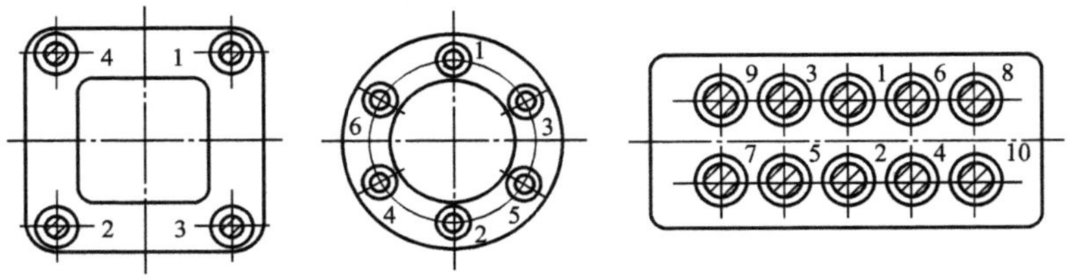

(a)方形工件　(b)圆形工件　(c)条形工件

图 4-21　成组螺纹连接的拧紧顺序

2. 防松

用于螺纹连接的标准件一般都能满足自锁要求。拧紧螺母后，在受静载荷和工作温度变化不大的场合，螺纹连接不会自行松脱。如果温度变化较大，承受冲击、振动或交变载荷作用，会使连接螺母逐渐松脱，影响正常工作，甚至发生事故。因此，为了满足螺纹连接的工作可靠性要求，必须采用有效的防松措施。

螺纹连接常用的防松方法见表 4-5 所示。

表 4-5 螺纹连接的防松方法、特点及应用

防松方法		结构形式	特点和应用
摩擦力防松	对顶螺母	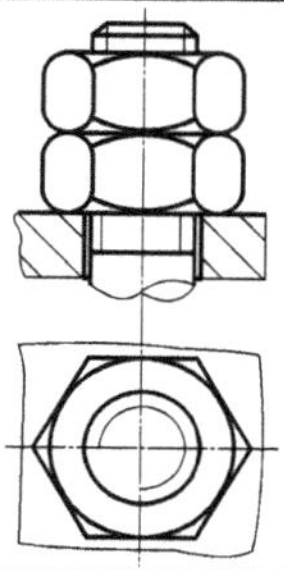	两螺母对顶拧紧后，使旋合螺纹间始终受到附加的压力和摩擦力作用而防止松脱。该方式结构简单，适用于平稳、低速和重载的固定装置上的连接，但轴向尺寸较大
	弹簧垫圈	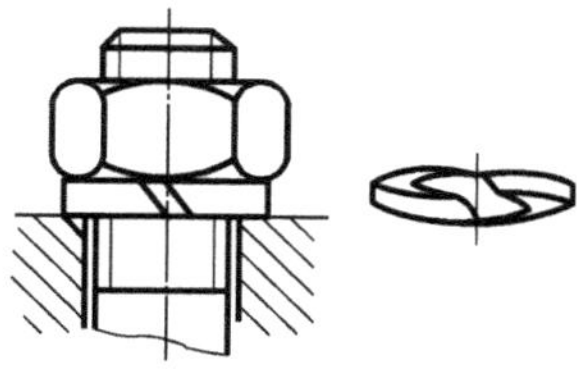	弹簧垫圈材料为弹簧钢，装配后垫圈被压平，其反弹力能使螺纹间保持压紧力和摩擦力，从而实现防松。该方式结构简单，使用方便。但在冲击、振动的工作条件下，防松效果较差，用于不重要的连接
	尼龙圈锁紧螺母	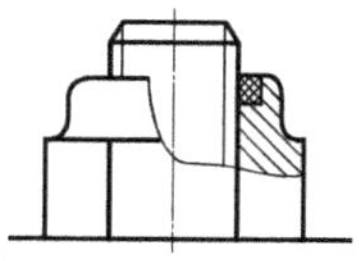	螺母中嵌有尼龙圈，拧上后尼龙圈内孔被胀大，压紧旋合螺纹。该方式结构简单，防松可靠，但装拆后降低防松性能
机械防松	开口销与开槽螺母	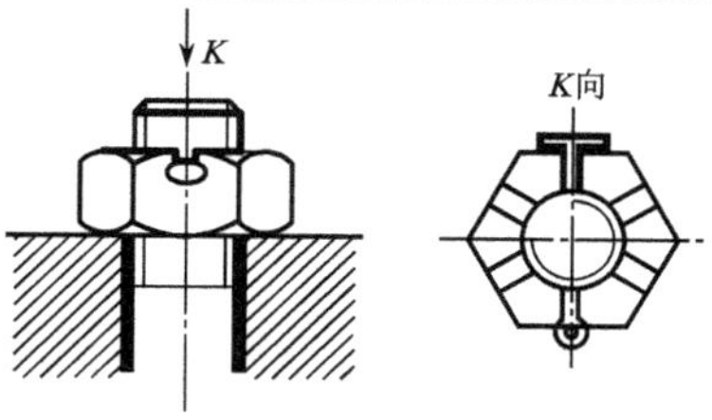	开槽螺母拧紧后，将开口销穿入螺栓尾部的小孔和螺母槽内，并将开口销尾部掰开与螺母侧面贴紧，靠开口销阻止螺栓与螺母的相对转动而防松。该方式适用于较大冲击、振动的高速机械
	六角螺母止动垫圈	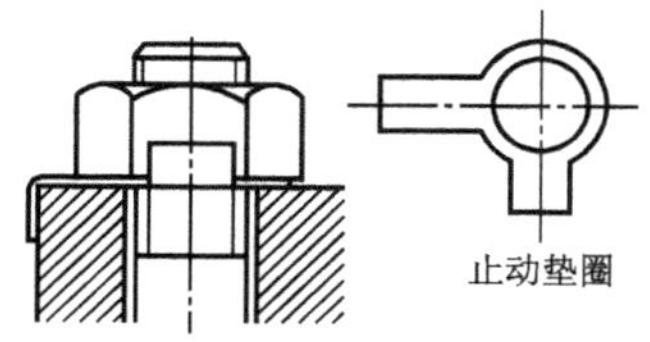	螺母拧紧后，将止动垫圈上的耳分别向螺母和被连接件的侧面折弯贴紧，即可将螺母锁住。该方式结构简单，使用方便，防松可靠，但要求有固定垫圈的位置
	圆螺母止动垫圈	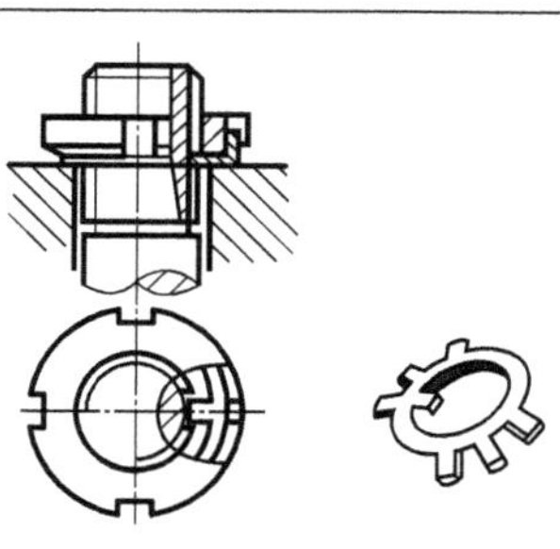	装配时，将垫圈内翅插入螺栓（轴）的槽内，而外翅翻入圆螺母的沟槽中，使螺母和螺杆没有相对运动。常用于受力不大的螺母防松

续表

防松方法		结构形式	特点和应用
永久性防松	串联钢丝	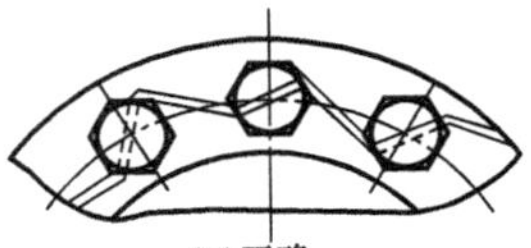 (a)正确 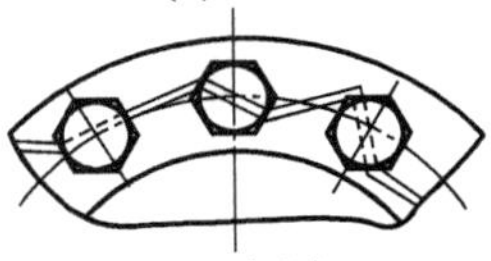 (b)不正确	用低碳钢丝穿入螺钉头部的孔内，将各螺钉串联起来，使其相互制约。使用时必须注意钢丝穿入的正确方向。该方式适用于螺钉组连接，防松可靠，但装拆不方便
	黏合剂防松	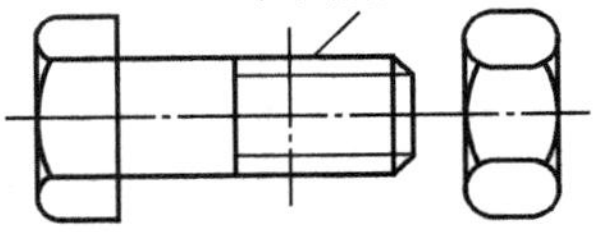	用黏合剂涂于螺纹旋合表面，拧紧螺母后，黏合剂能自行固化，防松效果好，但不便拆卸
	冲点防松	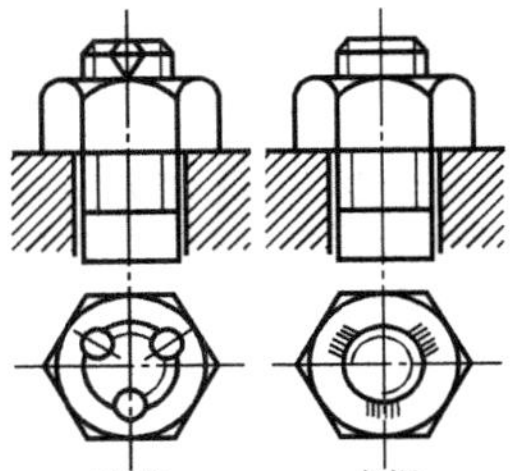 冲点 点焊	在螺纹件旋合好后，用冲头在旋合缝处或端面冲2～3防松点，或点焊2～3点。该方式防松可靠，但此连接为不可拆连接

4.2.5 螺纹连接的拆卸

维护良好的螺纹连接，在拆卸时并不困难。但若维护不好，如螺纹连接件外形受损，生锈腐蚀严重，或者螺栓折断，便使得拆卸十分困难，就应采取相应措施。

若连接件形状完好，但锈蚀不太严重时，可将螺栓头或螺母沾浸煤油，使煤油浸入螺纹连接缝中，既可使锈蚀松软，又可起润滑作用。在锈蚀严重时，可用手锤敲击螺栓头或螺母，使连接处受到振动，并配合浸润煤油进行拆卸。

如螺栓头已断裂，而螺纹仍有一部分留在螺孔外边，可在顶部锯出一槽口，用螺丝刀旋动。也可把螺杆两侧锉平，用扳手转动，或者在顶部焊上一杆件或螺栓，以便于转动。

当螺栓断在孔内时，可用直径接近螺纹小径的钻头钻孔，然后用丝锥再重新攻丝，或在螺钉中心钻一尽可能大的孔，在孔中打入一锉成锥度的多棱钢钎，然后转动钢钎拧出断裂的螺钉。

想一想 >>>>

比较一下螺纹连接的摩擦防松、机械防松方法在应用上有何优、缺点？常见的机械中螺纹连接所采用的防松方法。并举例说明。

4.3 弹簧

弹簧是一种弹性的元件，它具有刚度小、变形大、在载荷作用下易产生较大弹性变形等特点，在各类机械中应用十分广泛。

4.3.1 弹簧的功用

① 缓冲和吸振。如汽车底盘弹簧和各种缓冲器用弹簧等（如图4-22（a）所示）。

② 储存、释放能量。如钟表发条、枪的扳机弹簧和各种玩具的动力弹簧等（如图4-22（b)所示)。

③ 控制构件运动。例如内燃机阀门上的复位弹簧、制动器中的控制弹簧（如图4-22（c)所示)。

④ 测量力的大小。如弹簧秤中的弹簧等（如图4-22（d）所示)。

(a) 汽车底盘弹簧　(b) 钟表发条　(c) 复位弹簧　(d) 弹簧秤

图4-22　弹簧的功用

4.3.2 弹簧的类型、特点、应用

弹簧的种类很多，按弹簧承受的载荷分为：压缩弹簧、拉伸弹簧、扭转弹簧、弯曲弹簧；按照弹簧的形状分为：螺旋弹簧、环形弹簧、碟形弹簧、板簧、盘簧（平面涡卷弹簧）等。常见弹簧的类型、特点及应用见表4-6所示。

表 4-6　常见弹簧的类型、特点及应用

类　型		承载形式	简　图	特点和应用
螺旋弹簧	圆柱形	压缩	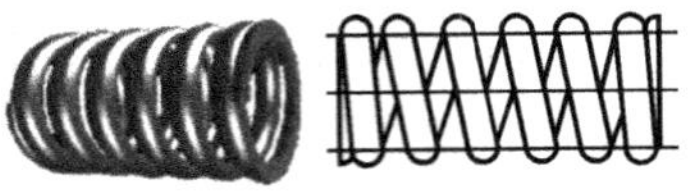	承受压力。结构简单，制造方便，应用最广。如火车的减振弹簧、汽车上气门弹簧
螺旋弹簧	圆柱形	拉伸		承受拉力。如健身器，刹车踏板等
螺旋弹簧	圆柱形	扭转	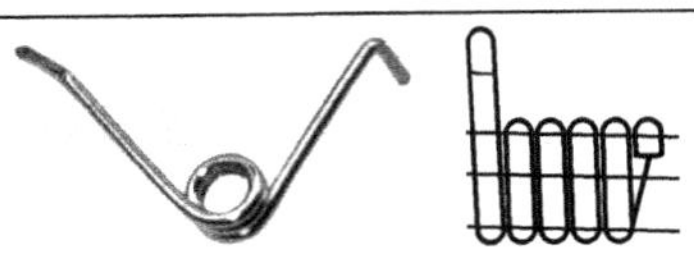	承受转矩。主要用于压紧和蓄力以及传动系统中的弹性环节。如自行车手刹车的回位装置
螺旋弹簧	圆锥形	压缩	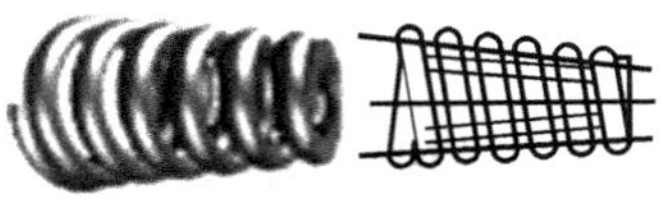	承受压力。可防止共振，稳定性好，结构紧凑。多用于承受较大载荷和减振。如弹簧床
碟形弹簧		压缩	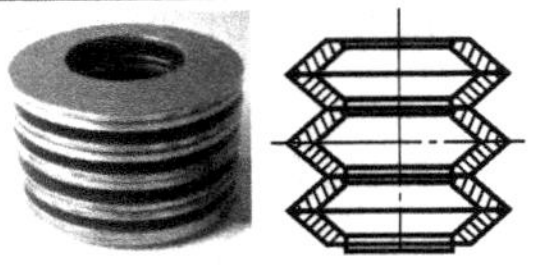	承受压力，缓冲吸振能力强。储存能量大。如数控加工中心主轴的夹刀装置
盘簧		扭转		承受转矩。圈数多，变形角大，储存能量大。多用作压紧弹簧和仪器、钟表中的储能弹簧
板簧		弯曲		承受弯矩。主要用于汽车、拖拉机和铁路车辆的车厢悬架装置中，起缓冲和减振作用

常用的弹簧材料有：碳素弹簧钢、合金弹簧钢、不锈钢和铜合金材料以及非金属材料。如高碳钢做沙发弹簧；合金钢 65Mn 钢做汽车减振弹簧。

压缩弹簧的高径比 H_0/D 如果过大（如图 4-23（a）所示），承压时会出现失稳现象，产生侧向弯曲（如图 4-23（b）所示），而不能正常工作。为此要控制弹簧的高径比，一般取 $H_0/D \leqslant 3.7$。否则，应在弹簧内加导杆或在外侧加导套，如图 4-23（c）、（d）所示。

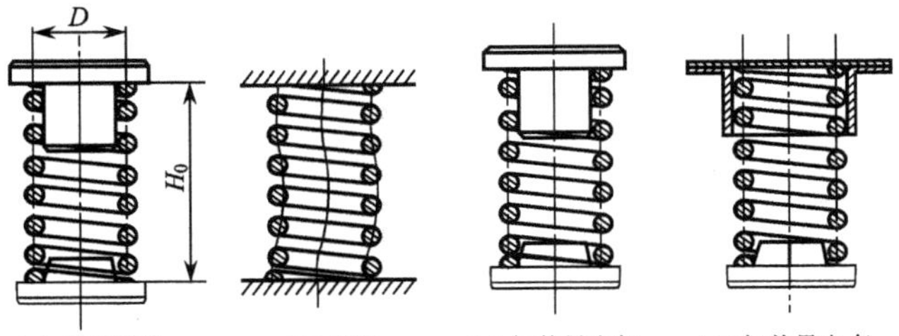

(a) 压缩弹簧　(b) 失稳　(c) 加装导向杆　(d) 加装导向套

图 4-23　力矩扳手

4.4 联轴器与离合器

4.4.1 联轴器

联轴器是用来连接两根轴或轴与回转零件，使它们一起回转，传递运动和转矩。用联轴器连接的两轴，只有在机器停止工作后，经过拆卸才能分离。

常用的联轴器按是否能补偿两轴间的相对位移分为刚性联轴器、挠性联轴器。其类型、结构及应用特点见表4-7所示。

表4-7 常用联轴器的类型、结构特点及应用

<table>
<tr><th>类 型</th><th>简图及说明</th><th>特 点</th></tr>
<tr><td rowspan="3">刚性
联轴器</td><td colspan="2">刚性联轴器不能补偿两轴间的相对位移。常用的有凸缘联轴器和套筒联轴器</td></tr>
<tr><td>凸缘联轴器
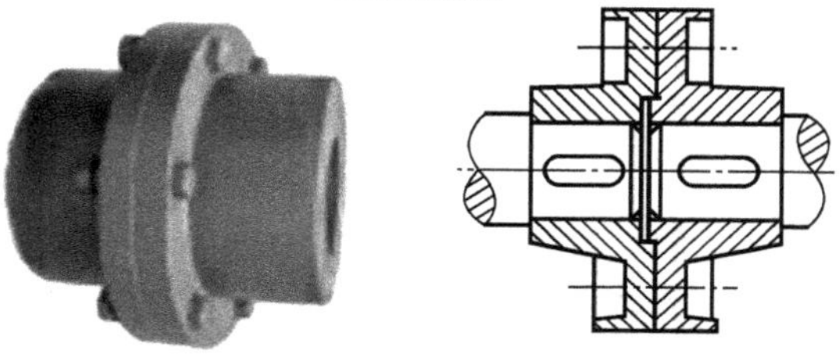
由两个半联轴器分别用键与轴连接，用螺栓把两半联轴器连成一体，用来传递运动和转矩</td><td>结构简单，成本低，能传递较大转矩。但其对中性要求高，不能补偿两轴间的相对位移。常用于低速、大转矩、载荷平稳，对中精度高的场合</td></tr>
<tr><td>套筒联轴器
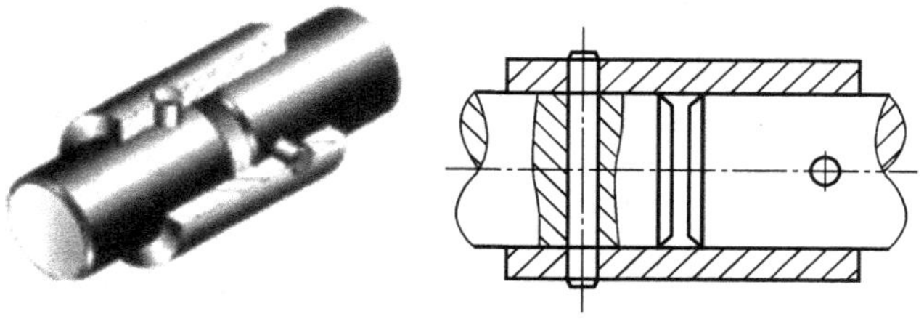
结构：套筒联轴器是用键或销把两轴用公共套筒连接在一起，用来传递转矩</td><td>结构简单，径向尺寸小；但其装拆不方便，不能补偿两轴间的相对位移。常用于两轴直径较小，对中精度高，工作平稳的场合</td></tr>
<tr><td></td><td colspan="2">挠性联轴器能补偿两轴间的相对位移。常用的挠性联轴器有万向联轴器、十字滑块联轴器、弹性套柱销联轴器和弹性柱销联轴器</td></tr>
</table>

续表

类型	简图及说明	特点
挠性联轴器	万向联轴器 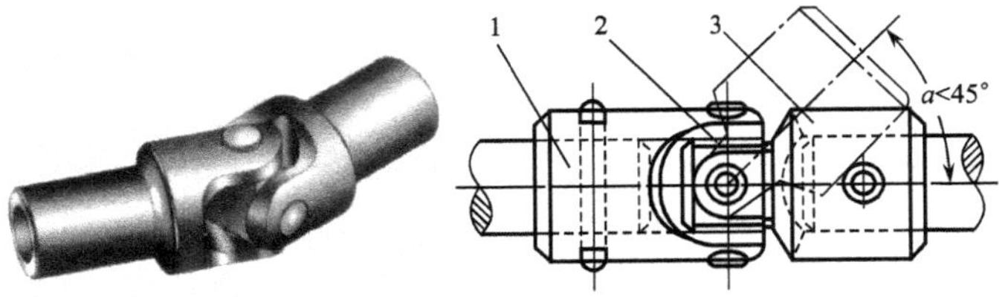 由两个具有叉状端部的万向接头1、3和一个十字轴2组成。两轴与万向接头采用销连接	万向联轴器又称万向铰链机构，用以传递两轴间夹角可以变化的、两相交轴之间的运动，两轴的角度偏移可达35°~45°。一般成对使用，使主、从动轴转速相等
	十字滑块联轴器 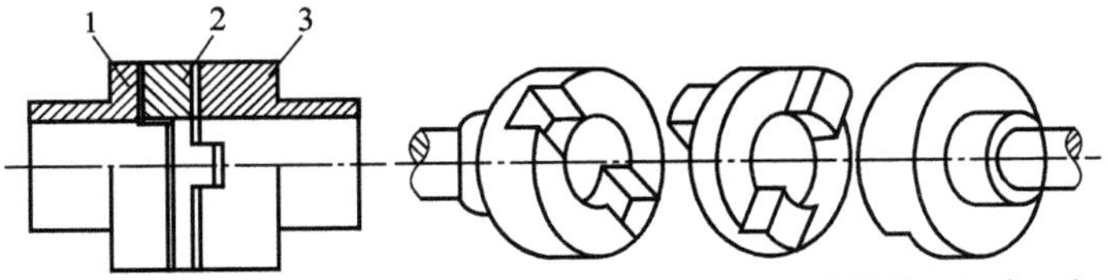 由带有凹槽的的左套筒1、右套筒3与带有凸肩的十字滑块2组成。左、右套筒用键与两轴连接，中间的十字滑块的凸肩嵌入在两套筒凹槽中	结构简单，重量轻，径向尺寸小。十字滑块的凸肩在两套筒凹槽中可径向滑动，从而实现对两轴相对位移的补偿。但其耐冲击性差。适用于刚性大，转速低、冲击小的场合
	弹性套柱销联轴器 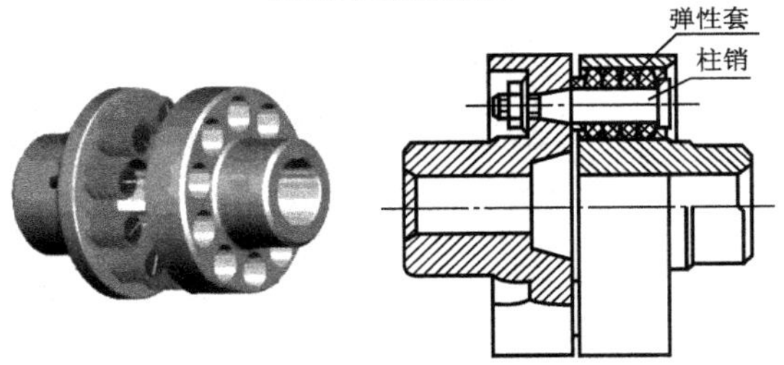 弹性套柱销联轴器与凸缘联轴器的结构相似，只是弹性套柱销联轴器的两个半联轴器是用带有弹性的橡胶圈或皮革圈的柱销来连接的	弹性套柱销联轴器由于装有弹性套，传动时能缓冲、吸振，利用橡胶圈的弹性来补偿两轴的相对位移。常用于转矩小、转速高，启动频繁的机械中
	弹性柱销联轴器 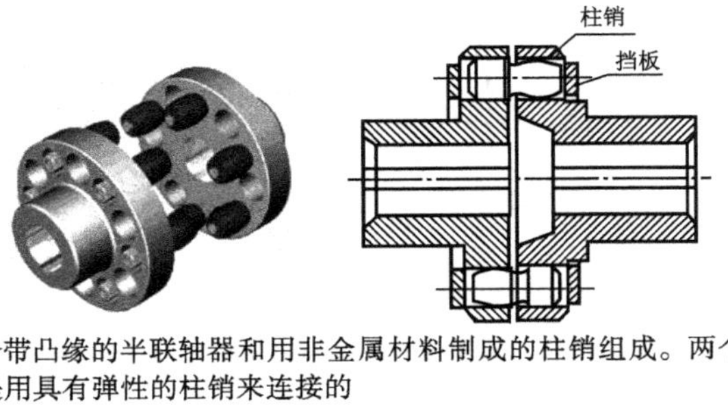 由两个带凸缘的半联轴器和用非金属材料制成的柱销组成。两个凸缘半联轴器是用具有弹性的柱销来连接的	结构简单，维修方便，具有一定的弹性，耐磨性好。适用于轴向窜动大，正、反转启动频繁的场合

想一想 >>>>

1. 比较一下凸缘联轴器与弹性联轴器在结构和应用上有何不同?
2. 刚性联轴器与弹性联轴器在应用上的主要区别是什么?

* 4.4.2 离合器

离合器主要是用来连接主、从动轴传递运动和动力，与联轴器不同的是离合器能随时接合和分离两轴。常用的离合器有牙嵌式离合器和摩擦式离合器等。

1. 牙嵌式离合器

牙嵌式离合器是由固定套筒、滑动套筒、对中环和滑环组成的（如图4-24所示）。

固定套筒固定在主动轴上，滑动套筒用导向平键与从动轴连接，通过控制滑环使滑动套筒在从动轴上移动，实现牙嵌式离合器主、从动部分的接合和分离。牙嵌式离合器是通过固定套筒、滑动套筒上的凸牙相互啮合来传递转矩和运动的。对中环装在固定套筒内，在工作中能保证两套筒对中。

牙嵌离合器的常用牙型有矩形、三角形、梯形、锯齿形等，如图4-25所示。牙嵌离合器结构简单，接合后无相对滑动，尺寸小，但接合时有冲击，因此不能在转速较高时进行接合。常用于低速或不需在运转中接合的机械中。

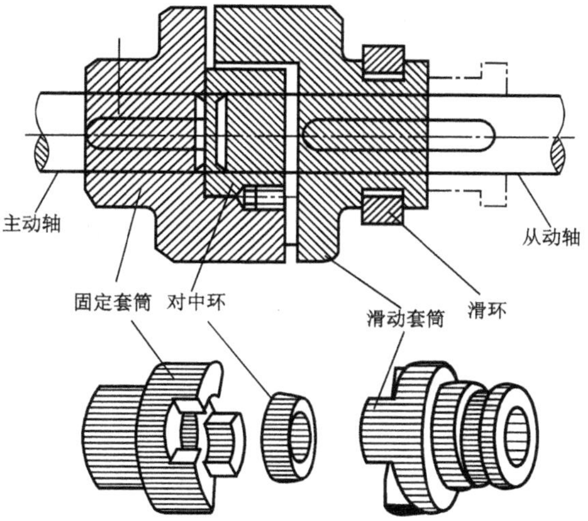

图4-24 牙嵌式离合器

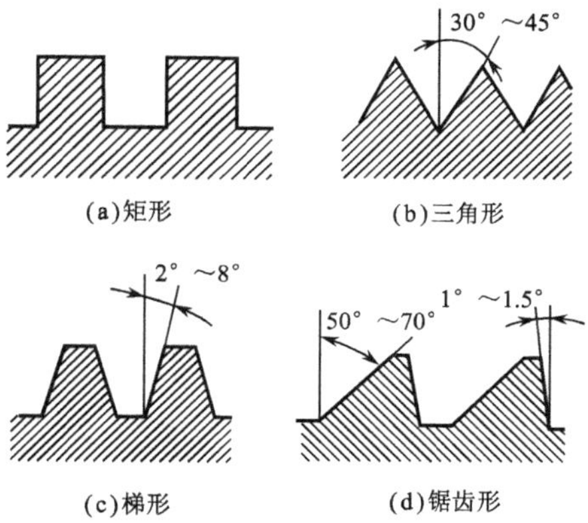

图4-25 牙嵌离合器的牙型

2. 摩擦离合器

摩擦离合器是靠工作面间相互接触压紧产生的摩擦力矩来传递转矩。常用的摩擦离合器有单片式和多片式。

(1) 单片式摩擦离合器

单片式磨擦离合器如图4-26所示，主要由主、从动圆盘（摩擦盘）及压紧弹簧组成。

主、从动圆盘分别用键与主、从动轴连接，从动圆盘在轴上可轴向移动。工作时靠弹簧将主、从动圆盘压紧，利用主、从动圆盘接触面产生的摩擦力来传递运动或转矩。

单片式摩擦离合器结构简单，接合和分离平稳。但其传递转矩小。

(2) 多片式摩擦离合器

多片式摩擦离合器如图 4-27 所示，是由一组外摩擦片用花键与外套筒连接，一组内摩擦片用花键与内套筒连接。当滑环左移时，拨动曲臂压杆，将内、外摩擦片压紧，使离合器接合。

多片式摩擦离合器由于摩擦面的增多，传递转矩的能力增大，而且可以在任何转速下接合分离，过载时摩擦盘间发生打滑，起安全保护作用。其结构紧凑，操纵方便，接合平稳，冲击振动小，所以在生产中得到广泛应用。如 CA6140 普通车床带轮轴的摩擦片离合器，可保证电动机连续转动时主轴随时频繁启动。

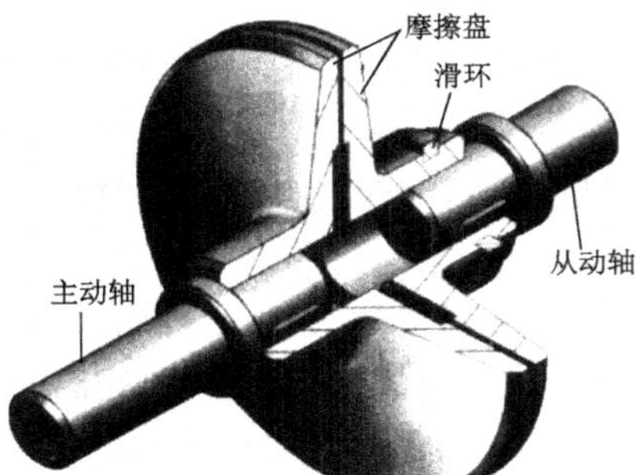

图 4-26　单片式摩擦离合器

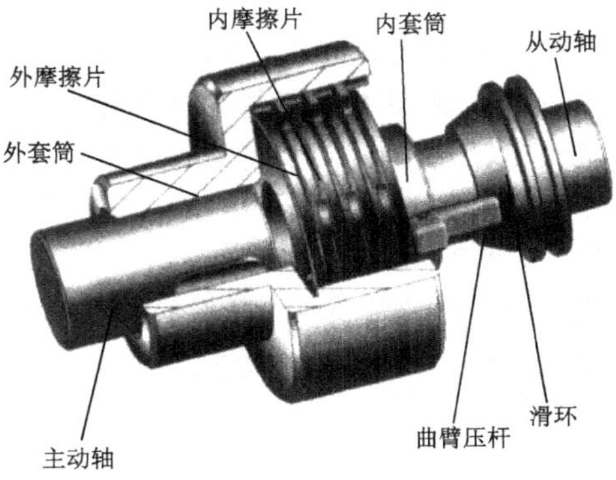

图 4-27　多片式摩擦离合器

想一想 >>>>

1. 比较联轴器与离合器在使用上的相同与不同点。
2. 比较牙嵌式离合器与摩擦式离合器在工作原理上的不同，并分析其使用上的特点。

4.5　减器上连接的拆装——阶段性训练（三）

4.5.1　训练目的

(1) 熟悉键销连接的类型、应用特点及应用场合。
(2) 掌握键销连接件的安装与拆卸方法。
(3) 掌握螺纹连接件的安装与拆卸方法。
(4) 熟悉常用装拆工具的用法。

4.5.2　训练内容

(1) 观察设备的组成、结构，熟悉各零件的连接形式。

（2）安装与拆卸减速器中的螺纹连接件、销连接件和键连接件。

4.5.3 训练用工具及设备

训练工具包括旋具（螺丝刀）、各种类型的扳手、手锤、机油、冲子、铲子、尖嘴钳、锉刀和零件存放盘等。训练设备为一级齿轮减速器，或蜗杆减速器，或滑动轴承等（非装配状态）。

4.5.4 相关结构介绍

如图4-28所示为一级齿轮减速器，箱盖与箱体用六组螺栓连接，并用两组销进行定位；大齿轮与输出轴采用键连接。

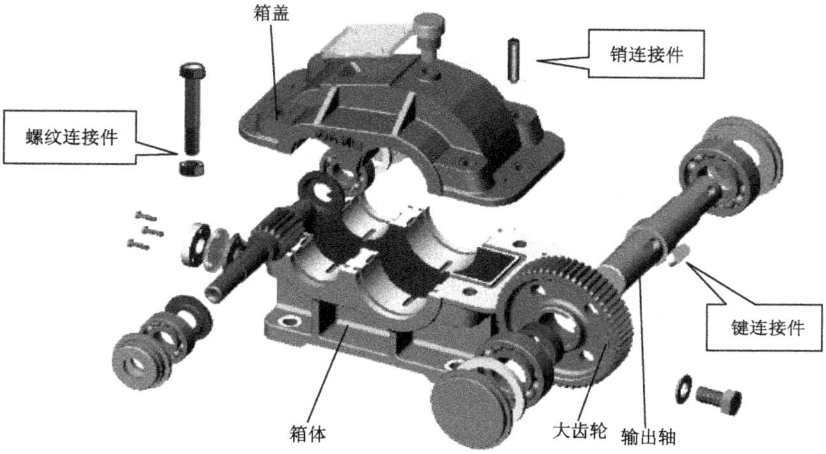

图4-28 一级齿轮减速器

4.5.5 训练过程（以一级齿轮减速器为例）

（1）认识各连接件，如键、销、螺栓、螺母、大齿轮、输出轴、箱盖与箱体等。

（2）熟悉减速器的组成、结构及各零件的连接形式。可以通过图4-28或其他有关减速器的图纸、资料等进行学习。

（3）装配键连接件（大齿轮与输出轴），装配螺栓连接、销连接件（箱盖与箱体）。

注：对与本次训练无关的结构如轴承、套筒、端盖等可不进行装配。

（4）拆卸键连接件（大齿轮与输出轴），装配螺栓连接、销连接件（箱盖与箱体）。

4.5.6 相关方法要点

（1）平键连接件的装配

先将普通平键用手锤轻轻敲入轴的键槽中，再将齿轮对正装入。键的两侧面应有一定过盈，而在键的顶面和轮毂间应有一定的间隙，键的底面则应与槽底相接触。

（2）螺纹连接装配的注意事项

① 螺母或螺钉与零件贴合的表面应当经过加工，螺栓（或螺柱）的轴心线必须与被连接件的表面垂直。否则容易使连接松动或使螺钉弯曲。

② 螺母或螺钉和接触表面之间应保持清洁，螺孔内的脏物应当清理干净。

③ 装配时，必须对拧紧力矩加以控制。

④ 在装配过程中必须保证装配工具和零件有活动的余地，例如图 4–29（a）所示不能容纳扳手活动，这样的螺钉无法装拆，如图 4–29（b）所示合理。

⑤ 双头螺柱可先用两个螺母旋在螺纹上，用两个扳手将双螺母锁紧（如图 4–30（a）所示）；再用扳手按顺时针方向扳动上螺母，将双头螺柱锁紧在机体上（如图 4–30（b）所示）；最后用两个扳手将双螺母松开。

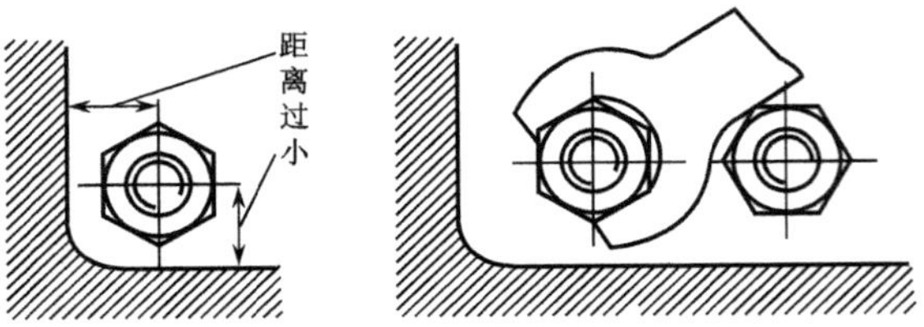

图 4–29　扳手空间

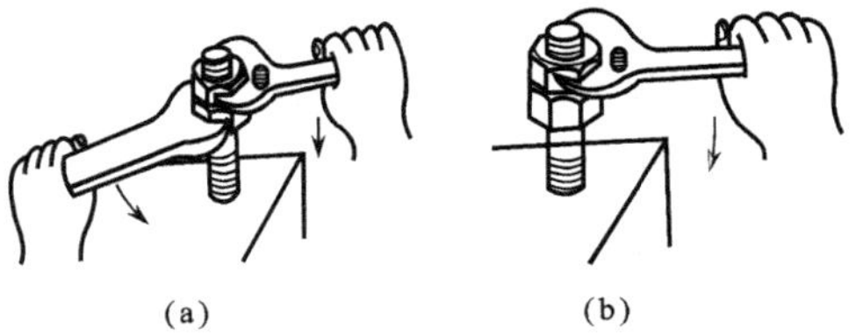

图 4–30　双头螺柱

（3）圆柱销连接件的装配

圆柱销依靠过盈配合固定在孔中，装配圆柱销时，先将销钉涂上润滑油，用铜棒垫好，打入孔内。不可用力过大，以免将销钉头打坏、翻帽。对于某些定位销，不能用打入法，可用 C 形夹头把销子压入孔内。要严格控制配合精度，一旦经拆卸而失去过盈，则必须更换。

（4）螺纹连接件的拆卸

选择好工具，观察拆装螺纹连接件的扳手空间，正确选用扳手规格，按顺序拆卸，并将拆卸零件按顺序摆放在零件存放盘内，边拆卸边观察连接结构及螺纹防松的方法，做好记录。

（5）拆卸键连接

用工具（如拔轮器）将大齿轮从输出轴上拆下，用尖嘴钳将键拔出键槽，注意不得破坏键的侧面；如果键已经损坏，可用油槽铲铲入键的一端，然后把键剔除；滑键上设有专供拆卸用的螺纹孔，这时可用适当的螺钉旋入孔中，抵住槽底轴面，将键顶出。尽管键上开了螺纹孔，但对键的使用功能并无大的影响。拆卸楔键时，应当使冲子从键较薄的一端向外将楔键冲出。如果楔键带有钩头，可用钩子拉出；如果键没有钩头，可在键的端面开一螺纹孔，拧上螺钉后将其拉出。

（6）拆卸销连接

用木锤或冲子从小头打销钉，让其退出，冲子直径要比销钉直径小一些，敲打时要猛而有力。当遇到因销钉弯曲而打不出时，可用钻头钻掉销钉。这时钻头直径要比销钉直径小一些。对于端部产生毛边的销钉，要及时用锉刀将毛边锉掉，将其修复。

4.5.7　训练总结、评判

（1）个人总结、评判

针对本训练所提出的几个训练目的你还有哪些没学会，自己的收获是什么，还存在什么问题（从自身和外界两个方面分析），你的整改措施是什么等，写出不少于300字的个人总结。根据自己的表现和任务完成情况给自己评定成绩。

（2）团队总结、评判

组长带领本组成员总结本队人员的学习情况，讨论本组成员搭配组合是否出现问题，认真评价本组的成绩，并为下一次的项目加工做准备。根据队员的表现给每位成员评定成绩，并做好记录。

（3）教师总结、评判

教师对全班学生关于本阶段实训情况，是否完成教学目标，存在哪些问题，如何整改进行总结。教师根据队员的表现给每位成员评定成绩（表4-8）。

表4-8 考核表

考核项目	考核内容	分值	自评	小组评价	教师评价	得 分
理论知识	1. 键连接的类型、应用特点及应用场合	10				
	2. 销连接的类型、应用特点及应用场合	5				
	3. 螺纹连接的类型、应用特点及应用场合	10				
基本技能	1. 键连接件的安装与拆卸方法	10				
	2. 销连接件的安装与拆卸方法	5				
	3. 螺纹连接件的安装与拆卸方法	10				
操作过程	1. 操作过程合理	10				
	2. 按时完成任务	10				
安全生产	安全防护知识	5				
学习态度	1. 出勤情况	5				
	2. 实操前的准备	5				
	3. 个人纪律	5				
	4. 团队协作	10				
总 分		100				

习题4

4-1 键连接分为__________连接、__________连接和__________连接。

4-2 普通平键的类型有____________、__________和____________三种。

4-3 解释标记“键 GB/T 1096 C14×9×80”的含义。

4-4 锥形轴与轮毂的连接常用（　　）。

A. 平键连接　　B. 半圆键连接　　C. 楔键连接　　D. 花键连接

4-5 楔键的上、下面为工作面。（　　）

4-6 根据花键的齿形不同，可将其分为____________、____________等。

4-7 键连接和销连接均是可拆连接。（　　）

4-8 销按其功用不同分为____________、__________和__________三种。

4-9　按螺纹旋向划分，螺纹可分为__________和__________；按螺纹线数划分，螺纹可分为__________、__________和________；按螺纹牙型划分，螺纹可分为____________、____________、____________和____________。

4-10　普通螺纹牙型多为__________，且多用单线螺纹，牙型角为____________；同一直径按螺距大小的不同，普通螺纹可分为____________和____________两种。

4-11　梯形螺纹广泛用于________________。

4-12　螺纹连接的基本方式有______________、______________、________________、__________________。

4-13　简述螺栓连接的特点和应用。

4-14　当两个被连接件中的一个较厚，且要经常拆卸时，可采用（　　）连接。

A. 普通螺栓　　B. 双头螺柱　　C. 普通螺钉　　D. 紧定螺钉

4-15　螺纹连接为什么要进行防松？

4-16　简述弹簧的功用。

4-17　弹簧按弹簧承受的载荷分为____________、______________、______________、____________；按照弹簧的形状分为__________、______________、______________、______________、______________等。

4-18　联轴器分为________________、________________。

4-19　常用的挠性联轴器有____________、____________、__________、__________________________。

4-20　联轴器和离合器在功用上有何异同？

4-21　常用的摩擦离合器有__________和__________。

4-22　某机器的两轴，要求在转动下都能接合，应选择______________。

第5章　机　　构

5.1　平面机构

教学目标

1. 了解平面运动副及其分类，熟悉平面四杆机构的基本类型、特点和应用；能判定铰链四杆机构的类型。
2. 了解凸轮机构、棘轮机构、槽轮机构的组成、特点、分类和应用。
3. 了解凸轮机构常用运动规律、平面凸轮轮廓的绘制方法、凸轮的常用材料和结构。
4. 了解机械设备中机构的结构与运动。

5.1.1　各种常见机构演示

在汽车、拖拉机等的发动机中，都有曲柄连杆机构和凸轮机构，如图5-1所示。

【演示1】　如图5-1（c）所示为某类型发动机的曲柄连杆机构，它可以将活塞的直线运动转变为曲柄的连续转动。

【演示2】　如图5-1（a）所示的凸轮机构可以间歇地打开、关闭排气阀（或进气阀），实现汽缸的排气与进气。

我们一起来认识曲柄连杆机构和凸轮机构，如图5-1所示。

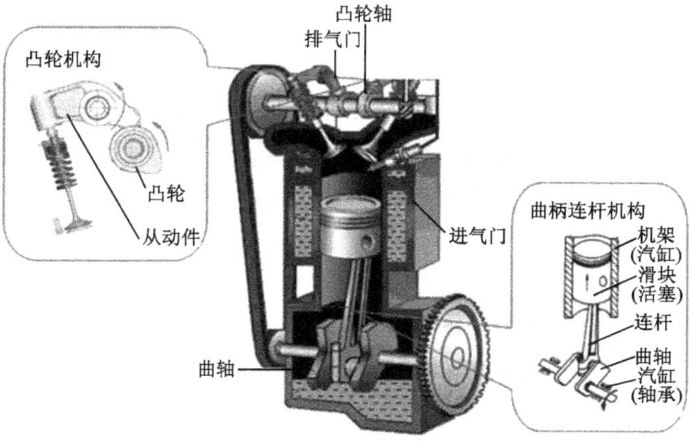

(a)　(b)　(c)

图5-1　发动机中的机构应用

(1) 曲柄连杆机构由________、________、__________和________组成。

(2) 凸轮机构由________、________和机架组成。

常见的构件有平面四杆机构、凸轮机构、间歇运动机构等。

5.1.2 平面机构

机构是具有确定相对运动的构件的组合。所有构件都在同一平面内或相互平行的平面内运动的机构称为平面机构，否则称为空间机构。如图 5-1 所示的曲柄连杆机构和凸轮机构都是平面机构，如图 5-2 所示为两种空间机构。

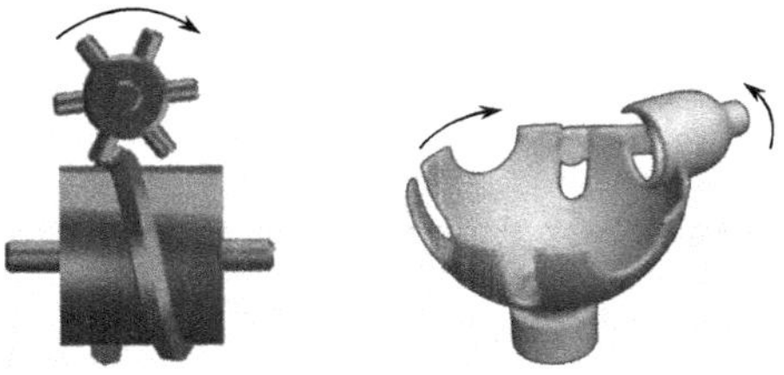

(a) 蜗杆凸轮机构　　(b) 空间槽轮机构

图 5-2　空间机构

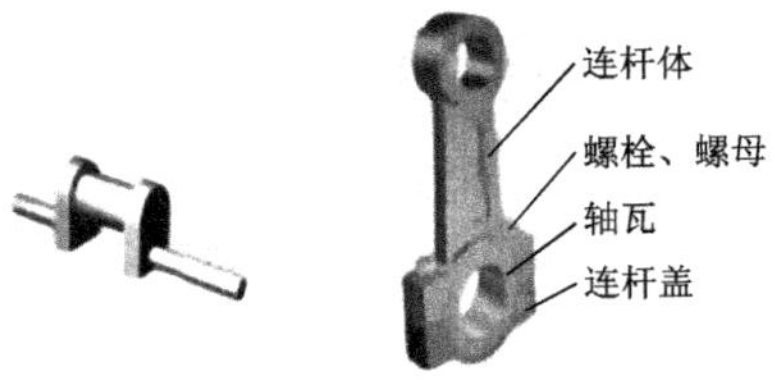

(a) 曲轴　　(b) 连杆构件的组成

图 5-3　构件与零件

知识链接 >>>>

在机械中具有独立运动的基本单元称为构件，组成构件的每一个加工制造的单元称为零件。如图 5-1（c）中所示的活塞、连杆、曲轴、缸体均为构件，构件可以由一个零件组成，如曲轴（如图 5-3（a）所示）；也可以是多个零件的刚性组合体（即这些零件间没有相对的运动），如连杆由连杆体、连杆盖、轴瓦、螺栓和螺母等零件组成，如图 5-3（b）所示，这些零件分别加工制造，但是当它们装配成连杆后则作为一个整体运动，相互之间不产生相对运动。

5.1.3 运动副

由前述可知，机构是由若干构件通过动连接组成的。凡是两个构件直接接触而又能产生一定形式的相对运动的连接，称为运动副。两构件接触不外乎点、线、面三种方式，通常把面接触的运动副称为低副，把点、线接触的运动副称为高副。

1. 低副

按两构件的相对运动情况来分，常用的低副有：

(1) 移动副。两构件接触处只允许作相对移动。如图 5-4（a）所示的滑块与导轨组成的移动副。

(2) 回转副。两构件接触处只允许作相对转动。回转副有时也称为铰链，如图 5-4（b）、(c) 所示的固定铰链、活动铰链即为回转副的实例。

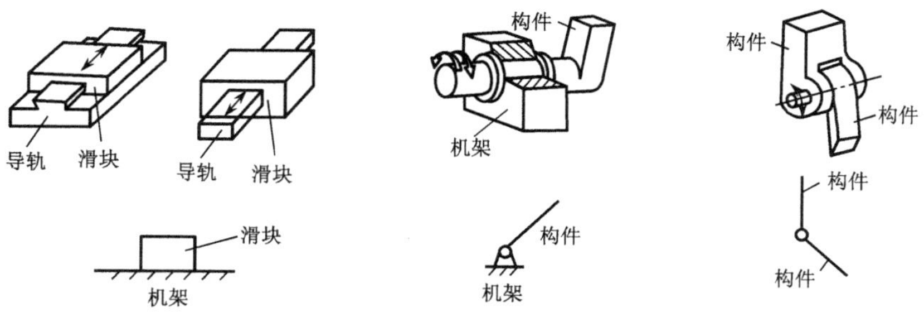

(a) 移动副　(b) 回转副(固定铰链)　(c) 回转副(活动铰链)

图 5-4　平面低副

2. 高副

高副最常见的形式有两种，如图 5-5（a）所示的凸轮与尖顶从动件之间的连接是点接触，如图 5-5（b）所示的齿轮之间的连接是线接触。通常也相应称之为凸轮副和齿轮副。

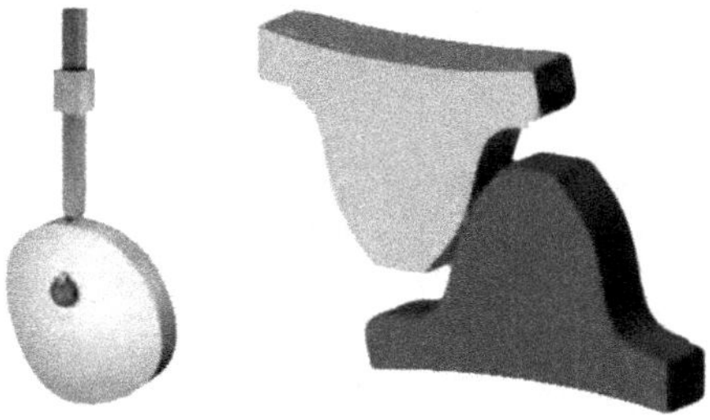

(a) 凸轮副　(b) 齿轮副

图 5-5　平面高副

* 5.1.4　平面机构的运动简图

1. 机构简图符号

实际构件的外形和结构往往很复杂，在研究机构运动时，为了便于分析，可以不考虑与运动无关的因素（如构件外形与截面尺寸、运动副具体构造），仅用简单的线条和规定的符号来表示构件和运动副，并按一定比例画出各运动副间相对位置的图形称为机构运动简图。如图 5-4 所示的下图为移动副及回转副的运动简图符号。表 5-1 所示为常见的机构简图符号。

2. 绘制机构运动简图

绘制结构运动简图的步骤如下：

① 分析机构，观察相对运动，找到机架、原动件（主动件）与从动件。

② 从原动件开始，按运动的传递顺序，分析各构件之间相对运动的性质，确定活动构件的数目、运动副的类型和数目。

③ 确定比例尺，选择合理的位置和视图，用规定的符号和线条绘制成简图。

表 5-1 机构简图符号

名称		符号	
低副	回转副	 (a) 全为活动构件时	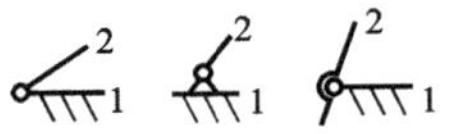 (b) 构件1为机架时
低副	移动副	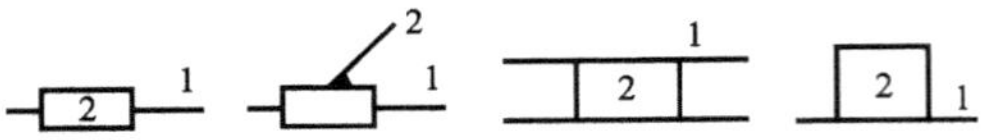 (a) 全为活动构件时	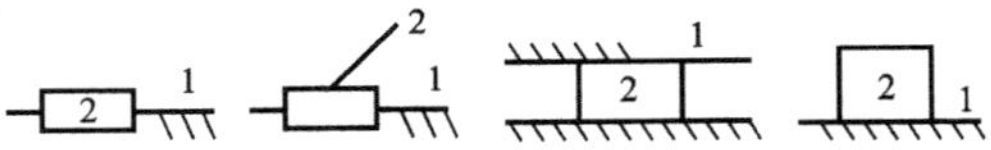 (b) 构件1为机架时
低副	螺旋副	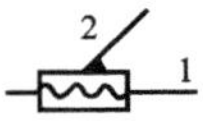	
高副	凸轮副	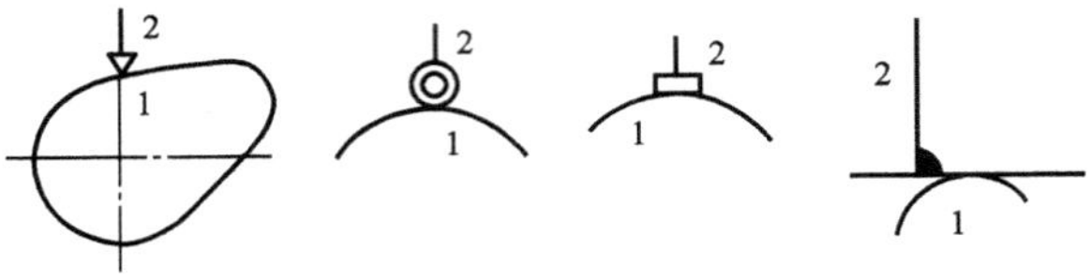	
高副	齿轮副	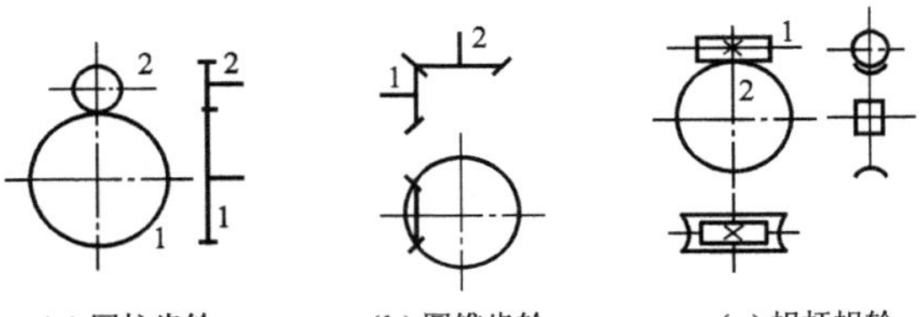 (a) 圆柱齿轮 (b) 圆锥齿轮 (c) 蜗杆蜗轮	
构件		 (a) 具有两个运动副元素时	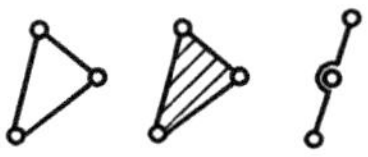 (b) 具有三个运动副元素时

做一做 >>>>

如图 5-6（a）、（b）所示为雨伞及其骨架，找出雨伞在打开和关闭过程中所用的机构，并绘制雨伞骨架的机构运动简图。雨伞骨架的机构运动简图如图 5-6（c）所示。

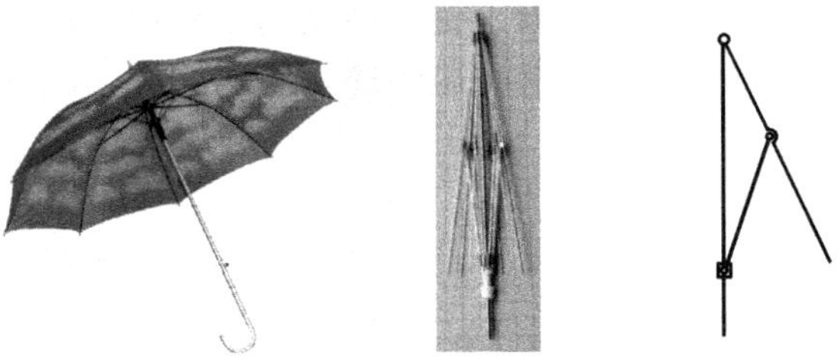

(a) 雨伞　(b) 骨架　(c) 机构运动简图

图 5-6　雨伞及其骨架

5.2 平面四杆机构

平面四杆机构由四个构件组成，也称平面连杆机构。它的应用非常广泛，而且是组成多杆机构的基础。根据四杆机构中是否含有移动副，可将四杆机构分为全回转副的铰链四杆机构和含有移动副的其他平面四杆机构两大类。

5.2.1 铰链四杆机构

当四杆机构中的运动副都是回转副时，称为铰链四杆机构。如图 5-7 所示，在该机构中，固定不动的杆 4 称机架，与机架用回转副相连接的杆 1 和杆 3 称为连架杆；不与机架直接相连的杆 2 称为连杆。如果杆 1 或杆 3 能绕其回转副中心 A 或 D 作整周转动，则称为曲柄。若仅能在小于 360°的某一角度内摆动，则称为摇杆。

对于铰链四杆机构来说，机架和连杆总是存在的，因此可按曲柄的存在情况，分为三种基本类型：曲柄摇杆机构，双曲柄机构和双摇杆机构。

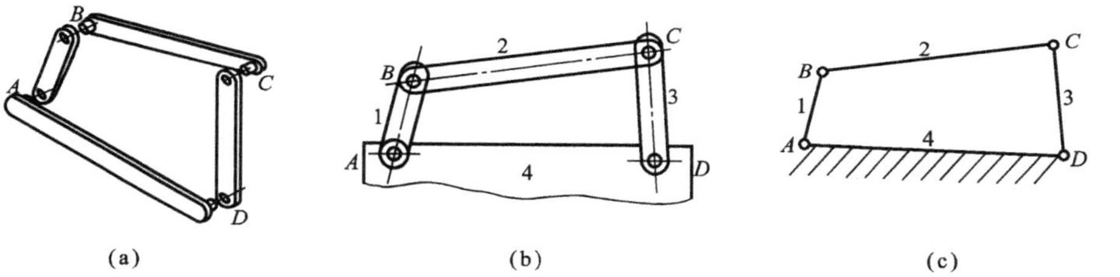

1，3—连架杆；2—连杆；4—机架

图 5-7 铰链四杆机构

1. 曲柄摇杆机构

在铰链四杆机构中，若两连架杆中，一个为曲柄，另一个为摇杆，则此机构称为曲柄摇杆机构。

在曲柄摇杆机构中，通常曲柄为主动件，当曲柄等速回转时，摇杆作变速的往复摆动。如图 5-8 所示为颚式破碎机，当曲柄 AB 等速转动时，利用摇杆的变速往复摆动，来完成原料的破碎工作。如图 5-9 所示为汽车前窗的刮雨器，也是利用摇杆 CD 的延长部分的往复摆动将窗面的雨水刮去的。

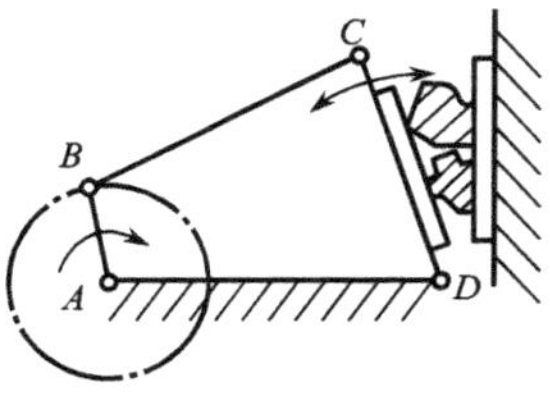

图 5-8 颚式破碎机

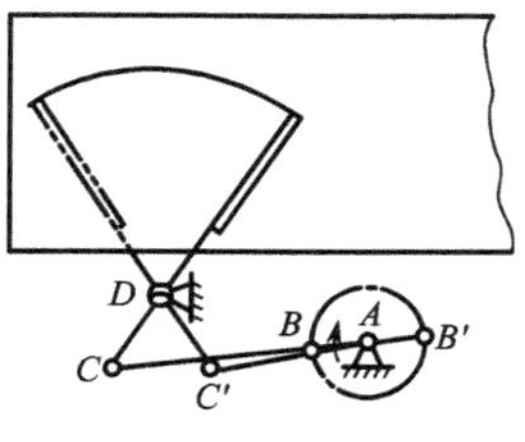

图 5-9 汽车刮雨器

曲柄摇杆机构中，当摇杆为主动件时，也可将摇杆的往复摆动变为曲柄的回转运动。如图 5-10 所示缝纫机的踏板机构，就是利用踏板的往复摆动，来实现曲轴的连续转动的。

曲柄摇杆机构中，连杆的运动是比较复杂的，因此，在一些机构中，常常利用连杆上某点的复杂运动规律来完成某些动作。如图 5-11 所示的搅拌机，就是利用连杆上延长部分的 E 点的运动规律来完成搅拌功能，E 点的轨迹正好与容器底部的形状相吻合。

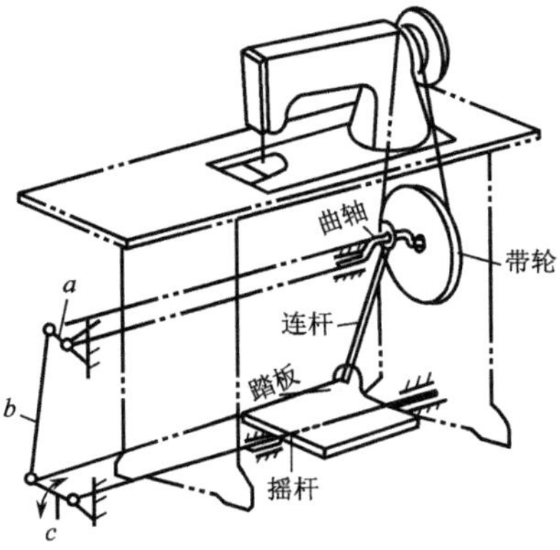

图 5-10　缝纫机

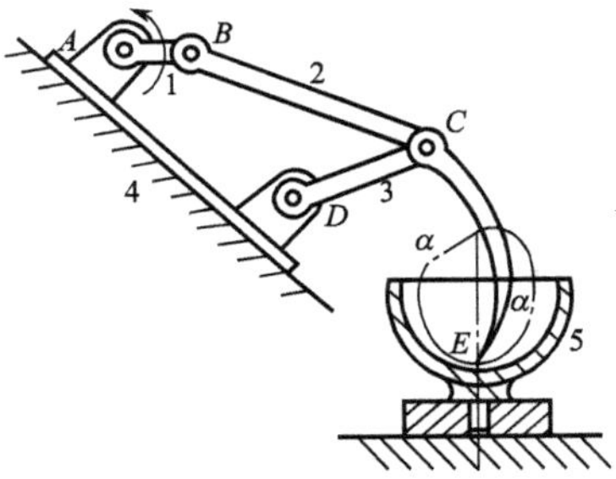

图 5-11　搅拌机

2. 双曲柄机构

在铰链四杆机构中，若两连架杆均为曲柄，则此机构称为双曲柄机构。在两曲柄不等长或不平行时，主动曲柄的等速回转可转变为从动曲柄的变速回转。如图 5-12 所示的惯性筛，当从动曲柄变速回转时，使筛面的往复移动的速度发生变化，筛内的物料在惯性的作用下，使其与筛面间产生相对运动，从而达到筛分的目的。

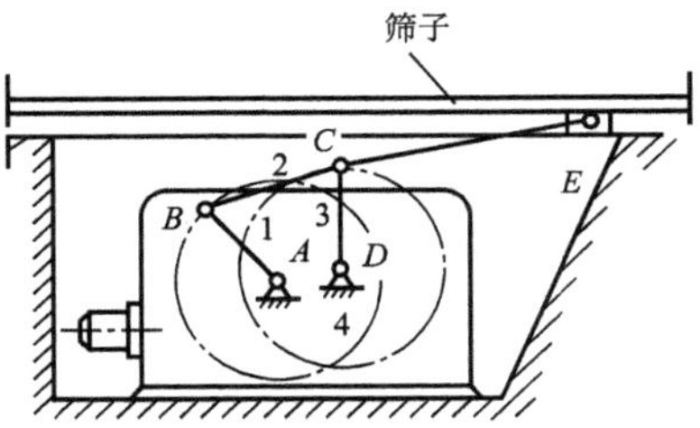

图 5-12　惯性筛

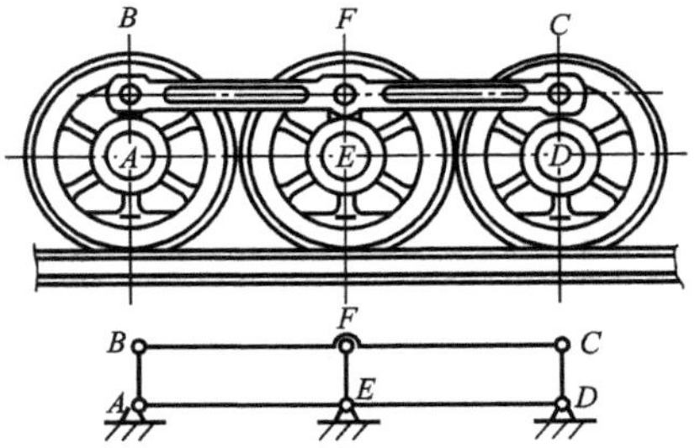

图 5-13　机车车轮联动装置

知识链接 >>>>

在双曲柄机构中，如果两曲柄的长度相等且平行时，则连杆与机架的长度也相等并平行，这种机构又称为平行双曲柄机构（或平行四边形机构）。当主动曲柄等速转动时，从动曲柄也为等速回转，而且机构的对边无论处于什么位置，始终保持平行。如图 5-13 所示的机车车轮的联动机构，就是利用各曲柄均为等速回转的原理，使车轮同速滚动的。如图 5-14 所示为左右两组车轮采用错列结构，使左右两组车轮的曲柄相错 90°，从而保证了车轮的正常回转。

如图5-15所示为车门启闭机构，采用的是反向平行双曲柄机构。当主动曲柄AB转动时，通过连杆BC使从动曲柄CD反向转动，从而保证了两扇车门的同时开启和关闭至各自的预定位置。

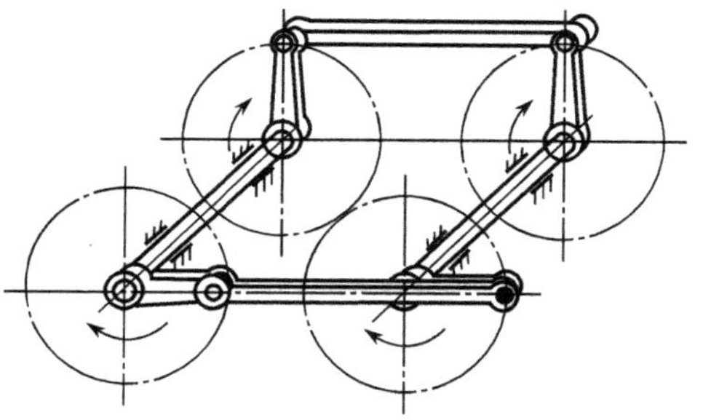

图5-14 机车车轮的错列装置

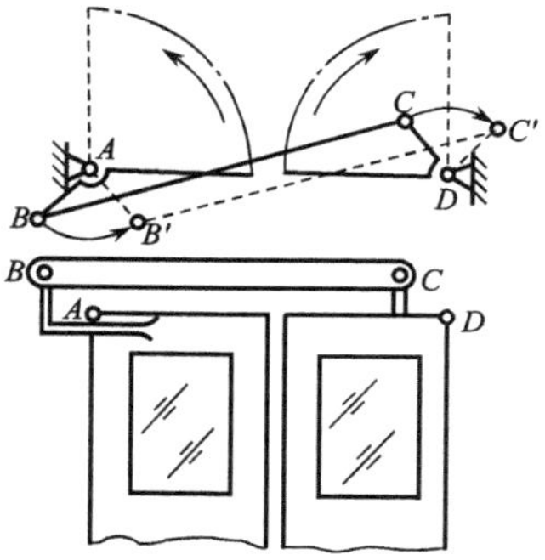

图5-15 车门启闭机构

3. 双摇杆机构

在铰链四杆机构中，若两连架杆都只能在一定的角度内摆动，则称为双摇杆机构。

如图5-16所示为利用双摇杆机构的自卸翻斗装置。杆AD为机架，当油缸活塞杆向右伸出时，可带动双摇杆AB与CD向右摆动，使翻斗中的货物自动卸下；当油缸活塞杆向左缩回时，则带动双摇杆向左摆动，使翻斗回到原来的位置。

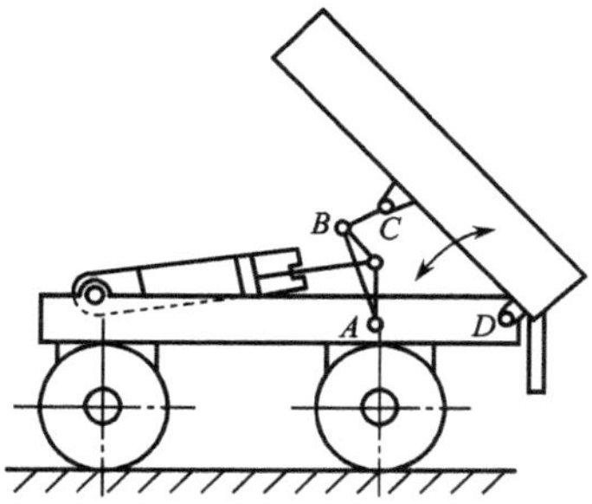

图5-16 自卸翻斗装置

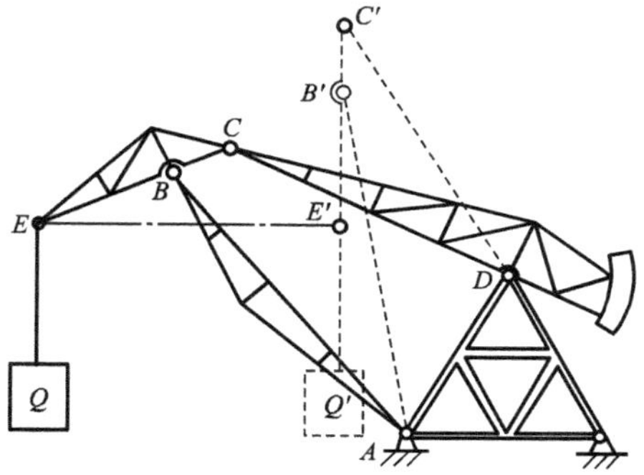

图5-17 港口起重机

如图5-17所示为港口用起重机，也采用了双摇杆机构，该机构利用连杆上的特殊点E实现货物的水平吊运。

5.2.2 铰链四杆机构类型的判定

区别铰链四杆机构的三种基本类型在于机构中有无曲柄或有几个曲柄，这不仅与各构件之间的长度关系有关，而且还取决于最短杆的类型。铰链四杆机构中存在曲柄必须满足以下条件。

① 连架杆和机架中必有一个最短杆。

② 最短杆与最长杆之和必小于或等于其余两杆长之和。

根据曲柄存在条件，可以判定铰链四杆机构的类型。

① 若铰链四杆机构中，最短杆与最长杆之和大于其余两杆长之和，则机构中无曲柄存在，为双摇杆机构。

② 若铰链四杆机构中，最短杆与最长杆之和小于或等于其余两杆之和，则有以下三种情况：

a. 最短杆做连架杆时，为曲柄摇杆机构（如图 5-18（a）所示）；

b. 最短杆做机架时，为双曲柄机构（如图 5-18（b）所示）；

c. 最短杆做连杆时，为双摇杆机构（如图 5-18（c）所示）。

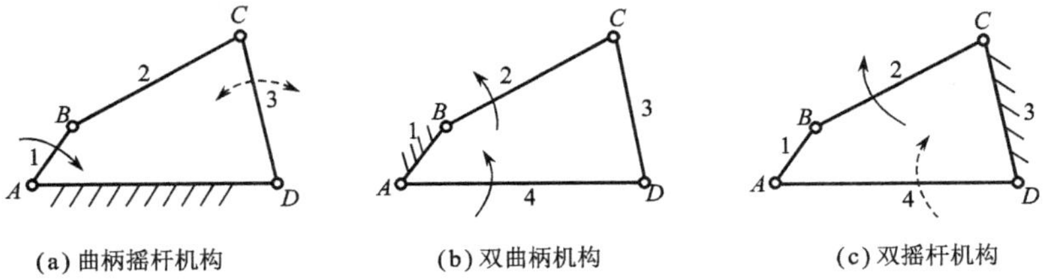

图 5-18　铰链四杆机构的类型判别

做一做 ››››

根据曲柄存在的条件，判断图 5-19 所示的铰链四杆机构的类型。准备 12 个小螺栓和 12 条硬纸板，按照图形中的长度，你能把它们做成实物吗？再让它们动起来，看一看，与你理论上判断的类型一样吗？

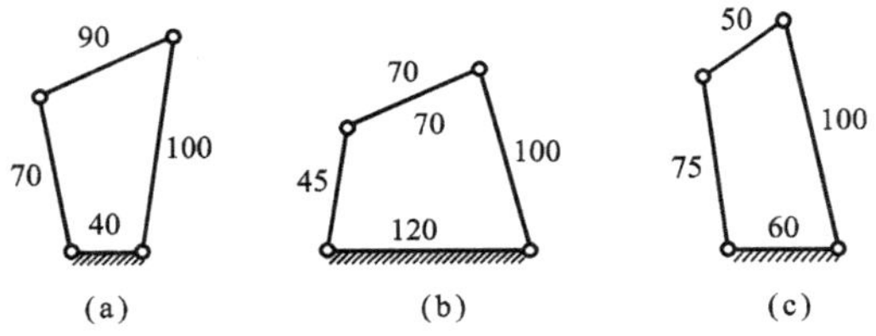

图 5-19　判断铰链四杆机构的类型

5.2.3　含有一个移动副的四杆机构

将曲柄摇杆机构中的某个回转副演化为运动副，成为含有一个移动副的四杆机构。

1. 曲柄滑块机构

如图 5-20 所示，由曲柄、连杆、滑块和机架组成的机构称为曲柄滑块机构。若滑块移动轨迹 mm 通过曲柄的转动中心，则称为对心曲柄滑块机构（如图 5-20（a）所示），若不通过曲柄转动中心，则称为偏置曲柄滑块机构（如图 5-20（b）所示），其中 e 为偏心距。

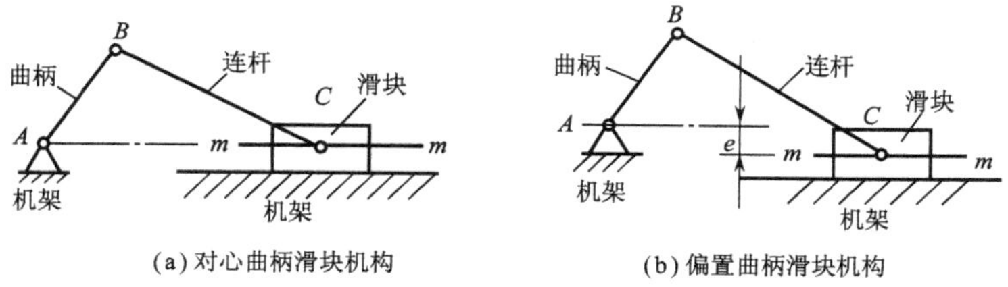

图 5-20 曲柄滑块机构

曲柄滑块机构可将曲柄的回转运动转变为滑块的往复移动，也可将滑块的往复移动转变为曲柄的回转运动。如图 5-21 所示为压力机中的曲柄滑块机构，该机构将曲轴（即曲柄）的回转运动转换成重锤（即滑块）的上下往复直线运动，完成对工件的压力加工。如图 5-22所示为内燃机中的曲柄滑块机构。活塞（即滑块）的往复直线运动通过连杆转换成曲轴（即曲柄）的连续回转运动。

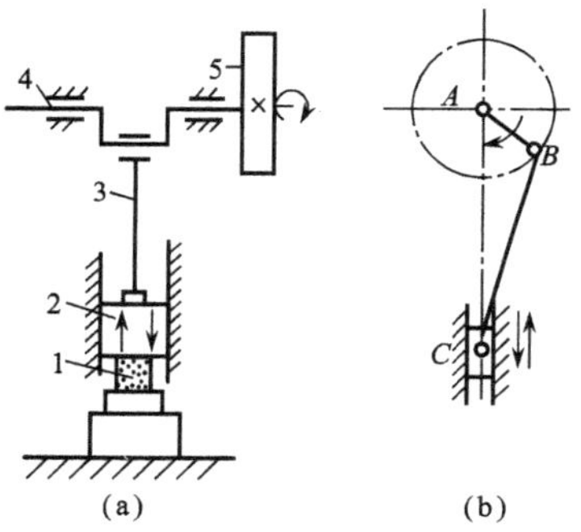

1—工件；2—滑块；3—连杆；
4—曲轴；5—齿轮

图 5-21 曲柄滑块机构在压力机中的应用

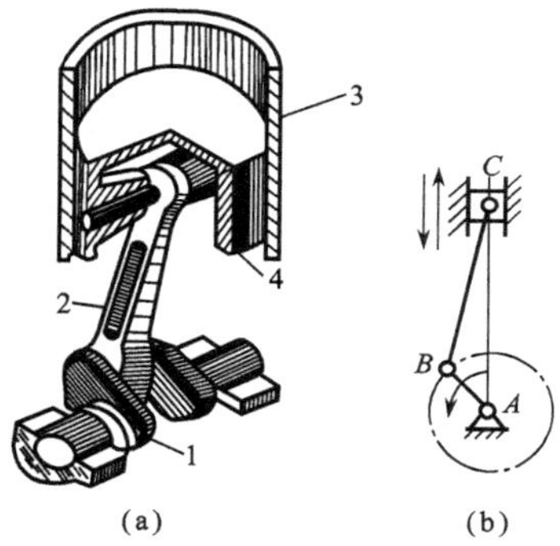

1—曲轴（曲柄）；2—连杆；3—缸体；
4—活塞（滑块）

图 5-22 内燃机中的曲柄滑块机构

2. 偏心轮机构

当曲柄长度较小时，出于结构的需要，常将曲柄做成偏心轮，用偏心轮的偏心距 e 来替代曲柄的长度，曲柄滑块机构演化成偏心轮机构（如图 5-23 所示）。在偏心轮机构只能以偏心轮为主动件，常用于滑块行程较小的场合，如剪床、冲床、颚式破碎机等。

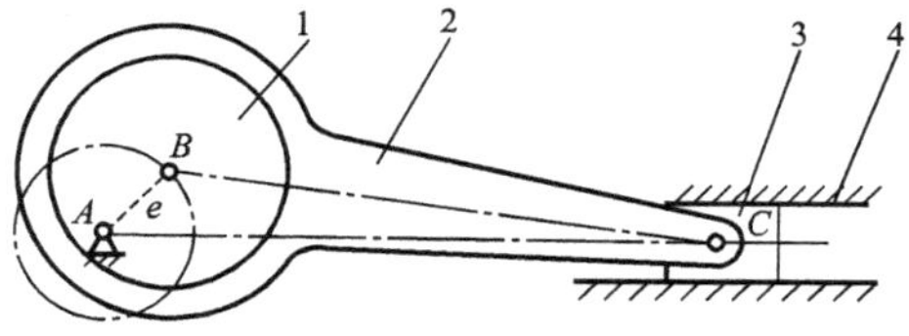

1—偏心轮；2—连杆；3—滑块；4—机架

图 5-23 偏心轮机构

* 5.2.4 四杆机构的特性

1. 急回特性

在如图5-24所示的曲柄摇杆机构中，当曲柄AB转动一周时，连杆BC与曲柄出现两次共线的情况，位置分别为AC_1和AC_2，此时摇杆CD的位置C_1D和C_2D分别为其极限位置。摇杆在两极限位置间的夹角ψ称为摇杆的摆角，曲柄与连杆两次共线位置之间所夹的锐角θ称为极位夹角。

当曲柄AB由位置AB_1顺时针转到位置AB_2时，转过的角度为$\varphi_1=180°+\theta$，这时摇杆CD由极限位置C_1D摆到极限位置C_2D，摆角为ψ；而当曲柄AB由位置AB_2以顺时针再转回到AB_1位置时，转过角度$\varphi_2=180°-\theta$，摇杆CD由位置C_2D摆回位置C_1D，摆角仍然是ψ，虽然摇杆来回摆动的摆角相同，但作等速回转的曲柄AB转角不等（$\varphi_1>\varphi_2$）。设与曲柄转角φ_1和φ_2相对应的时间为t_1和t_2，则$t_1>t_2$，从而反映了摇杆往复摆动的快慢不同。如果摇杆从C_1D摆至C_2D是其工作行程，这时C点的平均速度是$v_1=\overset{\frown}{C_1C_2}/t_1$；摇杆自$C_2D$摆回至$C_1D$是其空回行程，这时$C$点的平均速度是$v_2=\overset{\frown}{C_1C_2}/t_2$，则$v_1<v_2$，它表明摇杆往复摆动的速度不同，即工作行程平均速度小，空回行程平均速度大，这种现象称为机构的急回特性。

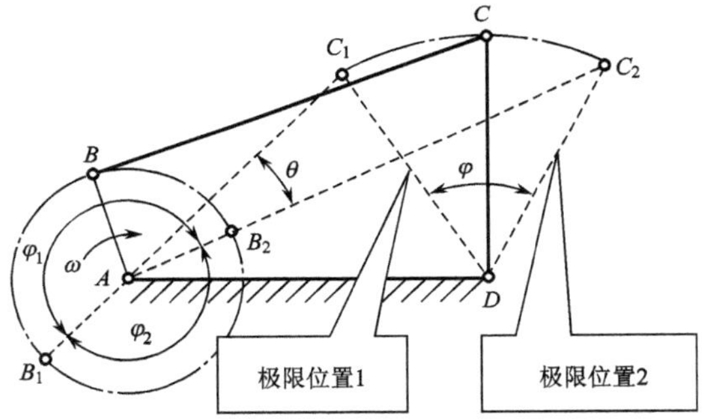

图5-24 曲柄摇杆机构

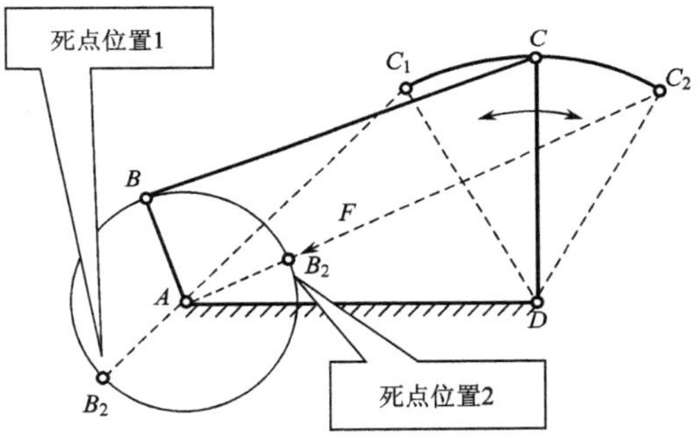

图5-25 曲柄摇杆机构的死点位置

除曲柄摇杆机构外，曲柄滑块机构、偏心轮机构等也具有急回特性。机械在工作中往往具有工作行程和空回行程两个过程，可利用急回特性来缩短机械空回行程的时间，提高工作效率。例如牛头刨床、插床和惯性筛机构等。

2. 死点

曲柄摇杆机构中，若取摇杆为主动件，如图5-25所示，当摇杆处于两极限位置C_1D和C_2D时，连杆与曲柄处于两共线位置。当不计各杆重量、惯性力和回转副中的摩擦力时，连杆传给曲柄的作用力F，必定通过曲柄的转动中心A，F对曲柄中心A的力矩为零，因而，不能使曲柄AB转动。机构的这种位置称为死点位置，简称死点。

在生产实际中，常常利用机构的死点位置来实现一定的工作要求。如图5-26所示的钻床夹具，当要夹紧工件时，先将手柄（即杆BC）用力F_1按下，待工件夹紧后除去力F_1，此时构件 BC 和 CD 共线。当工件被钻削时，作用在夹具压头上的反力 F_2，通过 BC 传给 CD 杆的作用力通过了 D 点，至使无论反力 F_2 有多大，也不能使构件 CD 转动，机构处于死点位置，工件始终处于被夹紧状态。

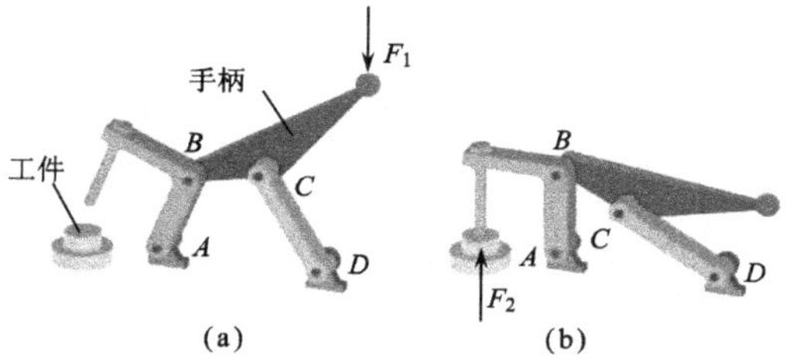

图 5-26　利用死点位置夹紧工件

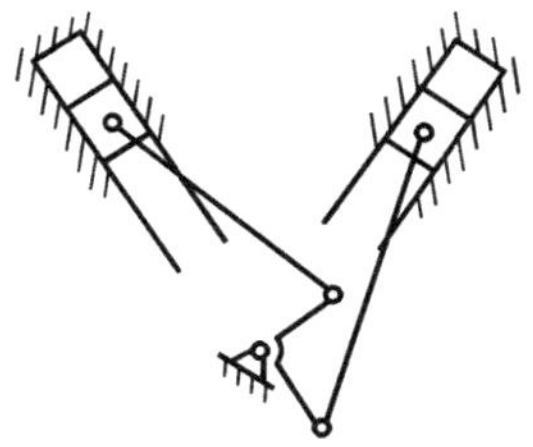

图 5-27　两组曲柄滑块机构克服死点

在以传递运动为主的机构中，为了使机构能顺利地通过死点位置，常利用惯性（安装飞轮）或采用多组机构交错排列来克服死点。如图 5-10 所示的缝纫机的踏板机构，就是利用大带轮的惯性来克服其死点，图 5-27 所示的 V 形发动机中有交错排列的两组曲柄滑块机构，就是利用两机构不同时处于死点位置，使机构能顺利地通过各死点位置，从而保证机器的正常运转。

5.3　凸轮机构

5.3.1　凸轮机构

1. 凸轮机构的组成、特点

凸轮机构由凸轮、从动件和机架三部分组成（如图 5-28 所示）。图 5-29 所示为一内燃机的配气机构，具有曲线外廓形状的轮 1 即为凸轮，与凸轮保持接触的气阀杆 4 称为从动件，当凸轮 1 连续回转时，其轮廓将推动从动件 4 作断续的往复移动，从而使气门有规律地开启和关闭（关闭是借助弹簧 2 的作用），以控制可燃气体进入气缸或使废气排出。

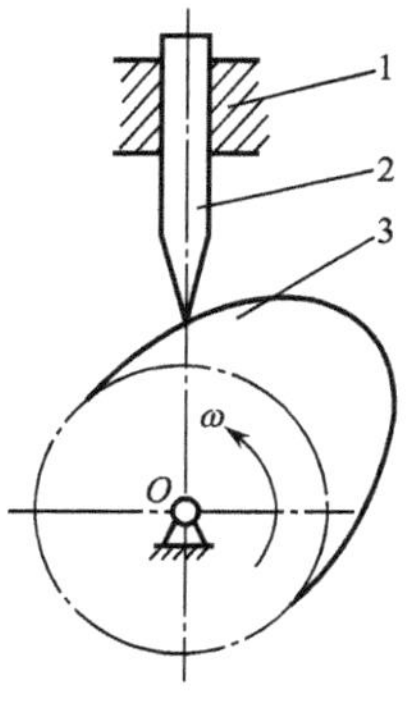

1—机架；2—从动件；3—凸轮

图 5-28　凸轮机构的基本组成

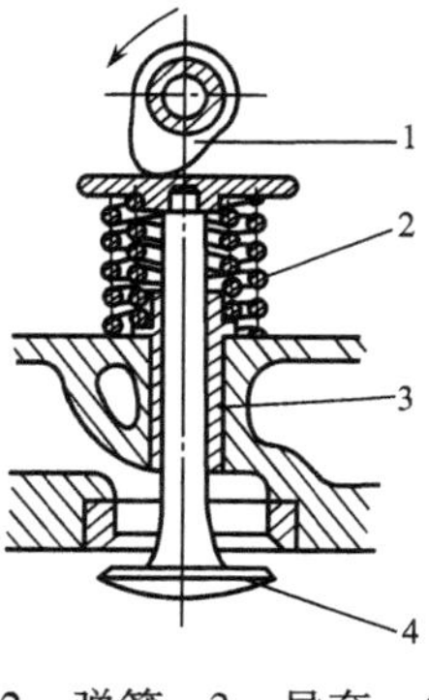

1—凸轮；2—弹簧；3—导套；4—气阀杆

图 5-29　内燃机气阀控制机构

想一想 >>>>

在图 5-29 中，从动件与凸轮之间的弹簧起什么作用?

凸轮机构可将凸轮的连续回转运动转变为从动件的连续或间歇往复移动或摆动，或者将凸轮的移动变为从动件的移动或摆动。

凸轮机构具有结构简单、紧凑，能实现比较复杂的机械运动的特点。只要设计出适当的凸轮轮廓曲线，就可使从动件获得预期的运动规律。因此，在各种机械、仪器和操纵控制装置中得到了广泛应用。但是，凸轮轮廓与从动件之间以点或线接触，易于磨损，所以凸轮机构多用在传递动力不大的场合。

2. 凸轮机构的分类

凸轮机构的类型很多，常见的分类方法如下。

(1) 按凸轮的形状分类

① 盘形凸轮。盘形凸轮是一个绕固定轴线转动并具有变化半径的盘形零件，如图 5-30 (a)所示，也可以是在圆盘上开出沟槽，如图 5-30 (b) 所示。从动件在垂直于凸轮旋转轴线的平面。盘形凸轮结构比较简单，应用广泛，但由于受凸轮径向尺寸的限制，从动件的行程不宜很大，故盘形凸轮多用于行程较小的传动中。

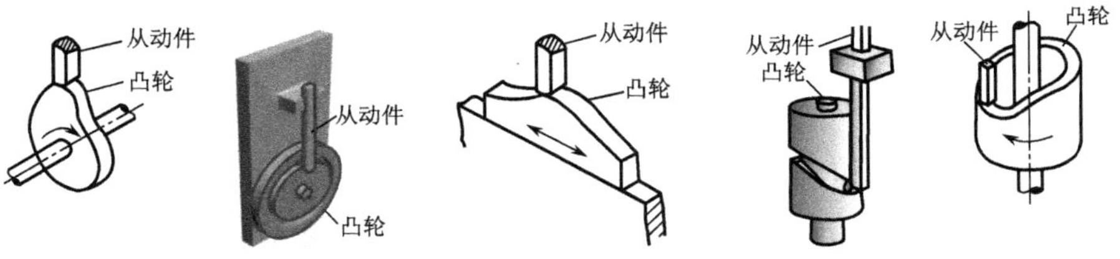

(a) 盘形凸轮　(b) 盘形凸轮　(c) 移动凸轮　(d) 圆柱凸轮　(d) 圆柱凸轮

图 5-30　不同形状的凸轮

② 移动凸轮。如图 5-30 (c) 所示，凸轮沿导轨作直线移动时，其曲线轮廓推动从动件在同一平面内作往复运动。移动凸轮可以看成是盘形凸轮的回转中心趋于无穷远处时的一个特例。

③ 圆柱凸轮。这种凸轮是在圆柱面上开有凹槽，如图 5-30 (d) 所示。也有的是在圆柱端面上作出曲线轮廓，如图 5-30 (e) 所示，多用于从动件行程较大的传动中。

(2) 按从动件的形状分类

按从动件的端部形状可分为尖顶从动件、滚子从动件、平底从动件，见表 5-2 所示。

(3) 按从动件的运动形式分类

按从动件的运动形式可分为移动式和摆动式，见表 5-2 所示。

表 5-2 凸轮机构的分类

分类方法	按从动件运动形式分类			特点
	类型	移动	摆动	
按从动件端部形状分类	尖顶从动件	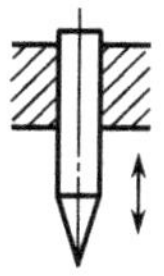	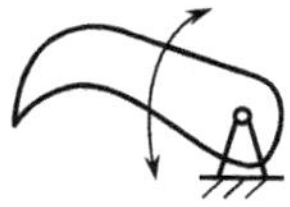	构造最简单，但易磨损，只适用于作用力不大和速度较低的场合（如用于仪表等机构中）
	滚子从动件	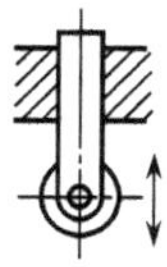	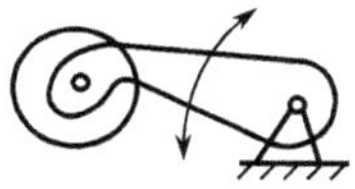	滚子与凸轮轮廓之间为滚动摩擦，磨损较小，故可用来传递较大的动力，应用较广
	平底从动件	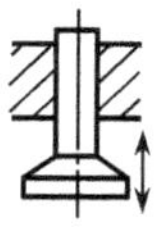	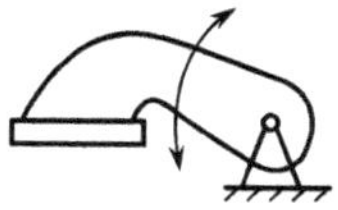	凸轮与平底的接触面间易形成油膜，润滑较好，常用于高速传动中

将不同类型的凸轮和从动件组合在一起，就可得到各种不同类型的凸轮机构，如图 5-31所示为几种凸轮机构的类型。

(a) (b) (c) (d)

图 5-31 几种凸轮机构的类型

做一做 >>>>

说明图 5-31 所示的机构的凸轮形状、从动件的形状和从动件的运动形式。

5.3.2 从动件的运动规律

1. 凸轮机构的工作过程和有关参数

凸轮机构中最常用的运动形式为凸轮作等速回转运动，从动件作往复移动。如图 5-32（a）所示为最基本的对心外轮廓盘形凸轮机构。以凸轮轮廓上最小半径所画的圆称为凸轮的基圆，其半径以 r_b 表示。图中从动件位于最低位置，它的尖端与凸轮轮廓上点 A（基圆与曲线 AB 的连接点）接触。当凸轮按逆时针方向回转时，凸轮的曲线轮廓 AB 部分将连续与从动件的尖端接触。由于这段轮廓的向径是逐渐增大的，将推动从动件按一定的运动规律逐渐升高，当轮廓上最大半径的点 B 回转到 B' 位置时，从动件升到最高位置（图中双点画线位置）。从动件自最低位置升到最高位置的过程称为推程，又称升程。推动从动件实现推程时的凸轮转角 ϕ 称为推程运动角，简称推程角或升程角。当凸轮继续回转时，以 O 为圆心的一段圆弧 BC 与从动件接触，从动件将在最高位置停止不动，与此对应的凸轮转角 ϕ_s 称为远休止角。当向径逐渐减小的一段轮廓 CD 依次与从动件接触时，从动件按一定的运动规律逐渐下降。从动件自最高位置降到最低位置的过程称为回程。相对应的凸轮转角 ϕ' 称为回程运动角，简称回程角。同理，当基圆的圆弧 DA 与从动件接触时，从动件将在最低位置停止不动，相对应的凸轮转角 ϕ_s' 称为近休止角。凸轮继续回转时，从动件将重复前面所述的“升—停—降—停”的运动。从动件在推程或回程中移动的距离称为行程，用 h 表示。

将上述运动循环用如图 5-32（b）所示的曲线表示，横坐标代表凸轮的转角 ϕ（或运动时间 t），纵坐标代表从动件的位移 s，曲线称为从动件的位移曲线。从动件的位移曲线直观地表示了从动件的位移变化规律，是凸轮轮廓设计的依据。

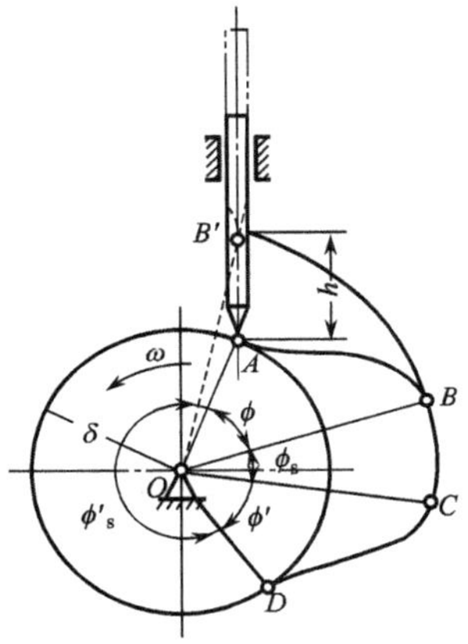

(a) 凸轮机构

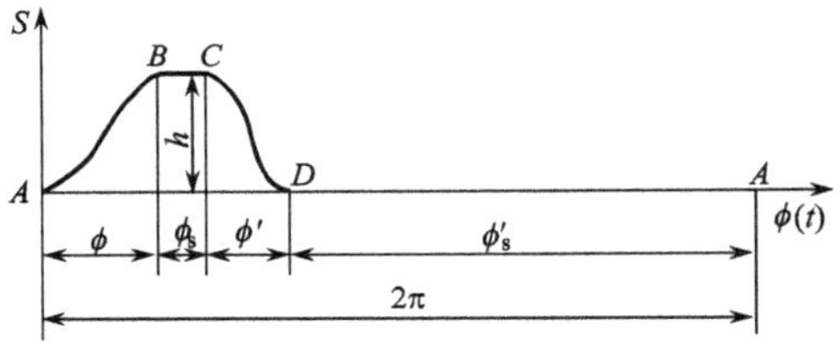

(b) 从动件的位移曲线

图 5-32　凸轮机构和从动件位移曲线

2. 从动件的常用运动规律

从动件的运动规律有等速运动规律、等加速等减速运动规律、简谐运动规律、摆线运动规律等，下面介绍常用的两种运动规律及其工作特点。

（1）等速运动规律

从动件上升（或下降）的速度为一常数的运动规律称为等速运动规律。

如图 5-33（a）所示为一等速盘形凸轮机构，当凸轮沿顺时针方向回转时，转角从 0 开始均匀地增加到 ϕ_1 时，从动件以等速度 v_1 从起点上升到最高位置，其行程（推程）为 h；当凸轮继续回转转角 ϕ_2 时，从动件以等速度 v_2 从最高位置降到最低位置，其行程（回程）亦为 h。从动件作等速运动时的位移曲线为一倾斜直线（如图 5-33（b）所示）。

从动件在行程的开始 A 和到达最高位置点 B 时，由于运动方向产生剧变，其瞬间加速度为无穷大，致使从动件产生刚性冲击，引起振动。因此，等速运动规律适用于低速、从动件质量小或轻载的场合。

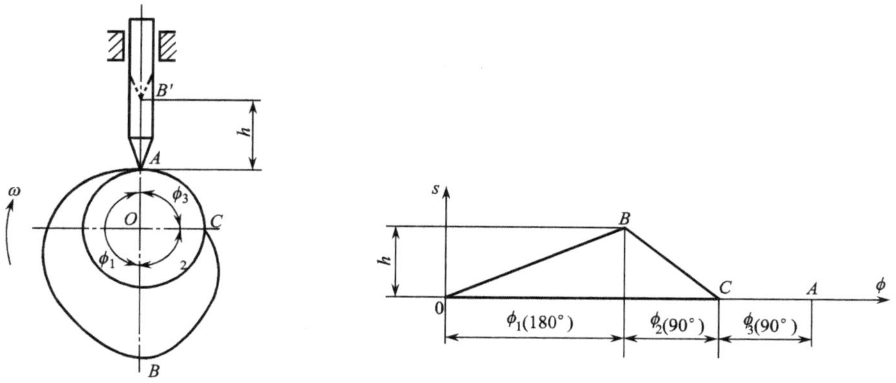

(a) 等速运动规律凸轮机构　　(b) 从动件的位移曲线

图 5-33　等速运动规律的位移曲线

（2）等加速等减速运动规律

从动件在行程中先作等加速运动，后作等减速运动的运动规律称为等加速等减速运动规律，如图 5-34（a）所示。通常，加速段和减速段的时间相等，位移也相等，均为 $\frac{1}{2}h$，加速度的绝对值也相等。

如图 5-34（b）所示为等加速等减速运动规律的从动件位移曲线（回程段雷同），位移 s 是凸轮转角 ϕ 的二次函数，因此等加速等减速运动规律又称为抛物线运动规律。

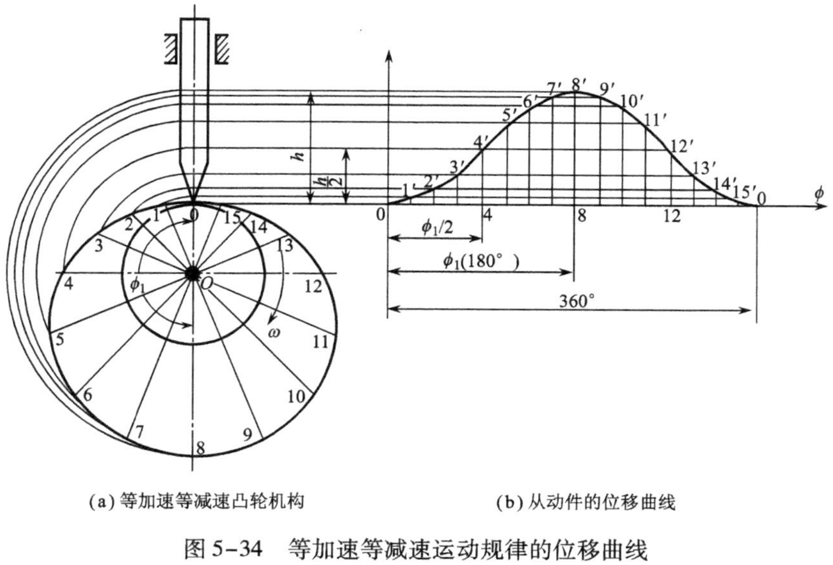

(a) 等加速等减速凸轮机构　　(b) 从动件的位移曲线

图 5-34　等加速等减速运动规律的位移曲线

从动件作等加速等减速运动时，整个行程上升速度由零开始逐渐增大，而后逐渐减小到零，连续变化而不存在突变，加速度只发生有限的突变，凸轮机构在运动中仅在某些特殊点处出现柔性冲击。因此，适用于中速、从动件质量不大及轻载的场合。

5.3.3　凸轮轮廓的绘制

当选定从动件运动规律、凸轮转速及转向和基圆半径 r_b 后，即可用作图法绘制凸轮的轮廓曲线。因图解法直观、方便，只介绍图解法。

图解法绘制凸轮轮廓是建立在反转法的基础上的。所谓反转法原理是给整个机构加上一个绕某轴的反方向的转动，各构件间的相对运动并不改变。这时凸轮静止不动，而推杆则一方面随其导轨绕轴 O 转动；另一方面又在其导轨内作预期的往复运动如图 5-35（a）中双点画线所示。从动件在这种往复运动中，其尖端的运动轨迹就是凸轮的轮廓曲线。

如图 5-35（a）所示的凸轮机构，从动件为尖端，导路中心通过凸轮回转中心，称为尖端对心移动从动件盘形凸轮机构。已知凸轮的基圆半径 r_b，凸轮转向和从动件位移曲线如图 5-35（b)所示，凸轮轮廓曲线的作图步骤如下。

① 作出从动件的初始位置。选择适当的长度比例尺及 O 点，以 O 为圆心，以 r_b 为半径画圆，标定凸轮转向（图中为顺时针），作出对心从动杆的初始位置如图 5-35（a）所示。

② 等分位移曲线。将位移曲线横坐标轴上代表推程角 ϕ 和回程角 ϕ' 的两线段分为若干等分（图中各为 6 等分），并过这些等分点作垂线与位移曲线相交得到线段 11′，22′，33′，…,即代表相应位置的从动件位移量，如图 5-35（b）所示。

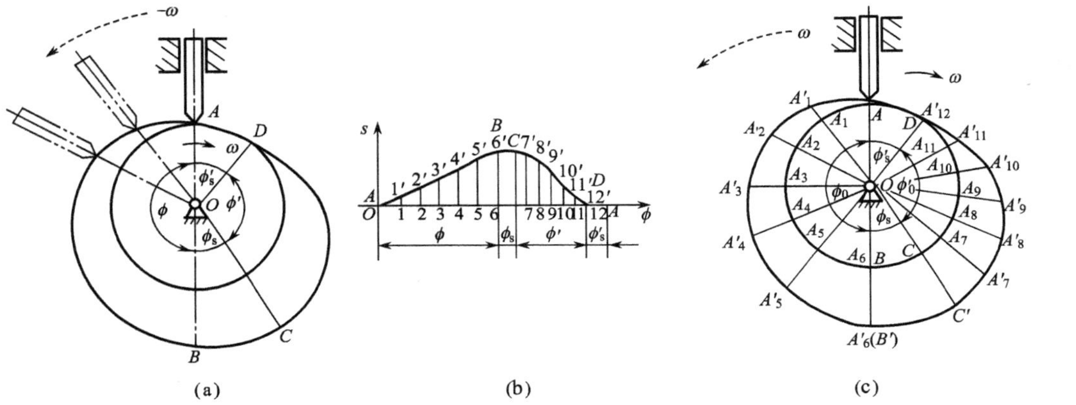

图 5-35　尖端对心移动从动杆盘形凸轮轮廓的绘制

③ 按反转法原理作出从动件尖端相对于凸轮的各个位置。如图 5-35（c）中所示，以 OA 为起始线，沿 $-\omega$ 方向（图中为逆时针）依次取角度 ϕ，ϕ_s，ϕ'，ϕ_s'。并将角度 ϕ，ϕ' 分成与位移曲线相同的等分得 A_1，A_2，A_3，…。连接 OA_1，OA_2，OA_3，…，并将其延长，它们分别代表了机构反转后从动件移动导路的位置线。在各位置线截取 $A_1A_1' = 11'$，$A_2A_2' = 22'$，$A_3A_3' = 33'$，…。

④ 将 A，A_1'，A_2'，…，A 顺次连成光滑曲线（其中 $A_6'C'$、$A_{12}'A$ 为以 O 为圆心的圆弧）即得所求的凸轮轮廓。

* 5.3.4　凸轮的常用材料和结构

1. 材料及热处理

由于凸轮机构是高副机构，并且受冲击载荷，其主要失效形式为磨损和疲劳点蚀，因此要求凸轮和从动件接触端的材料要有足够的接触强度和耐磨性能。

凸轮在一般情况下，可用45Cr、40Cr淬火，表面硬度为52～58HRC；在高速时，可用15Cr，20Cr渗碳淬火，表面硬度为56～62HRC，渗碳深0.8～1.5mm；渗氮淬火后表面硬度为60～67HRC。在轻载时，选优质灰铸铁；中载时选用45钢调质，表面硬度为220～250HBS。

滚子常与凸轮采用相同的材料，如20Cr，经渗碳淬火表面硬度达56～62HRC。

2. 凸轮机构的结构

（1）凸轮的结构

当凸轮的轮廓尺寸与轴的直径相近时，凸轮与轴可做成一体，称为凸轮轴，如图5-36（a)所示。当尺寸相差较大时，应将凸轮与轴分别制造，采用键或销将两者连接起来，如图5-36（b)、(c）所示。图5-36（d）所示为采用弹簧锥套与螺母将凸轮和轴连接起采的结构，这种结构可用于凸轮与轴的相对角度需要自由调节的场合。

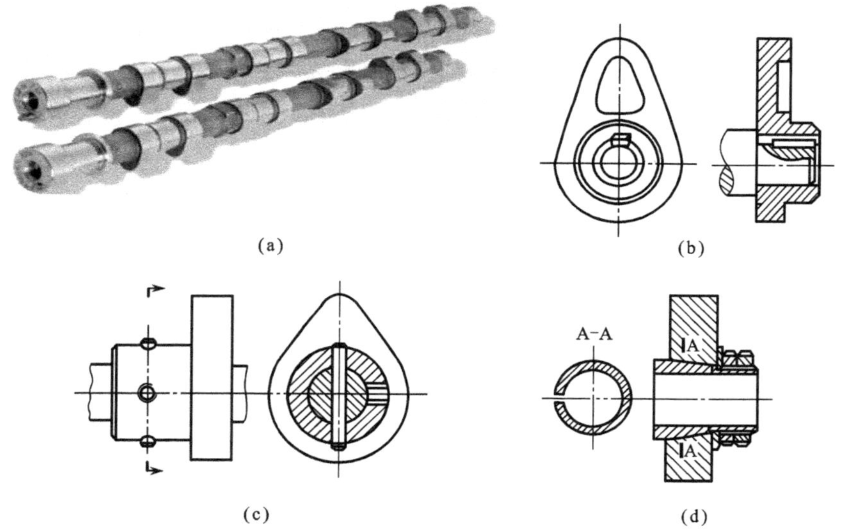

图5-36　凸轮的结构

（2）从动件的结构

滚子从动件顶端的滚子结构及连接方式如图5-37所示。滚子可以是专门制造的圆柱体，如图5-37（a)、(b）所示，也可采用滚动轴承，如图5-37（c）所示。滚子与从动件末端可用螺栓连接，如图5-37（a）所示，也可用小轴连接，如图5-37（b)、(c）所示。无论何种连接，都要保证滚子相对从动件能灵活转动。

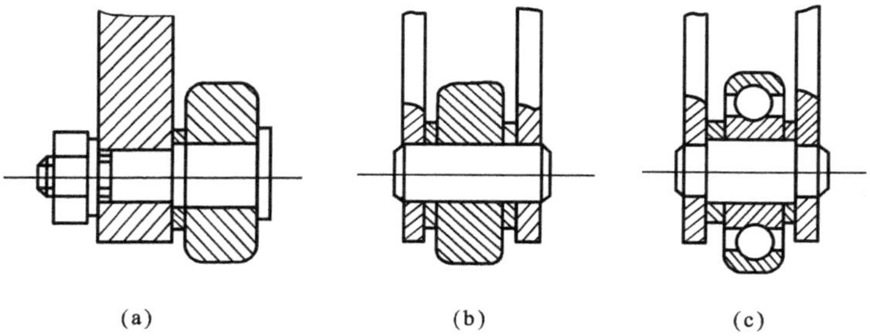

图5-37　滚子从动件的结构

*5.4 间歇运动机构

将主动件的连续回转运动变为从动件的周期性运动和停顿的机构称为间歇运动机构。间歇运动机构广泛应用于各种自动机械中。本节简单地介绍最常用的两种间歇运动机构：棘轮机构和槽轮机构。

5.4.1 棘轮机构

1. 棘轮机构的组成与工作原理

棘轮机构主要由棘轮、棘爪和机架组成，其工作原理如图5-38所示，当主动摇杆向左摆动时，装在主动摇杆上的棘爪嵌入棘轮的齿槽内，推动棘轮朝逆时针方向转过一角度；当主动摇杆向右摆动时，棘爪便在棘轮的齿背上滑回原位，棘轮静止不动。为了使棘轮的静止可靠和防止棘轮的反转，在机架上安装止回棘爪。这样，当曲柄作连续回转时，棘轮只能作单向的间歇运动。

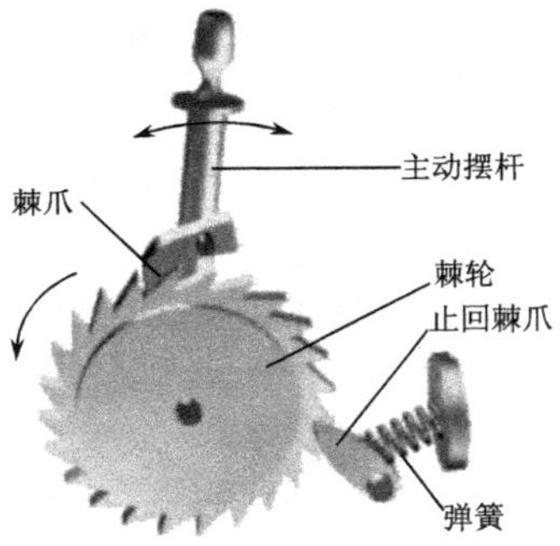

图5-38 齿式棘轮机构

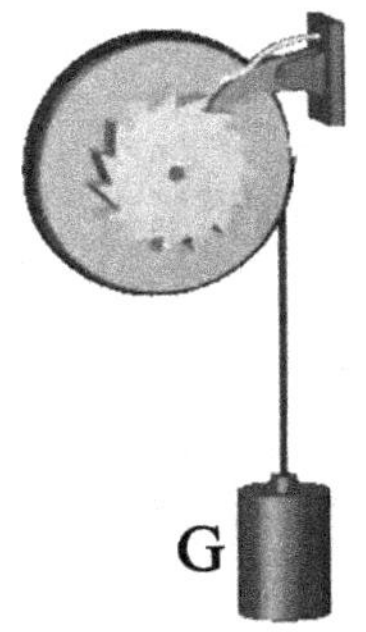

图5-39 卷扬机提升机构

想一想 >>>>

棘轮机构中的弹簧起什么作用，图5-38所示的是拉伸弹簧还是压缩弹簧？

2. 棘轮机构的特点及应用

棘轮机构结构简单、制造方便；运转准确、运动可靠；动程可在一定范围内调节，故广泛应用于各种自动机床的自动进给机构、自动送料机构、计数器及电器设备中。它的缺点是棘爪在齿背上滑行引起噪音；运动开始和终了时，速度突变而产生冲击，故传动平稳性较差、且易磨损。因此棘轮机构仅适用于低速轻载和转角不大的场合。

棘轮机构具有单向间歇运动特性，常用于机械的送进、制动、超越等机构中。

如图5-39所示的卷扬机提升机构，为防止在提升过程中重物G意外地落下造成事故，采用棘轮机构阻止卷筒倒转，起到安全保护作用及制动作用。

如图5-40所示为自行车后轴上的“飞轮”，实际上就是一个内啮合棘轮机构。飞轮的外圆周是链轮，内圆周制成棘轮轮齿，棘爪安装在后轴上。当链条驱动飞轮转动时，飞轮内侧的棘齿通过棘爪带动后轴转动；当链条停止运动或反向带动飞轮时，棘爪沿飞轮内侧棘轮的齿背滑过，后轴在自行车惯性作用下与飞轮脱开而继续转动，实现自行车自动滑行，产生“从动”超过“主动”的超越作用。

图 5-40 自行车后轴“飞轮”

如图 5-41 所示为牛头刨床的工作台横向进给机构，是利用棘爪与曲柄摇杆机构中的摇杆一起作往复摆动，驱动棘轮作间歇的单向回转运动，使与棘轮固定连接的进给螺杆也作间歇转动，并间歇传动紧固在工作台内的螺母，从而带动工作台作横向的间歇送进运动。

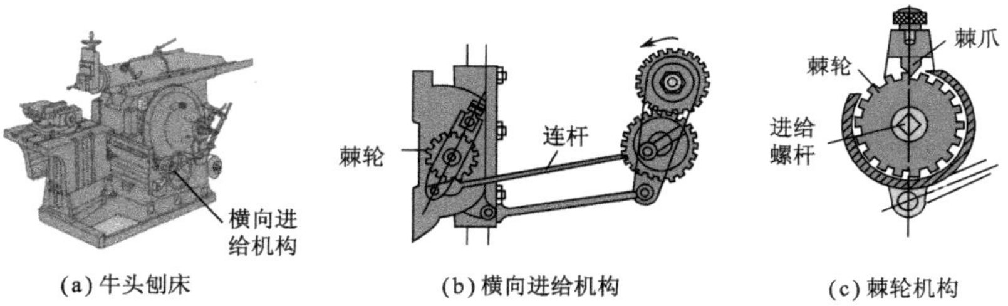

图 5-41 牛头刨床横向进给机构

5.4.2 槽轮机构

1. 槽轮机构的组成与工作原理

槽轮机构由带圆柱销的主动拨盘与带径向槽的从动槽轮及机架组成（如图 5-42 所示），拨盘一般为主动件，作等速的连续转动，槽轮是从动件，作时而转动、时而静止的间歇运动。

想一想 ››››

如图 5-42 所示的单圆销外啮合槽轮机构，槽轮转一周，拨盘要转多少周？如图 5-43所示的双圆销外啮合槽轮机构，槽轮转一周，拨盘要转多少周？转动方向有何规律？如图 5-44 所示的内啮合槽轮机构转动方向有何规律？

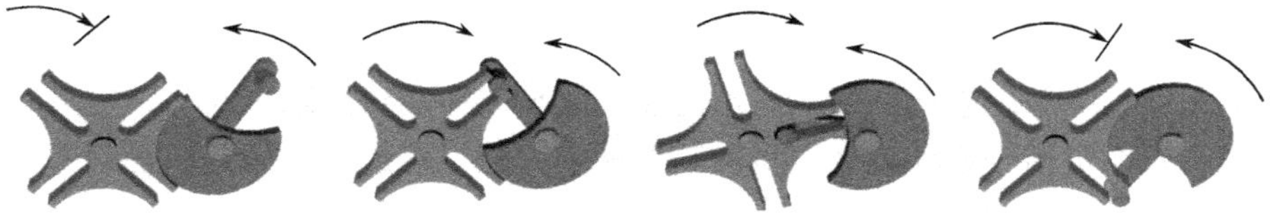

图 5-42 单圆销外啮合槽轮机构

当圆柱销未进入槽轮的径向槽时，槽轮的内凹弧被拨盘的外凸圆弧卡住，槽轮静止不动如图 5-42（a）所示。图 5-42（b）所示为圆柱销刚开始进入槽轮径向槽时的位置，这时槽轮的内凹弧也刚好开始被松开，槽轮受圆柱销的驱使而转动。如图 5-42（c）所示为槽轮转动的某一位置。当圆柱销在另一边离开径向槽时，如图 5-42（d）所示，内凹弧又被卡住，槽轮又静止不动，直至圆柱销再一次进入槽轮的下一个径向槽时，又重复上述的运动。

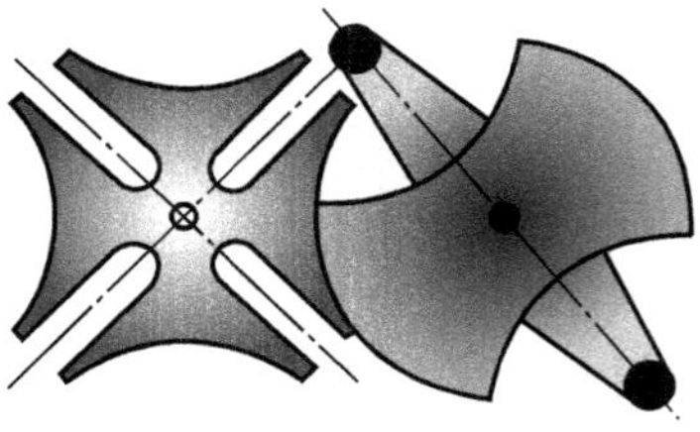

图 5-43　双圆销外啮合槽轮机构

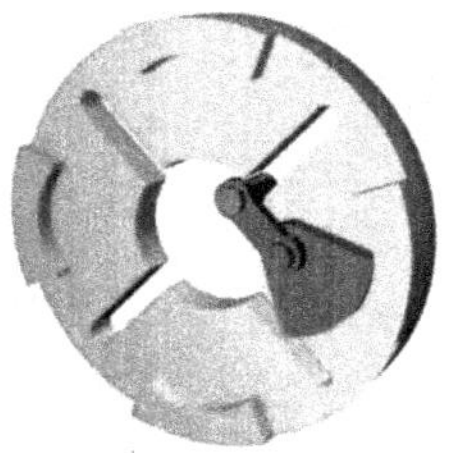

图 5-44　内啮合槽轮机构

知识链接 >>>>

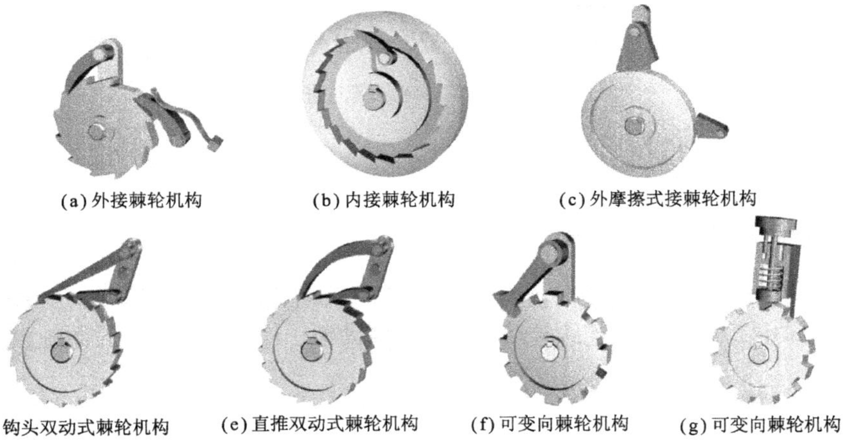

(a) 外接棘轮机构　(b) 内接棘轮机构　(c) 外摩擦式接棘轮机构

(d) 钩头双动式棘轮机构　(e) 直推双动式棘轮机构　(f) 可变向棘轮机构　(g) 可变向棘轮机构

图 5-45　几种棘轮机构

2. 槽轮机构的特点与应用

槽轮机构结构简单，制造方便，工作可靠，能平稳地实现间歇运动，并在短时间内转过较大的角度。所以常用于各种自动、半自动机械中，轻工机械、机床业中也都得到了广泛的应用。但槽轮运动过程中角速度有变化，不适合高速运动场合。

（1）电影放映机的卷片机构

放映电影时，胶片以每秒 24 张的速度通过镜头，每张画面在镜头前有一短暂的停留，这一步进运动由槽轮机构实现，如图5-46所示。槽轮开有4条径向槽，当传动轴带动拨盘等角速度回转时，拨盘上的圆销驱动槽轮转动。拨盘每回转一周，槽轮转过90°，卷过胶片一张，并使画面有一段停留时间。

（2）刀架转位机构

如图5-47所示为转塔车床的刀架转位机构。刀架上有六种刀具，与刀架固联的槽轮上有六条径向槽。圆销进入槽轮一次可使槽轮转过60°，以便将下一工序的刀具转换至工作位置。

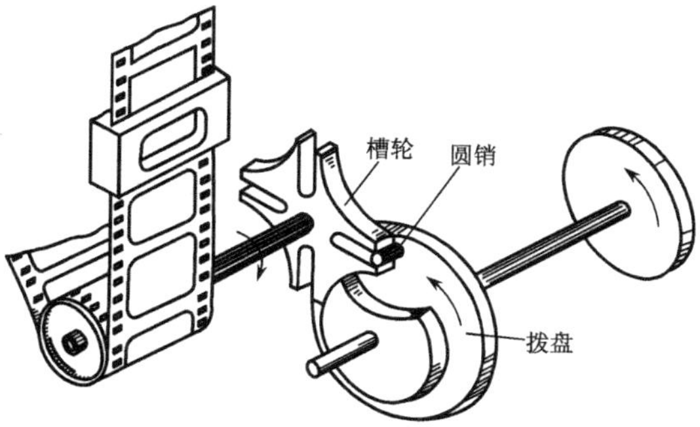

图5-46 放映机的卷片机构

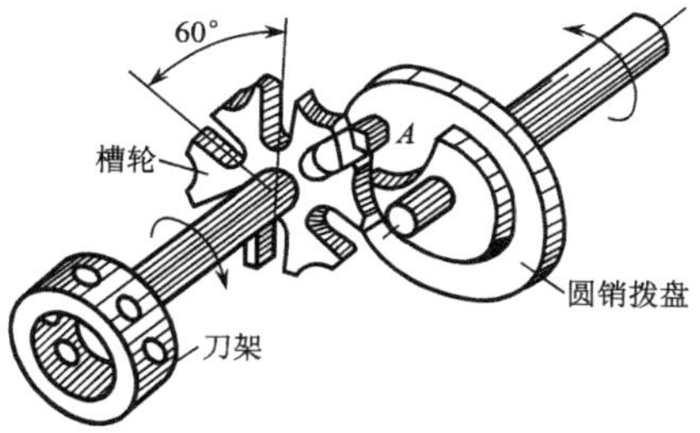

图5-47 刀架转位机构

知识链接 >>>>

如图5-48所示的一对齿轮传动中，主动轮1上只有1个轮齿，其余部分为锁止圆弧，从动轮2上有8个齿间，这种齿轮机构称为不完全齿轮机构。当两轮齿进入啮合时，与齿轮传动一样，无齿部分由锁止弧定位使从动轮静止。

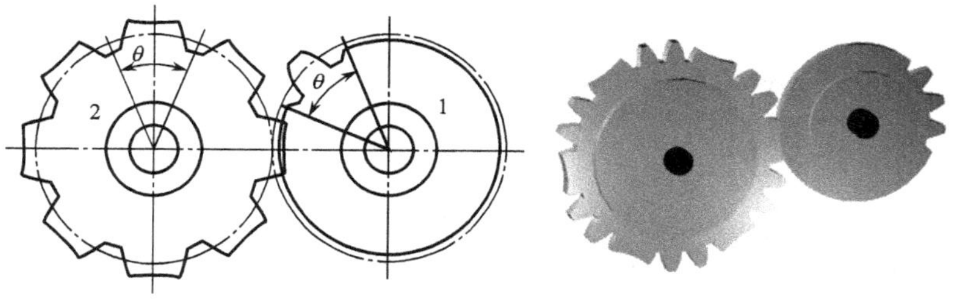

图5-48 不完全齿轮机构

不完全齿轮机构的优点是结构简单、制造容易、工作可靠、从动轮运动时间和静止时间的比例可在较大范围内变化。缺点是从动轮在开始进入啮合与脱离啮合时有较大冲击，故一般只用于低速、轻载场合。

5.5 观察与分析机械设备常用机构——阶段性训练（四）

5.5.1 训练目的

（1）熟悉平面运动副的分类及其表示方法。

（2）通过对家用缝纫机、牛头刨床中曲柄摇杆机构、棘轮机构等常用机构工作过程的观察，了解机构的特征及其运动和动力传递过程。

（3）加深理解平面四杆机构的基本类型、急回特性及克服死点的方法，验证曲柄存在条件。

（4）通过对机构运动简图的绘制，提高学生的观察分析能力，培养从实际机构中测绘机构运动简图的技能。

5.5.2 训练内容

（1）观察家用缝纫机、牛头刨床中曲柄摇杆机构、棘轮机构的组成、结构及工作过程。

（2）绘制家用缝纫机中曲柄摇杆机构，牛头刨床中曲柄摇杆机构、棘轮机构的构运动简图。

5.5.3 训练用工具及设备

训练工具包括旋具（螺丝刀）、各种类型的扳手（如活扳手、梅花扳手、套筒扳手等）、游标卡尺、钢板尺等。训练设备为家用缝纫机、牛头刨床，各种机构实物模型等。

5.5.4 相关结构介绍

（1）家用缝纫机的踏板机构。家用缝纫机的踏板机构如图 5-49（a）所示，图 5-49（b）所示为其机构运动简图。踏板铰接在机架上，可绕轴线 D 往复摆动，连杆的下部与踏板用铰链连接，其上部套接在下带轮曲柄轴上，组成一个曲柄摇杆机构，踏板（原动件）作往复摆动，通过连杆驱使曲柄（从动件）作整周转动，再经过带传动使机头主轴转动。在实际使用中，缝纫机有时会出现踏不动或倒车现象，这就是由于机构处于死点位置引起的。在正常动转时，借助安装在机头主轴上的飞轮（即上带轮）的惯性作用，可以使缝纫机踏板机构的曲柄冲过死点位置。

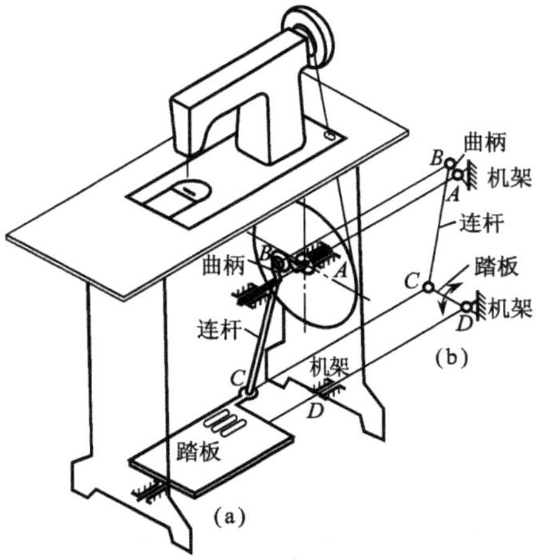

图 5-49　缝纫机

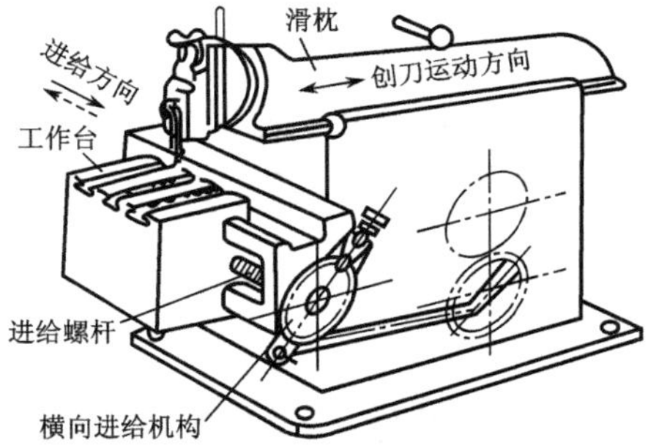

图 5-50　牛头刨床

（2）牛头刨床的横向进给机构。如图 5-50 所示为牛头刨床的工作台横向进给机构，刨床主运动经过主动齿轮、从动齿轮带动曲柄转动，通过连杆使摇杆往复摆动（如图 5-51

(a) 所示)，装在摇杆上的棘爪驱动棘轮作间歇的单向回转运动，使与棘轮固定连接的进给螺杆也作间歇转动，刨床滑枕每往复运动一次（刨削一次），棘轮连同螺杆转动一次，实现工作台的横向进给。工作台的每次进给量的大小（即棘轮转角的大小）通过改变遮板位置进行调节。由于采用了可变向棘轮机构（如图 5-51（c）所示），因此，每完成一次刨削工步后，只要将棘爪提起并回转 180°（这时工作台横向进给方向相反），就可以继续下一工步的刨削，而不必将工件空返回原位，节省了非机动时间。如图 5-51（b）所示为机构运动简图。

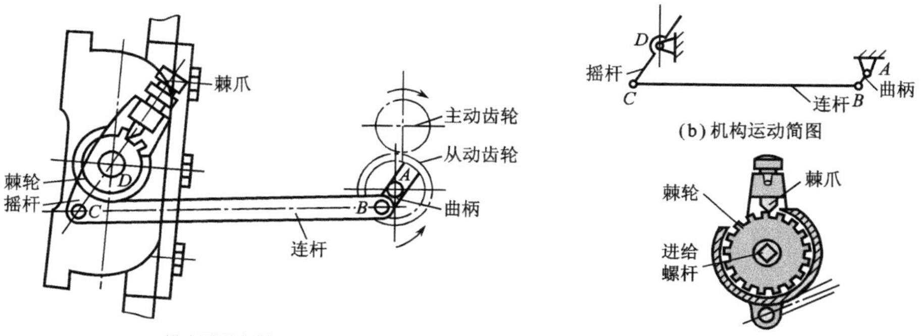

(a) 横向进给机构
(b) 机构运动简图
(c) 棘轮机构

图 5-51　牛头刨床横向进给机构

5.5.5　训练过程

（1）熟悉家用缝纫机、牛头刨床的的组成、工作过程及有关的图纸、资料等。

（2）认识缝纫机、牛头刨床中的曲柄摇杆机构、棘轮机构的组成、结构及各零件的连接形式。

（3）观察上述机构的工作过程，分析上述机构的特征及其运动和动力传递过程，说明急回特性及克服死点的方法。

（4）绘制机构运动简图。

5.5.6　训练总结、评判

（1）个人总结、评判

针对本训练所提出的几个训练目的你还有哪些没学会，自己的收获是什么，还存在什么问题（从自身和外界两个方面分析）；你的整改措施是什么等，写出不少于 300 字的个人总结。根据自己的表现和任务完成情况给自己评定成绩。

（2）团队总结、评判

组长带领本组成员总结本队人员的学习情况，讨论本组成员搭配组合是否出现问题，认真评价本组的成绩，并为下一次的项目加工做准备。根据队员的表现给每位成员评定成绩，并做好记录。

（3）教师总结、评判

教师对全班学生关于本阶段实训情况，是否完成教学目标，存在哪些问题，如何整改进行总结。教师根据队员的表现给每位成员评定成绩（表 5-3）。

表5-3　考核表

考核项目	考核内容	分值	自评	小组评价	教师评价	得分
理论知识	1. 四杆机构的类型、应用特点及应用场合	10				
	2. 凸轮机构的类型、应用特点及应用场合	5				
	3. 间歇机构的类型、应用特点及应用场合	10				
基本技能	1. 缝纫机曲柄摇杆机构观察与分析	10				
	2. 牛头刨床曲柄摇杆机构观察与分析	5				
	3. 牛头刨床棘轮机构观察与分析	10				
操作过程	1. 过程合理	10				
	2. 按时完成任务	10				
安全生产	安全防护知识	5				
学习态度	1. 出勤情况	5				
	2. 实操前的准备	5				
	3. 个人纪律	5				
	4. 团队协作	10				
总分		100				

习题5

5-1　凡是两个构件直接接触而又能产生一定形式的相对运动的连接，称为________。通常把面接触的运动副称为__________，把点、线接触的运动副称为__________。

5-2　当四杆机构中的运动副都是回转副时，称为____________机构。在该机构中，固定不动的杆称为____________，与机架用回转副相连接的杆称为__________；不与机架直接相连的杆称为__________。

5-3　铰链四杆机构按曲柄存在的情况，分为____________、__________和________________三种基本类型。

5-4　根据图5-2中所注明的尺寸（单位：mm），判断各铰链四杆机构是否存在曲柄，若存在曲柄，说明铰链四杆机构的类型。

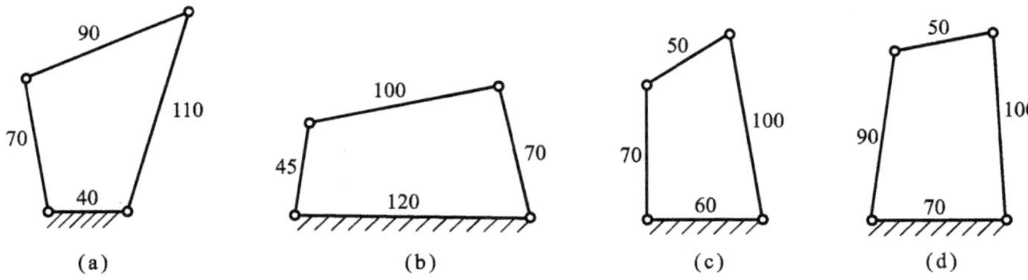

图5-52　题5-4图

5-5　机械在工作中往往具有工作行程和空回行程两个过程，可利用____________特性来缩短机械空回行程的时间，提高工作效率。

5-6 为了使机构能够顺利通过死点位置继续正常运转，可以采用的办法有（ ）。

A. 加长连杆长度 B. 利用惯性 C. 增大极位夹角

5-7 凸轮机构由____________、____________和机架三部分所组成。

5-8 按凸轮的形状，凸轮机构主要分为__________凸轮、______________凸轮和____________凸轮三种基本类型。

5-9 按从动件的端部形状可分为____________从动杆、______________从动杆和__________从动杆三种。

5-10 等速运动凸轮在速度换接处从动杆将产生____________冲击，引起振动。

5-11 对凸轮和从动件接触端的材料有什么要求？

5-12 什么是间歇运动机构？常用的间歇运动机构有哪两种？

5-13 棘轮机构主要由______________、____________和机架组成。

5-14 槽轮机构的主动件是____________，它以等速作________转动，________是从动件，由它来完成间歇运动。

5-15 凸轮机构、棘轮机构、槽轮机构都不能实现间歇运动。（ ）

5-16 不完全齿轮机构的主动件和从动件可以互换。（ ）

5-17 某单圆销六槽外啮合槽轮机构，若主动件曲柄转一周，则槽轮转（ ）周。

A. 1 B. 1/4 C. 1/6 D. 1/8

第6章 传　　动

6.1 带传动

教学目标

1. 认识常用传动的工作原理、特点、类型和应用，会计算传动比。
2. 了解V带、V带轮的结构和标准及材料；会正确安装、张紧、调试和维护V带传动、链传动。
3. 了解渐开线齿轮、圆柱蜗杆传动主要参数和基本尺寸；会判定蜗杆传动中蜗轮的转向。
4. 了解齿轮、蜗杆、蜗轮的结构与常用材料，齿轮、蜗杆传动的失效形式。
5. 掌握渐开线直齿圆柱轮传动的啮合条件；熟悉齿轮传动、蜗杆传动的维护方法、措施。
6. 了解齿轮的切齿原理、变位齿轮、齿轮传动精度、强度的概念。
7. 了解减速器的类型、结构、标准和应用：了解新型轮系的应用，会正确拆装减速器。

6.1.1 各种传动演示

机械设备中广泛应用着各种传动，如带传动、链传动、齿轮传动等。传动的目的是改变工作部分与原动机关系，实现减速、增速和变速的要求。

【演示1】 如图6-1（a）所示的汽车发动机、变速箱中，曲轴与凸轮间的运动关系由带传动实现；车轮与发动机间的变速由齿轮传动实现。

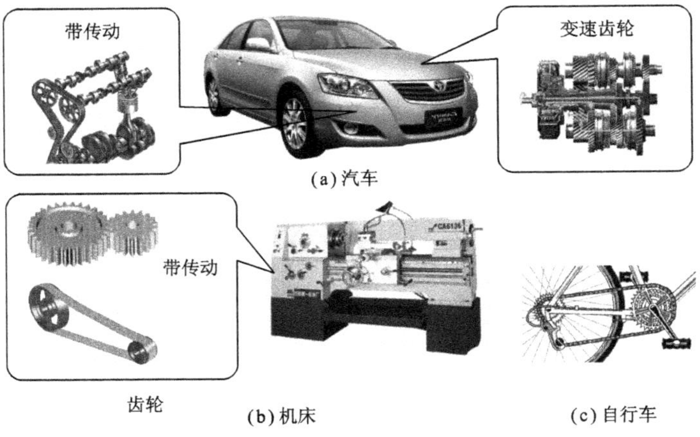

图6-1　汽车、机床、自行车中的传动

【演示2】 如图6-1（b）所示的机床中也采用了带传动和齿轮传动。
【演示3】 如图6-1（c）所示的自行车中采用了链传动。

我们一起来分析带传动、链传动、齿轮传动的转动方向。

（1）如图6-1（a）所示带传动，两带轮的转动方向相__________。

（2）如图6-1（b）所示齿轮传动，两齿轮的转动方向相__________。

（3）如图6-1（c）所示链传动，两链轮的转动方向相__________。

本章学习常见的带传动、链传动、齿轮传动、蜗杆传动及轮系等。

6.1.2 带传动的工作原理、特点及应用

带传动是由主动带轮，从动带轮和传动带组成的，它是依靠挠性的传动带与带轮之间的摩擦力来传递运动和动力的，属于摩擦传动机构。如图6-2所示，把一根或几根环形带张紧在主动轮和从动轮上，使带与带轮接触面间产生正压力，当主动轮转动时，靠带与带轮之间的摩擦力带动从动轮转动。

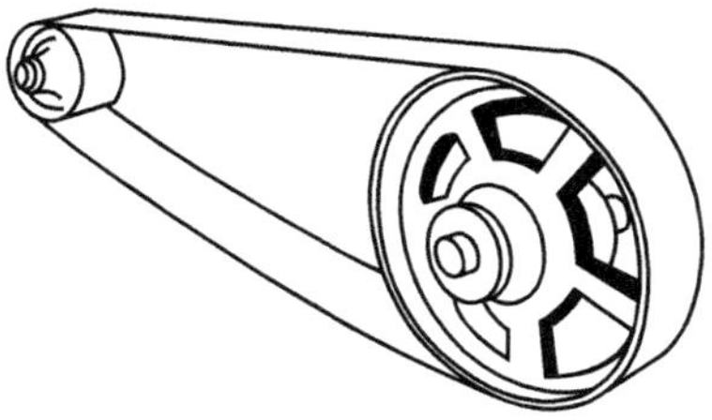

(a)

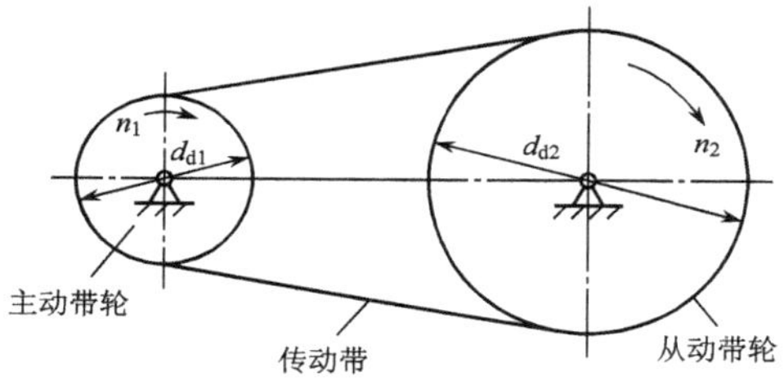

(b)

图6-2 带传动

带传动具有以下特点：

① 带具有弹性，能缓冲吸振，因此传动平稳，无噪声。

② 当工作机过载时，带和带轮之间将发生打滑，可防止其他零件损坏。

③ 结构简单，制造、安装、维护方便。

④ 可用于两轴相距较远的传动。

⑤ 带与带轮之间存在一定的相对滑动，不能保证准确的传动比。

⑥ 带传动的外轮廓尺寸大，传动效率较低，带的使用寿命较短。

⑦ 不宜用于高温、易燃易爆及工作环境恶劣的场合。

由于上述特点，为充分发挥其优势，带传动一般用于中小功率（40kW以下）的第一级传动中，适用速度为5～25m/s，最适宜速度为20m/s左右。

想一想 >>>>

上述特点哪些是优点？哪些是缺点？

6.1.3 带传动的类型

在带传动中，按带的截面形状可分为平带传动，V 带传动，同步带传动和圆带传动。如图 6-3 所示为各种带的截面形状。

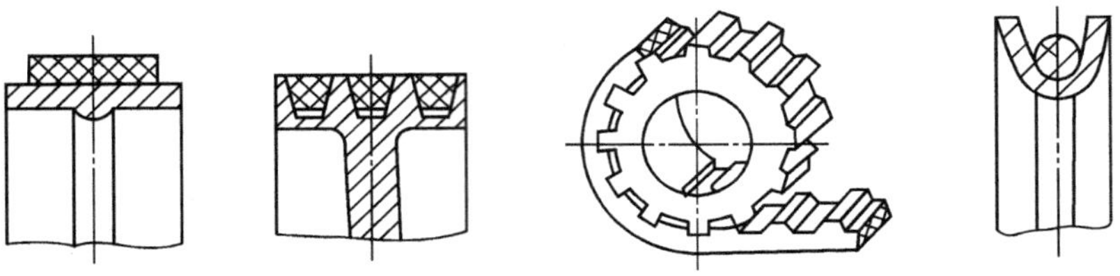

(a) 平带传动　(b) V带传动　(c) 同步带传动　(d) 圆带传动

图 6-3　带传动的类型

1. 平带传动

平带的截面为矩形，已标准化。常用的有橡胶帆布带、皮革带、棉布带和化纤带等。平带传动结构最简单，带的柔性好，带轮易加工，多用于中心距较大或速度较高的场合。平带传动有开口传动（如图 6-4（a）所示），交叉传动（如图 6-4（b）所示）和半交叉传动（如图 6-4（c）所示）三种形式。

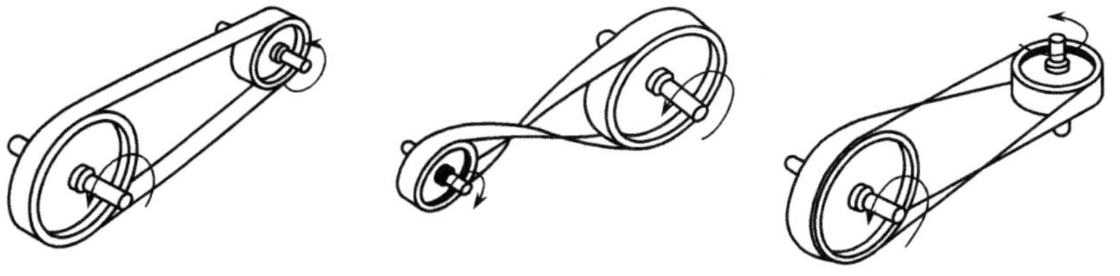

(a) 开口传动　(b) 交叉传动　(c) 半交叉传动

图 6-4　平带传动的形式

做一做 >>>>

分析上述三种传动中，两轴之间的关系及两轮的转动方向规律。

2. V 带传动

如图 6-5（a）所示，V 带的截面为梯形，带轮也做出相应的轮槽，工作时带与轮槽的两个侧面接触（如图 6-3（b）所示）。在同样的张紧力作用下，V 带传动产生的摩擦力是平带传动的 3 倍，故传递功率的能力远比平带高，在一般机械中多用 V 带传动。

知识链接 >>>>

窄V带　联组V带　多楔带

窄V带：相对V带较窄，高度与节宽之比约为0.9，弹性强度高，使用伸长小，传动极平稳。与普通V带相比，窄V带传动具有传动能力更大、效率更高、结构更紧凑、使用寿命更长等优点。目前，窄V带已广泛应用于高速、大功率且结构要求紧凑的机械传动中，如图6-5（a）、（b）所示。

联组V带：几条相同的普通V带或窄带由连接层连在一起，具有良好的整体性。各条带受力均匀、运行平稳、承载传力高、使用寿命长、不易抖动和翻带。适用于有冲击振动的场合，如图6-5（c）所示。

多楔带：兼有V带和平带二者的优点，既有平带的柔软、坚韧的特点，又有V带紧凑、高效等优点。适于汽车发动机等多轴传动、大功率、高速系统中，如图6-5（d）所示。

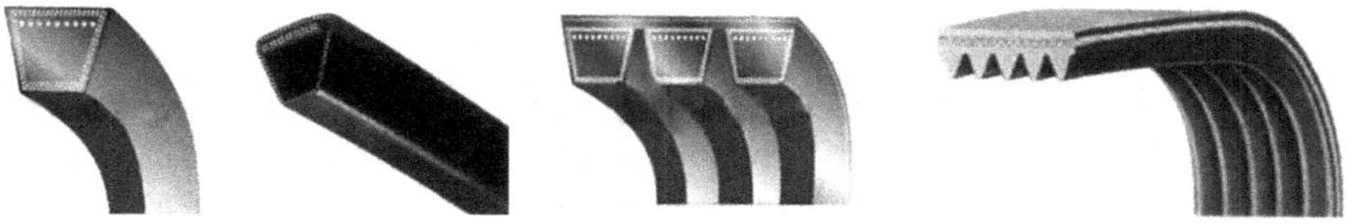

(a) 窄V带　(b) 窄V带　(c) 联组V带　(d) 多楔带

图6-5　V带的类型

3. 同步带传动

它是靠带齿与带轮上的齿相互啮合来传递运动和动力的（如图6-6所示），有梯形齿同步带和圆弧齿同步带。其传动比准确、效率高、速比范围大，可适用于较大功率和速度较高的场合。

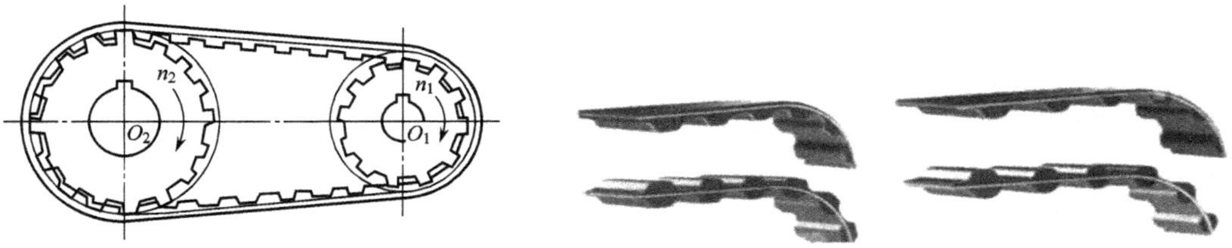

(a) 同步带传动　(b) 梯形齿同步带　(c) 圆弧齿同步带

图6-6　同步带传动

想一想 >>>>

V带与同步带传动的优、缺点。

4. 圆带传动

截面为圆形，多用皮革制成，传动功率较小，多用在低速小载荷传动中，如缝纫机、录音机、牙科医疗器械等轻、小型机械中（如图 6-3（d）所示）。

6.1.4　带传动的传动比

带传动的传动比 i 就是带轮的转速之比，如不考虑带在带轮上的相对滑动，则带的速度与两带轮的圆周速度相等。用公式表示为（如图 6-2（b）所示）

$$i = \frac{n_1}{n_2} = \frac{d_{d2}}{d_{d1}}$$

式中　n_1，n_2——主动带轮、从动带轮的转速，r/min；

d_{d1}，d_{d2}——主动带轮、从动带轮的基准直径，mm。

一般平带传动的传动比 $i \leqslant 5$，V 带传动的传动比 $i \leqslant 7$。

6.1.5　V 带的结构与标准

V 带是横截面为等腰梯形无接头的封闭环状带，其工作面为两侧面，侧面夹角为 40°。

V 带的结构由顶胶、底胶、抗拉体和包布层组成。顶胶和底胶在 V 带与带轮接触工作时因弯曲而分别被伸张和压缩，这两层材质一般为胶料。抗拉体是 V 带的主要承力层，按强力层的材质可将 V 带分为帘布结构（如图 6-7（a）所示）和线绳结构（如图 6-7（b）所示）两大类。前者价格低廉、抗拉强度高、应用广泛，后者柔软性好，适应于转速高、直径较小的带轮，但不宜用于大功率传动。包布层用胶帆布制成，起耐磨和保护作用。

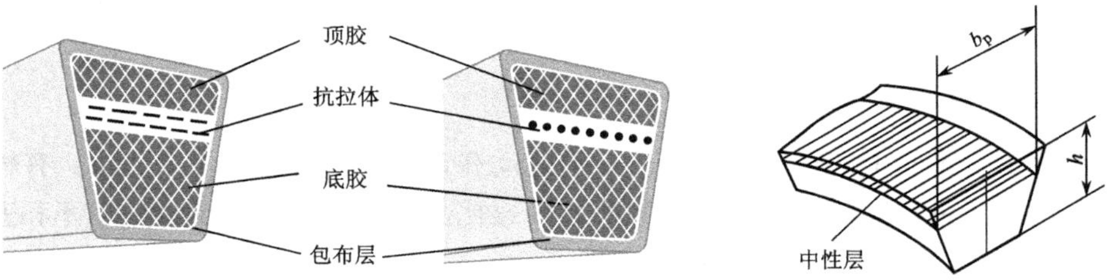

(a) 帘布结构　(b) 线绳结构　(c) 中性层

图 6-7　V 带的结构

V 带是标准化产品。根据国标规定，V 带型号有 Y、Z、A、B、C、D、E 七种。Y 型截面尺寸最小，E 型截面尺寸最大，截面尺寸越大承载能力越强。各型号的截面尺寸见表 6-1 所示。

表 6-1　V 带的截面尺寸（摘自 GB/T 11544—1997）

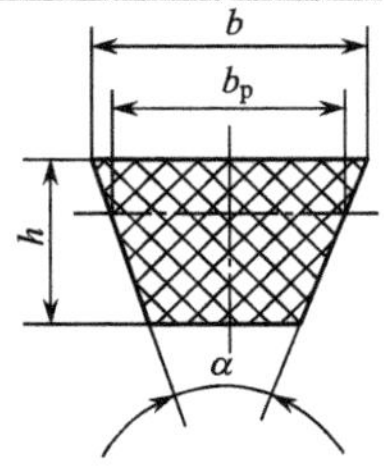 楔角 α=40°	型号	Y	Z	A	B	C	D	E
	节宽 b_p/mm	5.3	8.5	11.0	14.0	19.0	27.0	32.0
	顶宽 b/mm	6.0	10.0	13.0	17.0	22.0	32.0	38.0
	高度 h/mm	4.0	6.0	8.0	11.0	14.0	19.0	23.0
	每米带长质量 q/（kg · m^{-1}）	0.04	0.06	0.10	0.17	0.30	0.62	0.90

当 V 带绕带轮弯曲时，其长度和宽度均保持不变的面层称为中性层，如图 6–7（c）所示，中性层的宽度称为节宽 b_p。在规定的张紧力下，沿 V 带中性层量得的周长称为基准长度 L_d，又称为公称长度。它主要用于带传动的几何尺寸计算和 V 带的标记，其长度已标准化，见表 6–2 所示。

表 6–2　普通 V 带的基准长度系列（摘自 GB/T 11544 –1997）

mm

型号	Y	200，224，250，280，315，355，400，450，500
	Z	405，475，530，625，700，780，820，1080，1330，1420，1540
	A	630，700，790，890，990，1100，1250，1430，1550，1640，1750，1940，2050，2200，2300，2480，2700
	B	930，1000，1100，1210，1370，1560，1760，1950，2180，2300，2500，2700，2870，3200，3600，4060，4430，4820，5370，6070
	C	1505，1760，1950，2195，2420，2715，2880，3080，3520，4060，4600，5380，6100，6815，7600，9100，10700
	D	2740，3100，3330，3730，4080，4620，5400，6100，6840，7620，9140，10700，12200，13700，15200
	E	4660，5040，5420，6100，6850，7650，9150，12230，13750，15280，16800

型号为 A，基准长度 L_d = 1430mm 的 V 带标记为：A1430 GB/T 11544—1997。

知识链接 >>>>

窄 V 带传动

窄 V 带已经标准化，按横截面尺寸由小到大分为 SPZ、SPA、SPB、SPC 四种型号。在相同条件下，横截面尺寸越大，则传递的功率越大。窄 V 带的标记示例如下：

SPA　　1800　　GB/T 11544—1997

型号　基准长度，mm　　标准编号

6.1.6　V 带轮的结构与材料

V 带轮由具有轮槽的轮缘、轮毂和轮辐三部分组成，如图 6–8 所示。在轮缘上加工出轮槽，剖面尺寸（如图 6–9 所示）应和 V 带截面尺寸相适应，即型号要相同。

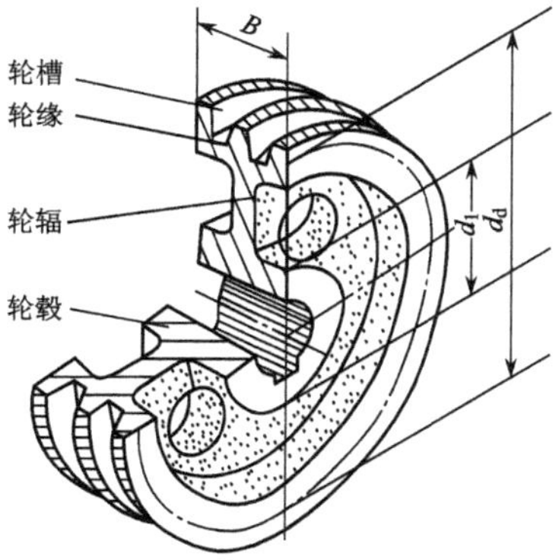

图 6–8　V 带轮

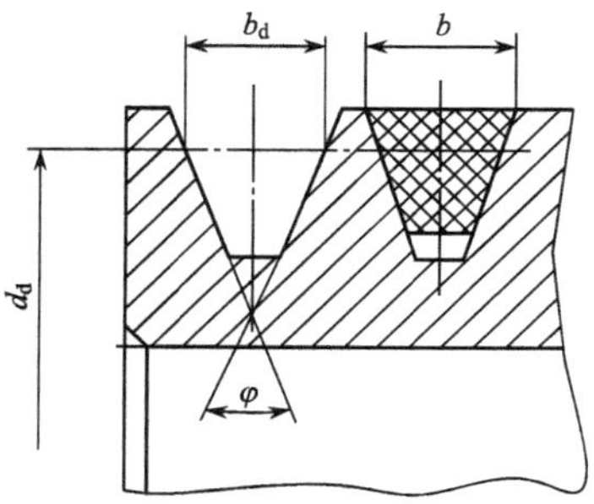

图 6–9　槽型截面

V 带带轮的基准直径 d_d是指带轮上与所配用 V 带的节宽相对应处 b_d的直径，如图 6-9 所示。d_d的数值已标准化，应按国家标准选用标准系列值。在带传动中，带轮基准直径越小，传动时带在带轮上的弯曲变形越严重，V 带的弯曲应力越大，从而会降低带的使用寿命。为了延长传动带的使用寿命，对各型号的普通 V 带带轮都规定有最小基准直径 d_{dmin}。

普通 V 带带轮的基准直径 d_d标准系列值见表 6-3 所示。

表 6-3　普通 V 带带轮的基准直径 d_d标准系列值（摘自 GB/T 13575. 1—2008）

槽型	Y	Z	A	B	C	D	E
d_{dmin}	20	50	75	125	200	355	500
d_d的范围	20 ~ 125	50 ~ 630	75 ~ 800	125 ~ 1125	200 ~ 2000	355 ~ 2000	500 ~ 2500
d_d的标准系列值	50，56，71，75，100，125，140，150，160，180，200，212，224，236，250，280，300，315，400，500，530，630，710，800，1000，1060，1250，1400，1600，1800，2000，2240，2500						
槽角 φ	32°	34°				36°	

根据带轮直径的大小，带轮的基本结构有有实心式（如图 6-10（a）所示）、辐板式（如图 6-10（b）所示）、孔板式（如图 6-10（c）所示）和轮辐式（如图 6-10（d）所示）等。

由于带传动多用于高速级，选择带轮材料时，主要考虑重量要轻，质量分布要均匀，以及摩擦系数要大。带轮的材料一般采用铸铁，常用牌号 HT100、HT150，速度大时用 HT200。转速高时可采用铸钢或轻合金，小功率时可选用塑料。

想一想 >>>>

从表 6-3 可见，V 带轮的轮槽角 φ 比 V 带的楔角 α（=40°）要小，分析原因。

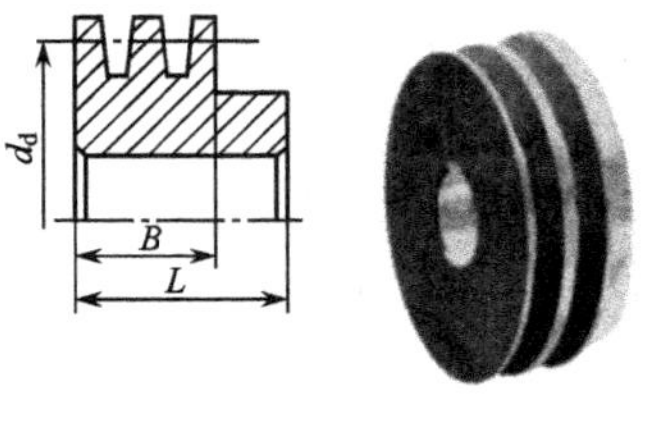

(a) 实心式带轮

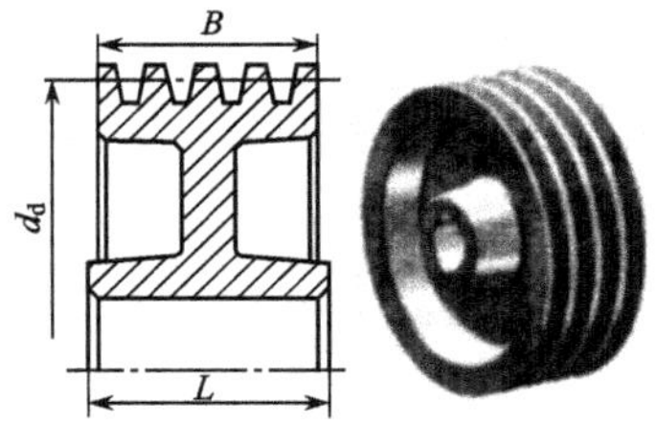

(b) 辐板式带轮

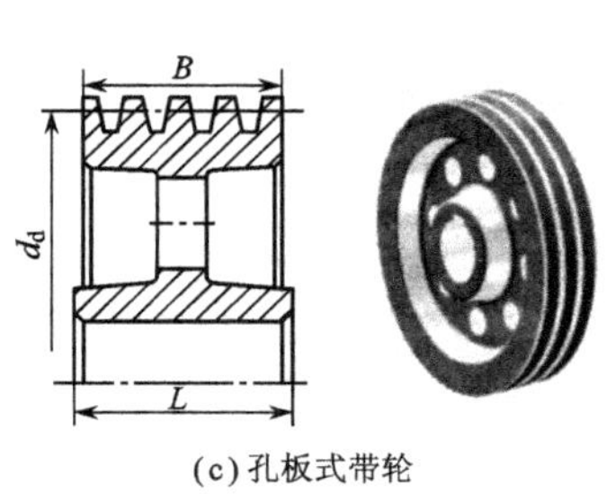

(c) 孔板式带轮

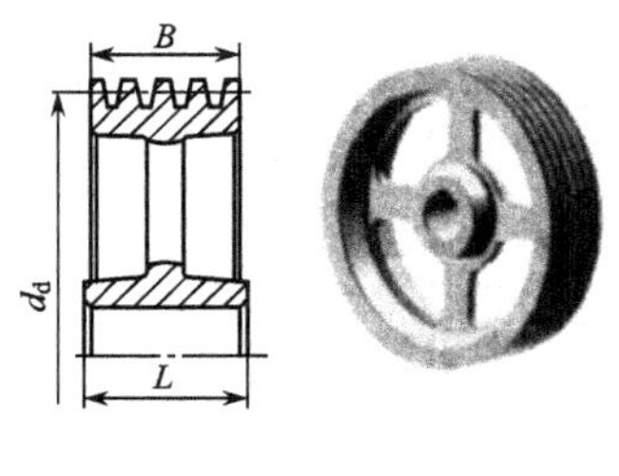

(d) 轮辐式带轮

图 6-10　V 带轮基本结构

6.1.7 影响带传动工作能力的因素

1. 带传动工作能力分析

传动带在运行前张紧在带轮上，带轮两侧均受到初拉力 F_0，如图 6-11（a）所示。带传动运行时，主动带轮以转速 n_1 转动，由于初拉力的存在，使传动带与带轮接触表面之间产生摩擦力，导致带轮两侧边的受力情况发生了变化：进入主动轮一边的带被拉紧，叫做紧边，紧边拉力由 F_0 增到 F_1，离开主动轮一边的带被放松，叫做松边，松边的拉力由 F_0 减至 F_2；如图 6-11（b）所示。

在带传动中，把紧边与松边的拉力差 $F_t = F_1 - F_2$ 称为带传动的有效圆周力，有效圆周力 F_t 实际上就是传动带与带轮接触表面之间所产生的摩擦力 F_f，所以 F_t 随外载荷的变化而变化，并有极限值 F_{tmax}。如果带传动的工作载荷超过 F_{tmax}，带与带轮在全部接触表面上均产生相对滑动而失效，这种现象称为打滑。打滑使带发生严重磨耗，温升加剧，运行失稳，传动失效。为保证带传动的正常工作，应当避免产生打滑现象。

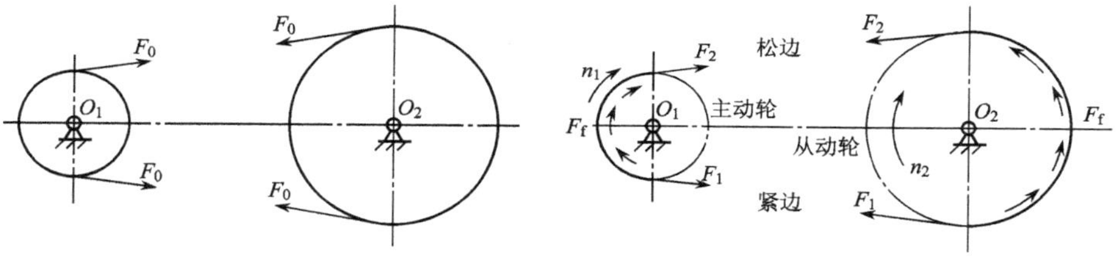

(a) 静止时　　(b) 转动时

图 6-11　带传动的受力分析

2. 张紧与张紧装置

（1）张紧

由前述可知，张紧力 F_0 越大，带与带轮间的摩擦力越大，带的传动能力越大。但过大的张紧力，不仅会使带过早松弛而降低其使用寿命，同时也增大了轴与轴承之间的压力。因此，张紧力应控制在适当的范围内，在中等中心距的带传动中，一般用大拇指按下挠度为 15mm 则认为张紧力是合适的，如图 6-12 所示。

图 6-12　带的张紧力

(2) 张紧装置

带传动工作中，在张紧力作用下，经过一段时间运转后，带会因产生塑性变形而松驰，从而使张紧力 F_0降低，带的传动能力下降。为保证带传动的传动能力，当张紧力 F_0不足时，必须重新张紧。常见的张紧装置如下。

① 定期张紧装置。采用定期改变中心距的方法来调节张紧力，使带重新张紧。在水平或倾斜不大的传动中，可采用如图 6-13（a）所示的张紧装置。在垂直或接近垂直的带传动中，可采用如图 6-13（b）所示的张紧装置。

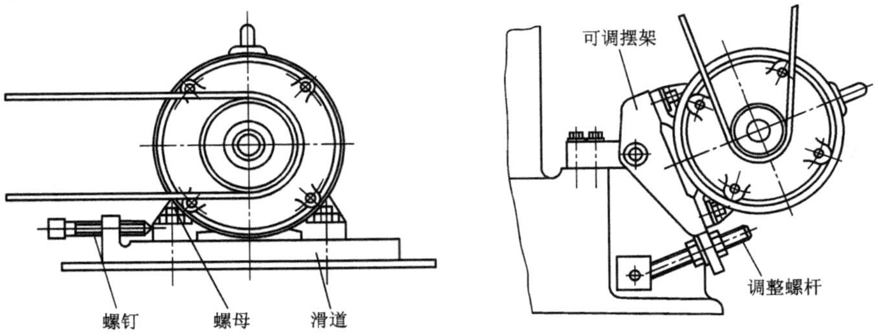

(a) 滑动式 (b) 摆动式

图 6-13 带的定期张紧装置

② 自动张紧装置。将装有带轮的电动机装在浮动的摆架上（如图 6-14 所示），利用电动机的自重使带轮随电动机绕固定轴摆动，自动保持张紧力。

③ 采用张紧轮的张紧装置。当带传动的中心距不能调整时，可采用如图 6-15 所示的张紧轮装置。使用时张紧轮应装在松边内侧，并靠近大带轮。

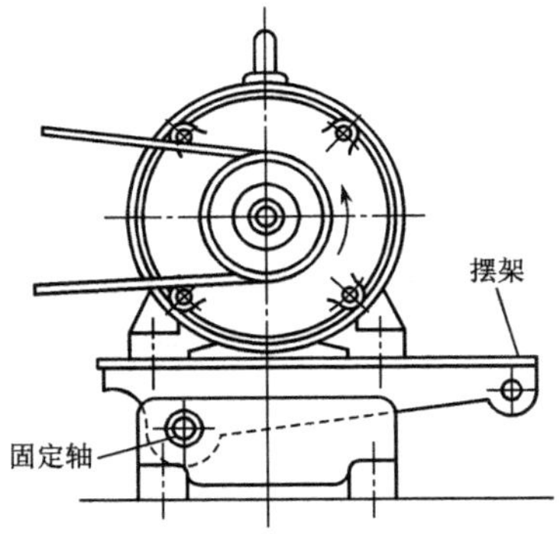

图 6-14 带的自动张紧装置

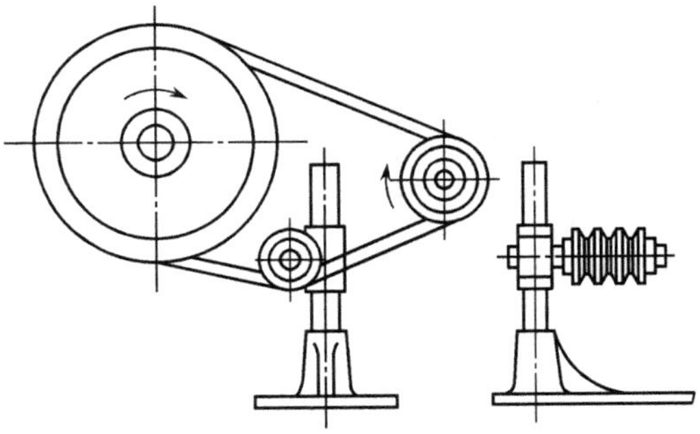

图 6-15 带的张紧轮装置

(3) 安装与维护

① 安装时，主动带轮与从动带轮的轮槽要对正，两轮的轴线要保持平行，否则会引起带的扭曲及带的过早磨损，还会使轴承承受附加载荷，如图 6-16 所示。

② 带的型号与轮槽的型号要相对应，要保证带的断面在轮槽中的正确位置，即带应与带轮的外缘平齐，不能高出，也不能陷入太深，如图 6-17 所示。

③ 成组使用的 V 带，其长短不能相差过大，一般新旧 V 带最好不要同时使用，否则会使带受力不均匀。

④ 带传动装置应加安全防护罩，避免发生意外事故和保护带的工作环境。

⑤ 带不应和酸、碱、盐及油类等对橡胶有腐蚀作用的介质接触，并尽量避免日光曝晒和雨淋。

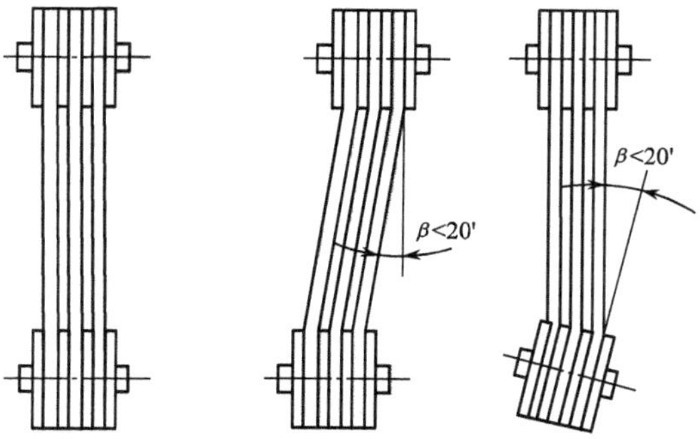

(a) 两带轮理想正确位置　(b)、(c) 带轮安装实际位置的允许误差

图 6-16　V 带和带轮的安装

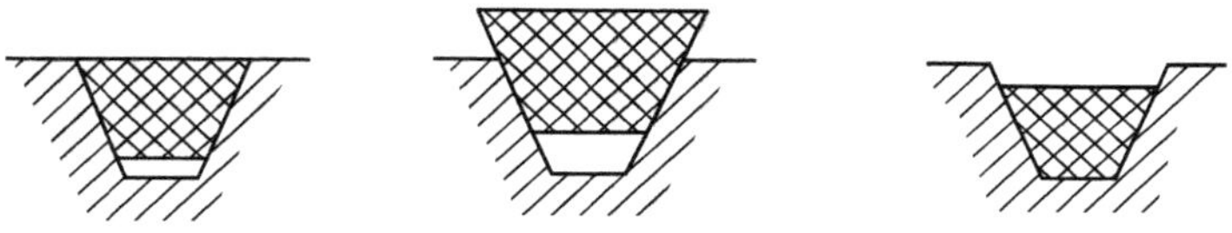

(a) 正确　(b) 不正确　(c) 不正确

图 6-17　V 带在轮槽中的位置

6.2　链传动

6.2.1　链传动的工作原理、特点及应用

链传动由装在平行轴上的主动链轮 1、从动链轮 2 和绕在链轮上的环形链条 3 所组成。是以链条作中间挠性构件，靠链节与链轮轮齿连续不断地啮合来传递运动和动力的一种啮合传动机构，如图 6-18 所示。

与带传动相比，链传动属于啮合传动，无打滑现象，可以保持准确的平均传动比，传递的功率大，结构紧凑；摩擦损失小，传动效率高；可在高温、多尘、淋水、淋油、日晒等恶劣环境下工作。但要求安装精度高，高速传动时有噪声，且制造成本高。

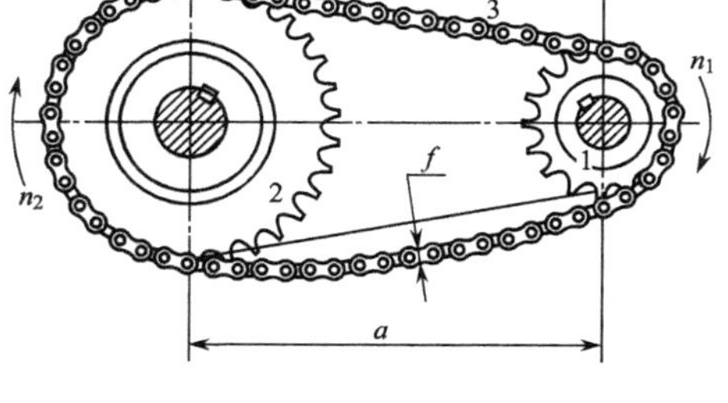

图 6-18　链传动

6.2.2 链传动的传动比

链传动的平均传动比 i 就是链轮的转速之比，用公式表示为

$$i=\frac{n_1}{n_2}=\frac{Z_2}{Z_1}$$

式中　n_1，n_2——主动链轮、从动链轮的转速，r/min；

z_1，z_2——主动链轮、从动链轮的齿数。

一般链传动的传动比 $i \leqslant 6$。

6.2.3 滚子链的结构与参数

传动链的种类很多，主要有滚子链（如图6-19（a）所示）和齿形链（如图6-19（b）所示）两种。其中滚子链结构简单，重量轻，价格较低，故应用最为广泛。

(a) 滚子链　　(b) 齿形链

图6-19　传动链的种类

1. 滚子链的结构与标准

滚子链的结构如图6-20所示。它是由内链板、外链板、销轴、套筒及滚子组成。销轴与外链板、套筒与内链板分别以过盈配合连接，组成外链节、内链节。内链节、外链节通过套筒与销轴之间的间隙配合组成铰链结构，内外链节可相对转动。滚子与套筒是间隙配合，当链条与链轮进入或脱离啮合时，滚子可在链轮上滚动，使两者之间为滚动摩擦，从而减少了链条与链轮轮齿的磨损。

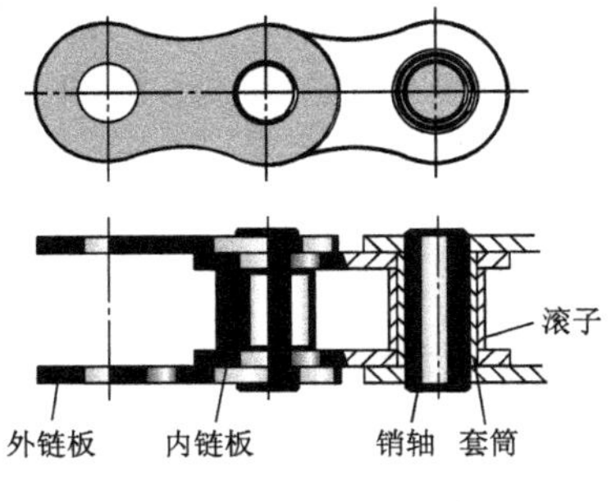

图6-20　滚子链结构

图6-21　双排链

链条上相邻销轴的轴间距称为节距，用 p 表示，它是链传动最主要的参数，节距越大，链传动各零件的结构尺寸也越大，承载能力也越高，但传动越不平稳，重量也随之增大，当需要传递大功率而又要求传动结构尺寸较小时，可采用小节距的双排链（如图6-21所示）

或多排链，为避免受力不匀，最多不超过四排链。

滚子链已经标准化，其结构和基本参数已在国标中作了规定，表6-4列出了GB/T 1243—2006规定的滚子链的节距尺寸。

表6-4　滚子链的链号与节距

链号	06B	08A	10A	12A	16A	20A	24A
节距 p/mm	9.525	12.70	15.875	19.05	25.40	31.75	38.10

国标规定滚子链的标记为

链号—排数—链节数　　标准编号

例如：08A—1—86　　GB/T 1243—2006

表示：链号为08A（节距为12.7mm）、单排、86节的滚子链。

2. 滚子链的接头形式

当链节数为偶数时，内外链板正好相接，可直接采用链节连接（如图6-22所示），接头处常采用开口销或弹性锁片锁住连接链板。当链节数为奇数时，接头可用过渡链节（如图6-23所示），过渡链节不仅制造复杂，而且抗拉强度较低，因此应尽量采用偶数链节。

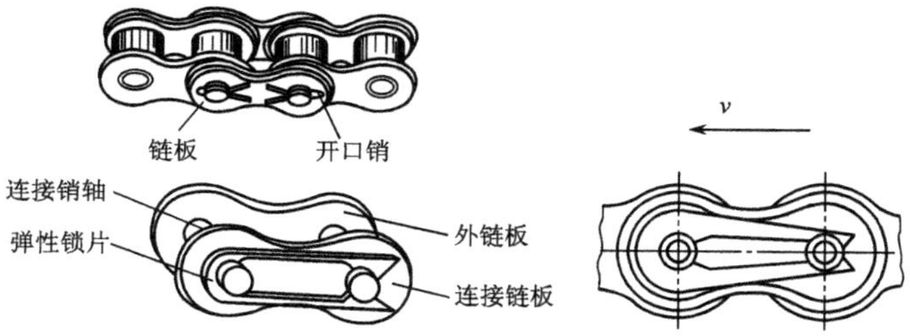

图6-22　滚子链的接头形式

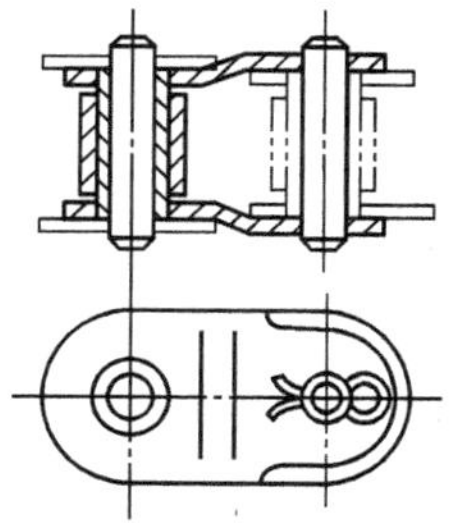

图6-23　过渡链节

6.2.4　链传动的安装与维护

1. 链传动的布置

链传动的布置应遵循以下原则：

① 大小链轮的轴线要平行，各链轮在同一平面内，且使链条在同一铅垂面内运动。

② 两链轮的轴心连线最好是水平或与水平面的夹角小于45°。尽量避免垂直布置，以防链节磨损后因伸长造成下边链轮与链条的啮合不良，出现脱链。

③ 链传动一般应使紧边在上、松边在下。否则，松边下垂，有可能无法从小链轮脱出，反而会被卷入。

2. 链传动的张紧

链条张紧的目的，主要是为了避免由于铰链磨损使链条长度增大时，松边过于松驰而使啮合不良和链条振动；同时也为了增加链条与链轮的包角。

最常用的张紧方法是移动链轮以增大两轮的中心距；若中心距不可调时，可在松边外侧（也可在内侧）设置张紧轮（链轮或滚轮），如图 6–24 所示。

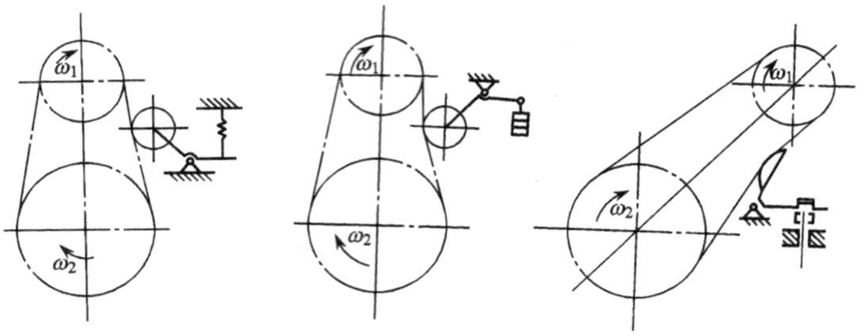

图 6–24　链传动的张紧方法

做一做 >>>>

说出图 6–25 所示两种自行车链传动的张紧方法，指出实现张紧的具体位置。

图 6–25　自行车链传动的张紧

3. 链传动的润滑

良好的润滑有利于减少磨损，降低摩擦损失，缓和冲击和延长链的使用寿命。一般采用的润滑方式见表 6–5 所示。

表 6–5　滚子链的润滑方法和供油量

方式	人工润滑	滴油润滑	油浴润滑	压力润滑
简图	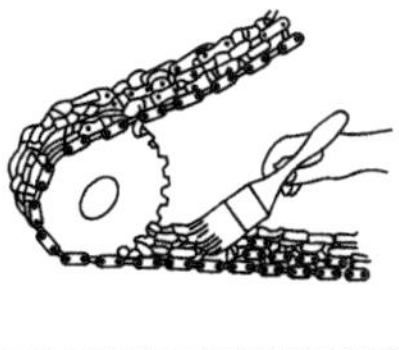	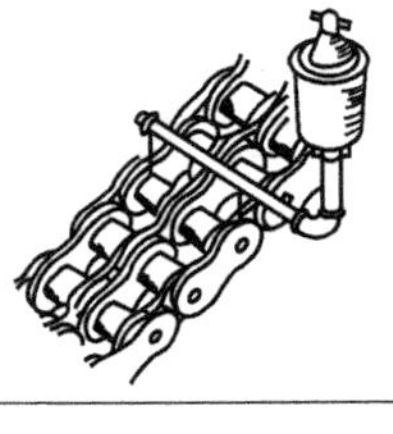	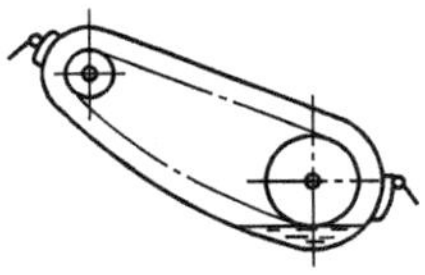	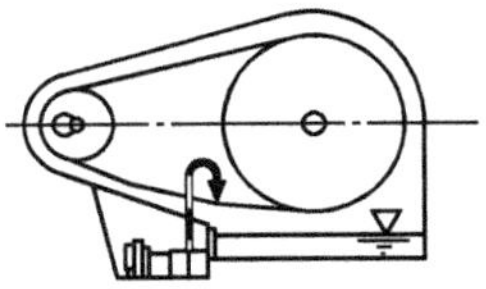
润滑方式	用刷子或油壶定期在链条松边内、外链板间隙中注油	装有简单外壳，用油杯滴油	采用不漏油的外壳使链条从油槽中通过	采用不漏油的外壳，油泵强制供油，喷油管口设在链条啮合入口处，循环油可起冷却作用

6.3 V带（链）传动的安装与调试——阶段性训练（五）

6.3.1 训练目的

（1）通过V带传动的安装与调试，进一步巩固、掌握所学内容。
（2）熟悉V带的结构、型号与标记。
（3）学习V带传动的安装和调试的方法。
（4）掌握V带传动的张紧和调整方法。
（5）培养动手能力，为今后从事此类工作奠定基础。

6.3.2 训练内容

（1）观察实验平台设备、元件——减速器、电动机、带轮、V带。
（2）正确选择、安装与并调整V带。

6.3.3 训练用工具及设备

训练工具包括旋具（螺丝刀）、各种类型的扳手、手锤、平尺、直角尺、游标卡尺、百分表、零件存放盘等。训练设备为减速器、电动机、张紧装置。

6.3.4 相关结构介绍

常用的实验平台有以下三种形式，如图6-26所示，两个带轮分别安装在减速器和电动机轴上，两者间用V带传动，三种形式张紧装置有所不同。

(a)　(b)　(c)

图6-26　V带安装实验平台

6.3.5 训练过程与相关方法要点

（1）V带及带轮的认识

认识V带的工作面、截面形状、型号及标记的含义。了解带轮的轮槽、材料及结构形式。

（2）选用V带

应按设计要求选取带型、基准长度和根数。

注意： 带的型号和基准长度不要搞错，以保证V带在轮槽中的正确位置。

（3）V带的安装与调整

① 在实验平台上按初估中心距安装电动机和减速器，并拧紧固定螺栓，固定减速器和

电动机。

② 安装带轮。在减速器输入轴上安装键后，安装大带轮，然后固紧轴端挡圈；同样，在电动机轴上安装小带轮。安装带轮时，两轮的轴线应平行，端面与中心垂直，且两带轮装在轴上不得晃动，否则会使传动带侧面过早磨损。

③ 安装 V 带。安装 V 带时不得强行撬入，应按计算的中心距适当缩小，待将 V 带套在带轮槽后再拧紧调整螺钉进行张紧，以使带松紧适度，一般可凭经验来控制。

④ 检查轮槽对正。对于中心距较小的带传动，可直接用丁字尺检查；对于中心距较大的带传动，可用拉线法检查。

⑤ 检查与调整带的松紧程度。当两带轮的中心距能够调整时，可利用调整螺钉调整中心距，使传动带具有一定的张紧力。当中心距不能调整时，可采用张紧轮定期将传动带张紧，安装、调整完毕后，紧固所有紧固螺钉。

(4) V 带的使用维护

① 在使用过程中要对带进行定期检查且及时调整。若发现个别 V 带有疲劳撕裂现象时，应及时更换所有 V 带。

② 严防 V 带与酸、碱、油类等对橡胶有腐蚀作用的介质接触，尽量避免日光曝晒。

③ 为了保证安全生产，应给 V 带传动加装防护罩。

6.3.6 训练总结、评判

(1) 个人总结、评判

针对本训练所提出的几个训练目的你还有哪些没学会，收获是什么，还存在什么问题(从自身和外界两个方面分析)；你的整改措施是什么等。写出不少于 300 字的个人总结。根据自己的表现和任务完成情况给自己评定成绩。

(2) 团队总结、评判

组长带领本组成员总结组员的学习情况，讨论本组成员的配合是否出现问题，认真评价本组的成绩，并为下一次的项目加工做准备。根据队员的表现给每位成员评定成绩，并做好记录。

(3) 教师总结、评判

教师对全班学生关于本阶段实训情况，是否完成教学目标，存在哪些问题，如何整改进行总结。教师根据队员的表现给每位成员评定成绩（表 6-6）。

表 6-6　考核表

考核项目	考核内容	分值	自评	小组评价	教师评价	得分
理论知识	1. V 带的类型、应用特点	5				
	2. 三种形式 V 带张紧装置的特点	10				
	3. V 带轮、V 带的安装要点	10				
基本技能	1. V 带轮的安装与拆卸方法	10				
	2. V 带的安装与拆卸方法	5				
	3. V 带调整方法	10				
操作过程	1. 操作过程合理	10				
	2. 按时完成任务	10				
安全生产	安全防护知识	5				

续表

考核项目	考核内容	分值	自评	小组评价	教师评价	得分
学习态度	1. 出勤情况	5				
	2. 实操前的准备	5				
	3. 个人纪律	5				
	4. 团队协作	10				
总分		100				

6.4 齿轮传动

6.4.1 齿轮传动的特点、分类和应用

齿轮传动是利用两齿轮的轮齿相互啮合传递运动和动力的机械传动。齿轮传动是机械传动中应用最广泛、最主要的一种啮合传动机构。与其他传动机构相比，齿轮传动有以下特点。

① 传递功率和圆周速度适应范围大，传递功率可由很小到十几万千瓦，圆周速度可达300m/s。

② 瞬时传动比恒定不变，且可以实现较大的传动比。一般齿轮传动的传动比 $i \leq 5$，最大传动比 $i=8$。

③ 结构紧凑，工作可靠，使用寿命长，传动效率高。

④ 制造与安装精度要求高，成本高，且不宜用于较大中心距的场合。

想一想 >>>>

上述特点哪些是优点？哪些是缺点？

齿轮传动应用广，类型多，通常按图6-27所示方法进行分类。此外根据齿轮传动工作条件，还分为闭式齿轮传动、开式齿轮传动和半开式齿轮传动。

(1) 闭式齿轮传动

它将齿轮封闭在箱体内，具有良好的润滑条件和防护条件。常用于速度较高或重要的齿轮传动场合，如图6-28 (a) 所示。

(2) 开式齿轮传动

它没有防护箱体，齿轮暴露在外面，外界杂物容易侵入轮齿啮合处，易引起齿面磨损，常用于低速与不重要的齿轮传动场合，如图6-28 (b) 所示。

(3) 半开式齿轮传动

齿轮浸入油池，有护罩，但不封闭。

本节着重介绍外啮合的渐开线直齿圆柱齿轮传动。

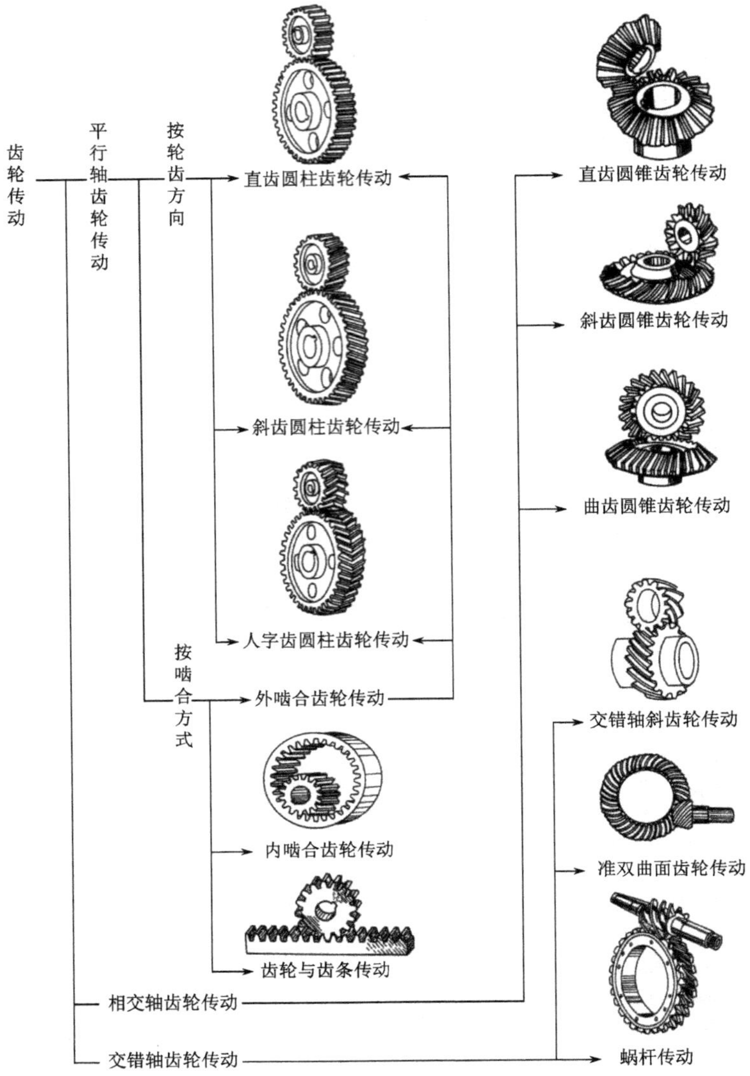

图 6-27　齿轮传动分类

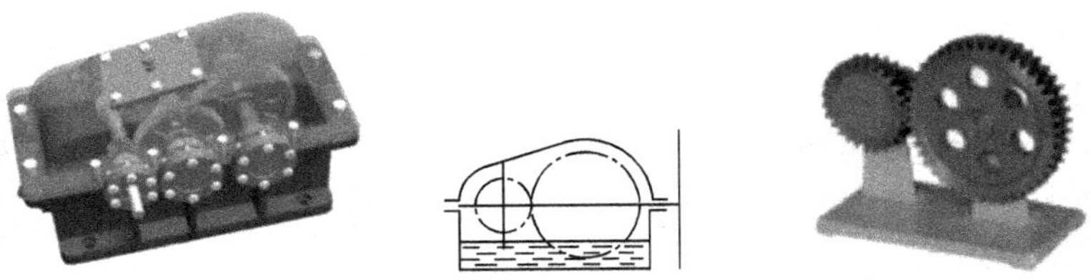

(a) 闭式齿轮传动　　(b) 开式齿轮传动

图 6-28　闭式齿轮传动与开式齿轮传动

想一想 >>>>

根据图 6-27 分析，外啮合齿轮传动两轮转动方向______；内啮合齿轮传动两轮转动方向______；齿轮与齿条传动中，齿轮作传动，且齿条作______。

知识链接 >>>>

渐开线齿轮

在平面内，一条动直线（发生线）沿着一个固定的圆（基圆）作纯滚动时，此动直线上一点的轨迹，称为圆的渐开线。

如图 6-29（a）所示，直线 *AB* 与一半径为 r_b 的圆相切，并沿此圆作无滑移的纯滚动，则直线 *AB* 上任意一点 *K* 的轨迹 *CKD* 称为该圆的渐开线。与直线作纯滚动的圆称为基圆，r_b 为基圆半径，直线 *AB* 称为发生线。

以渐开线作为齿廓曲线的齿轮称为渐开线齿轮。如图 6-29（b）所示齿轮轮齿的可用齿廓是由同一基圆的两条相反（对称）的渐开线组成的，称为渐开线齿轮。

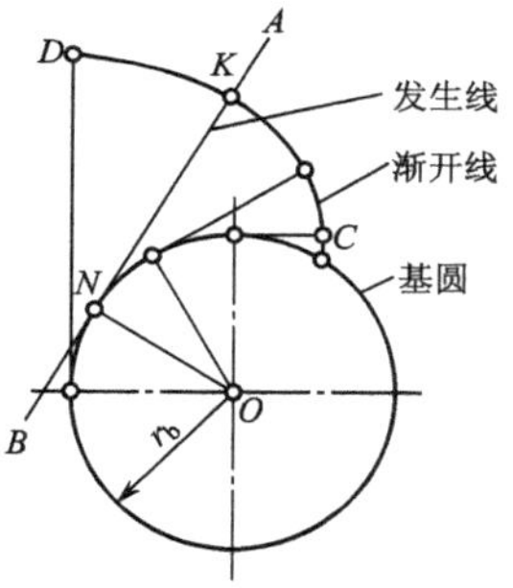

(a) 渐开线的形成

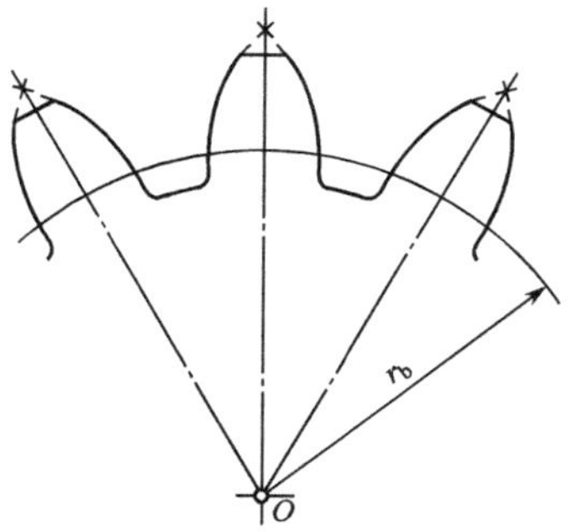

(b) 渐开线齿廓的形成

图 6-29　渐开线齿轮

6.4.2　齿轮各部分名称及主要参数

如图 6-30 所示为渐开线直齿圆柱齿轮的一部分。齿廓表面为渐开线曲面，且两侧齿廓完全对称。

（1）齿顶圆和齿根圆

过所有轮齿顶端的圆称为齿顶圆，其直径用 d_a 表示；过所有轮齿根部的圆称为齿根圆，用 d_f 表示，如图 6-30 所示。

（2）齿厚、齿槽宽和齿距

在某一圆周上，轮齿两侧齿廓间的弧长称为该圆上的齿厚，用 *s* 表示；齿槽两侧齿廓间的弧长称为该

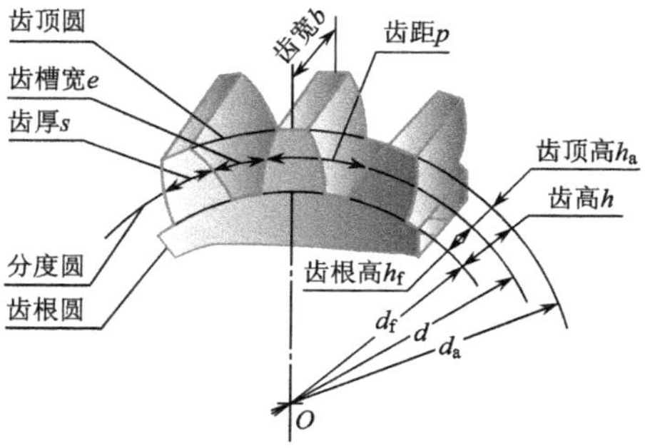

图 6-30　直齿圆柱齿轮的几何要素

圆上的齿槽宽，用 e 表示；相邻两齿同侧齿廓间的弧长称为该圆上的齿距，用 p 表示。显然

$$p = s + e$$

(3) 分度圆

分度圆介于齿顶圆和齿根圆之间，是计算齿轮各部分尺寸的基准，其直径用 d 表示。对标准齿轮，分度圆上的齿厚与齿槽宽相等。

(4) 齿数

齿轮圆周上的轮齿总数，用 z 表示。

(5) 模数

齿轮的分度圆直径 d、齿数为 z、齿距 p 的关系为

$$\pi d = p \cdot z \quad 或 \quad d = \frac{p}{\pi} z$$

上式中令 $m = \frac{p}{\pi}$，称为齿轮的模数，单位为 mm；故

$$d = mz \tag{6-4}$$

可见，模数 m 的大小反映了齿距 p 的大小，也就是反映了轮齿的大小。模数越大，轮齿越大，齿轮所能承受的载荷就大；反之模数越小，轮齿越小，齿轮所能承受的载荷越小。我国规定的标准模数见表 6-8 所示。

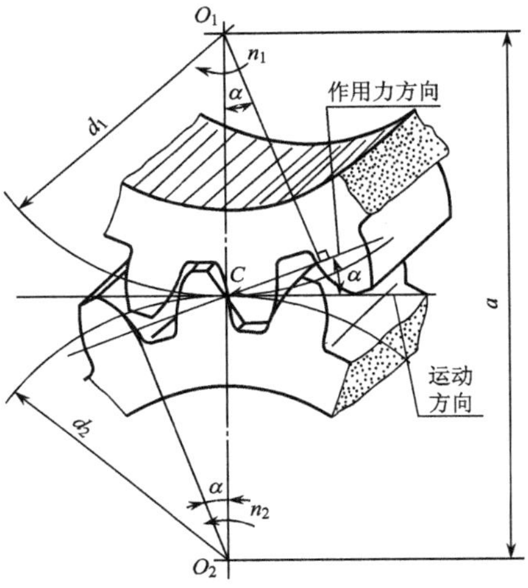

图 6-31　两啮合的直齿圆柱齿轮

(6) 压力角 α

压力角是物体运动方向与作用力方向所夹的锐角，如图 6-31 所示。通常说的齿轮压力角，是指渐开线齿廓在分度圆上的压力角，压力角已标准化，我国规定标准压力角 $\alpha = 20°$。

(7) 齿顶高、齿根高和全齿高

分度圆与齿顶圆之间的部分叫齿顶，其径向距离为齿顶高，用 h_a 表示；分度圆与齿根圆之间的部分叫齿根，其径向距离为齿根高，用 h_f 表示；齿顶圆与齿根圆之间的径向距离为全齿高（简称齿高），用 h 表示。显然

$$h = h_a + h_f$$

其中 $$h_a = h_a^* m, \quad h_f = (h_a^* + c^*) m$$

式中，h_a^*——齿顶高系数；

c^*——顶隙系数（径向间隙系数）。

国标规定，对标准圆柱齿轮齿顶高系数 $h_a^* = 1$，顶隙系数 $c^* = 0.25$；而短齿制的齿轮齿顶高系数 $h_a^* = 0.8$，顶隙系数 $c^* = 0.3$。标准模数系列见表 6-7 所示。

表 6-7　标准模数系列（摘自 GB/T 1357—2008）　mm

第一系列	1, 1.25, 1.5, 2, 2.5, 3, 4, 5, 6, 8, 10, 12, 16, 20, 25, 32, 40, 50
第二系列	1.75, 2.25, 2.75, (3.25), 3.5, (3.75), 4.5, 5.5, (6.5), 7, 9, (11), 14, 18, 22, 28, 36, 45

注：1. 本表适用于渐开线齿轮，对斜齿圆柱齿轮是指法面模数，对圆锥齿轮是指大端模数。

2. 选用模数时应优先选用第一系列，括号内的数值尽可能不用。

（8）齿宽

轮齿的轴向宽度称为齿宽，用 b 表示。

上述的齿数 z、模数 m、压力角 α、齿顶高系数 h_a^* 和顶隙系数 c^* 为齿轮的主要参数。

想一想 >>>>

如图6-31所示，两齿轮啮合时，一个齿轮轮齿的齿顶与另一个齿轮的齿槽底部有一定的间隙，该间隙有利于储存____________，其大小为______________。

知识链接 >>>>

不同模数的齿轮比较

如图6-32所示为两个齿数相同（$z=16$）而模数不同的齿轮，可以比较其几何尺寸和轮齿大小。如图6-33所示为分度圆直径相同（$d=72$mm），模数不同的四种齿轮轮齿的比较。不难看出，模数小的，轮齿就小，其齿数多。m 越大，p 越大、s 越大，轮齿抗弯能力也越大。

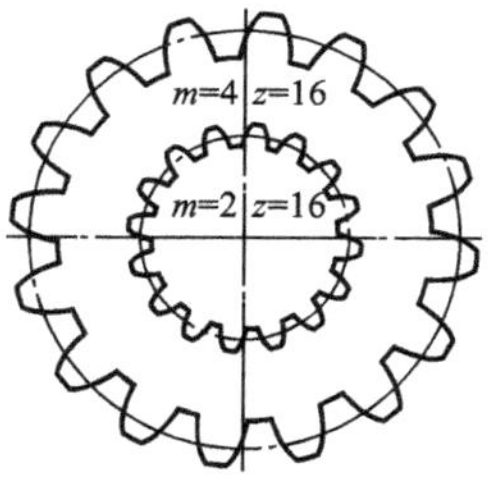

图6-32　齿数模数与分度圆大小的比较

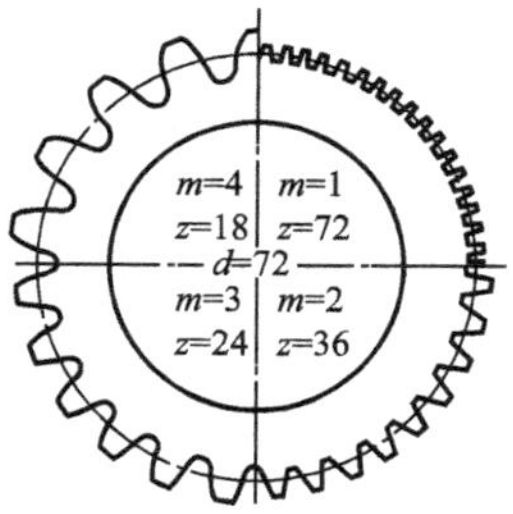

图6-33　齿数模数与轮齿大小的比较

6.4.3　标准直齿圆柱齿轮的基本尺寸

对模数 m、压力角 α、齿顶高系数 h_a^* 和顶隙系数 c^* 都取标准值，且分度圆上的齿厚 s 等于齿槽宽 e 的齿轮，称为标准齿轮。

外啮合标准直齿圆柱齿轮的基本尺寸计算公式见表6-8所示。

表6-8　外啮合标准直齿圆柱齿轮的基本尺寸计算公式

名称		代号	计算公式
基本参数	模数	m	根据强度计算决定，按表6-1选取标准值
	齿数	z	$z_1 \geqslant z_{min}$，$z_2 = iz_1$
	压力角	α	取标准值，$\alpha = 20°$
	齿顶高系数	h_a^*	取标准值，$h_a^* = 1.0$
	顶隙系数	c^*	取标准值，$c^* = 0.25$

续表

名称		代号	计算公式
几何尺寸	分度圆直径	d	$d=zm$
	齿顶高	h_a	$h_a=h_a^*m=m$
	齿根高	h_f	$h_f=(h_a^*+c^*)m=1.25m$
	全齿高	h	$h=h_a+h_f=(2h_a^*+c^*)m=2.25m$
	齿顶圆直径	d_a	$d_a=d+2h_a=(z+2h_a^*)m=(z+2)m$
	齿根圆直径	d_f	$d_f=d-2h_f=(z-2h_a^*-2c^*)m=(z-2.5)m$
	基圆直径	d_b	$d_b=d\cos\alpha=zm\cos\alpha$
	齿　距	p	$p=\pi m$
	齿　厚	s	$s=p/2=\pi m/2$
	齿槽宽	e	$e=p/2=\pi m/2$

一对模数相等的标准齿轮，在齿侧无间隙安装时，其分度圆相切，这种安装称为标准安装，其中心距称为标准中心距（如图6–31所示）。即

$$a=\frac{1}{2}(d_1+d_2)=\frac{1}{2}m(z_1+z_2)$$

【例6–1】 一对相啮合的标准直齿圆柱齿轮，已知齿数$z_1=24$，$z_2=40$，模数$m=5\text{mm}$。试计算大小齿轮的分度圆直径d、齿顶圆直径d_a、齿根圆直径d_f、基圆直径d_b、齿距p、齿厚s、齿顶高h_a、齿根高h_f、齿高h和中心距a。

解 按表6–8所列有关公式计算，计算结果列于表6–9中。

表6–9　例6–1计算结果　　mm

名称及代号	应用公式	小齿轮z_1	大齿轮z_2
分度圆直径d	$d=zm$	$d_1=5\times24=120$	$d_2=5\times40=200$
齿顶圆直径d_a	$d_a=(z+2)m$	$d_{a1}=(24+2)\times5=130$	$d_{a2}=(40+2)\times5=210$
齿根圆直径d_f	$d_f=(z-2.5)m$	$d_{f1}=(24-2.5)\times5=107.5$	$d_{f2}=(40-2.5)\times5=187.5$
基圆直径d_b	$d_b=d\cos\alpha$	$d_{b1}=120\cos20°=112.76$	$d_{b2}=200\cos20°=187.94$
齿　距p	$p=\pi m$	$p_1=p_2=3.14\times5=15.7$	
齿　厚s	$s=p/2$	$s_1=s_2=7.85$	
齿顶高h_a	$h_a=m$	$h_{a1}=h_{a2}=5$	
齿根高h_f	$h_f=1.25m$	$h_{f1}=h_{f2}=1.25\times5=6.25$	
齿　高h	$h=2.25m$	$h_1=h_2=2.25\times5=11.25$	
中心距a	$a=m(z_1+z_2)/2$	$a=5(24+40)/2=160$	

【例6–2】 已知一标准直齿圆柱齿轮的齿数$z=36$，齿顶圆直径$d_a=304\text{mm}$。试计算其分度圆直径d、齿根圆直径d_f、齿距p以及齿高h。

解 由式$d_a=m(z+2)$得

$$m=\frac{d_a}{z+2}=\frac{304}{36+2}=8\text{mm}$$

将m代入有关各式，得

$$d = zm = 36 \times 8 = 288\text{mm}$$
$$d_f = (z-2.5)m = (36-2.5)\times 8 = 268\text{mm}$$
$$p = \pi m = 3.14 \times 8 = 25.12\text{mm}$$
$$h = 2.25m = 2.25 \times 8 = 18\text{mm}$$

6.4.4 正确啮合条件与传动比

1. 正确啮合条件

一对渐开线标准直齿圆柱齿轮的正确啮合条件为：

① 两齿轮的模数必须相等，即 $m_1 = m_2 = m$。

② 两齿轮分度圆上的压力角必须相等，即 $\alpha_1 = \alpha_2 = \alpha$。

2. 齿轮传动的传动比

齿轮传动的传动比 i 就是齿轮的转速之比，用公式表示为

$$i = \frac{n_1}{n_2} = \frac{z_2}{z_1}$$

式中 n_1，n_2——主动齿轮、从动齿轮的转速，r/min；

z_1，z_2——主动齿轮、从动齿轮的齿数。

【例6-3】 已知一标准直齿圆柱齿轮传动副，其传动比 $i=3$，主动齿轮转速 $n_1 = 750\text{r/min}$，中心距 $a = 240\text{mm}$，模数 $m = 5\text{mm}$。试求从动轮转速 n_2，以及两齿轮齿数 z_1 和 z_2。

解 由式 $i = \frac{n_1}{n_2}$ 得

$$n_2 = \frac{n_1}{i} = \frac{750}{3} = 250\ \text{r/min}$$

由 $a = \frac{1}{2}m(z_1 + z_2)$ 及 $i = \frac{z_2}{z_1}$ 解得

$$z_1 = 24,\ z_2 = 72$$

6.4.5 渐开线齿轮切齿原理及根切最少齿数

1. 渐开线齿轮切齿原理

（1）仿形法

对于单件生产和精度要求不高的齿轮，常用成型铣刀在铣床上将轮齿铣出，刀具的外形与齿轮的齿槽形状相同，这种加工方法称为仿形法。如图6-34所示即为用成型铣刀加工轮齿的方法，每铣完一个齿槽后，将齿轮毛坯转过$\frac{360°}{z}$，再铣下一个齿。

（2）范成法

对于生产批量较大的齿轮，为提高效率、保证精度，常采用范成法（展成法）加工。

它是利用齿轮啮合传动的原理，在刀具与齿轮毛坯的对滚运动中，刀具逐渐切削出渐开线齿形。范成法所用的刀具有齿轮插刀（如图6-35所示），齿条插刀（如图6-36所示）和滚刀（如图6-37所示）三种。

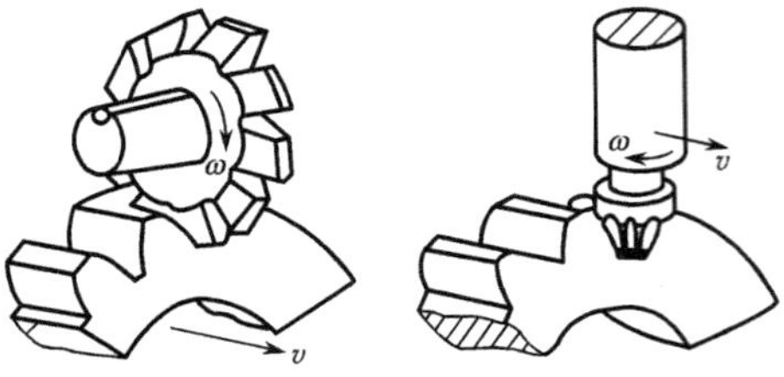

(a) 盘状铣刀加工　(b) 指状铣刀加工

图6-34　仿形法加工齿轮

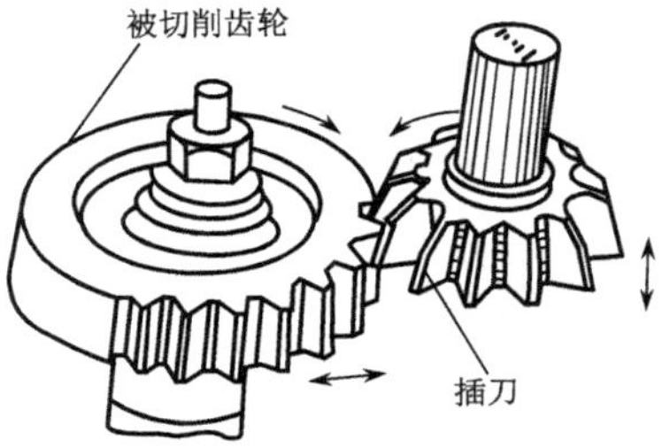

图6-35　齿轮插刀加工齿轮

刀具与齿轮毛坯除按啮合传动的关系运动外，还需作径向与轴向的进给运动，才能将齿槽内的材料全部切削。刀具刀刃在各个位置的包络线，即为渐开线齿廓。

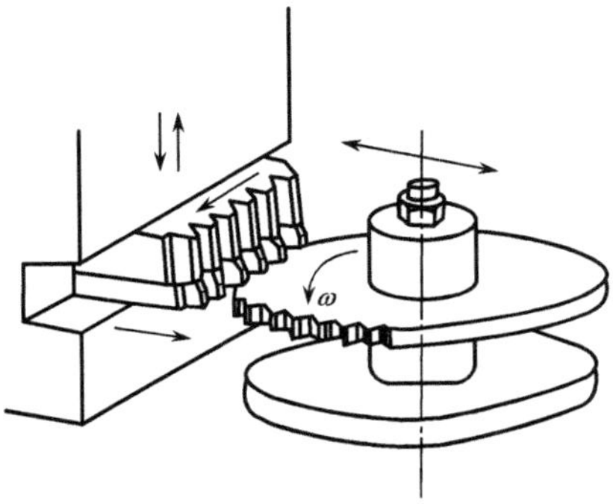

图6-36　齿条插刀加工齿轮

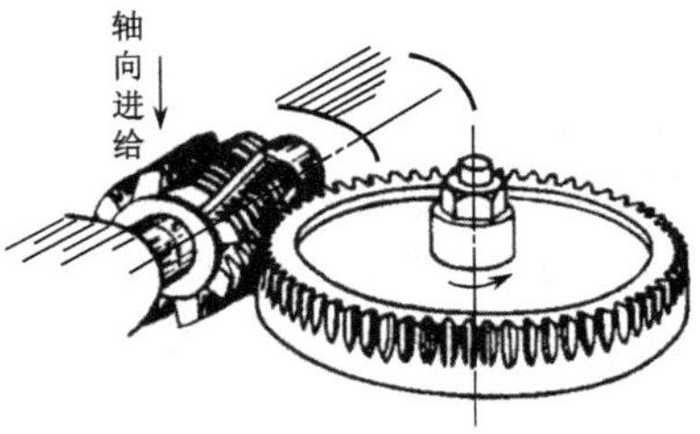

图6-37　齿轮滚刀加工齿轮

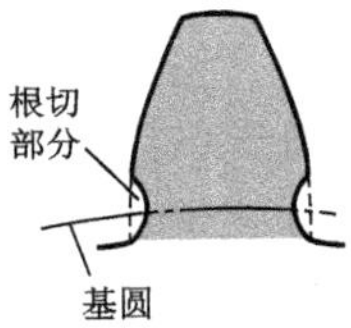

图6-38　根切现象

2. 根切现象与最少齿数

用范成法加工齿轮，若齿轮齿数太少，则切削刀具的齿顶就会切去轮齿根部的一部分，这种现象称为根切。如图6-38所示虚线即为根切后的齿廓。轮齿根切后，抵抗弯曲的能力降低了，并减小了重合度，因此要设法避免。

为避免根切，在选取齿轮齿数时，要大于不产生根切的最少齿数。当采用齿条插刀（或滚刀）加工齿轮时，其最少齿数 z_{min} 的数值为：

正常齿 $\alpha=20°$，$h_a^*=1$ 时，$z_{min}=17$；

短　齿 $\alpha=20°$，$h_a^*=0.8$ 时，$z_{min}=14$。

知识链接 >>>>

变位齿轮的概念

轮齿发生根切的原因是刀具的齿顶线超过了啮合极限点。如图6-39所示，将刀具向远离轮坯中心的方向移动一个距离，刀具就不会切到轮齿的根部，从而不再发生根切现象。通过改变刀具和轮坯的相对位置来切制齿轮的方法称为变位修正法，这样切制的齿轮称为变位齿轮。

刀具向远离轮坯方向移动，称为正变位，变位系数为正值。

刀具向靠近轮坯方向移动，称为负变位，变位系数为负值。

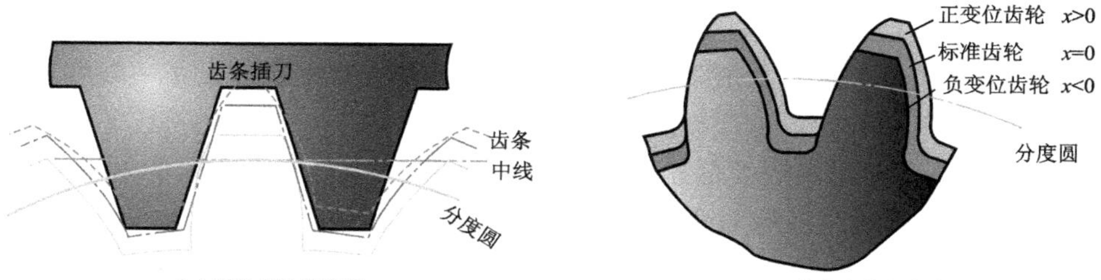

(a) 变位齿轮的原理　　(a) 变位齿轮的齿廓

图6-39　变位齿轮的概念

6.4.6　齿轮失效形式、常用材料和结构

1. 齿轮的失效形式

齿轮的失效是指齿轮在传递过程中，轮齿突然失去正常工作能力的现象。

轮齿的表面质量或齿廓形状发生变化时，都会影响齿轮的正常工作。因此，通常所说齿轮强度一般即指轮齿的强度。轮齿发生破坏后，齿轮即失效。下面讨论几种常见的失效形式。

（1）轮齿折断

齿轮轮齿在传递动力时，相当于一根悬臂梁。在齿根处受到的弯曲应力最大，且在齿根的过渡圆角处具有较大的应力集中（如图6-40（a）所示）。传递载荷时，轮齿从啮合开始到啮合结束，随着啮合点位置的变化，齿根处的应力从零增到某一最大值，然后又逐渐减小为零，轮齿在交变载荷的不断作用下，在轮齿根部的应力集中处便会产生疲劳裂纹（如图6-40（b）所示）。随着重复次数的增加，裂纹逐渐扩展，直至轮齿折断（如图6-40（c）、（d）所示）。这种折断称为疲劳折断。

轮齿折断是开式齿轮传动和硬齿面闭式齿轮传动中轮齿失效的主要形式之一。

防止轮齿折断的主要措施有：选择适当的模数和齿宽，采用合适的材料及热处理方法，减少齿根应力集中，齿根圆角不宜过小，应有一定要求的表面粗糙度。

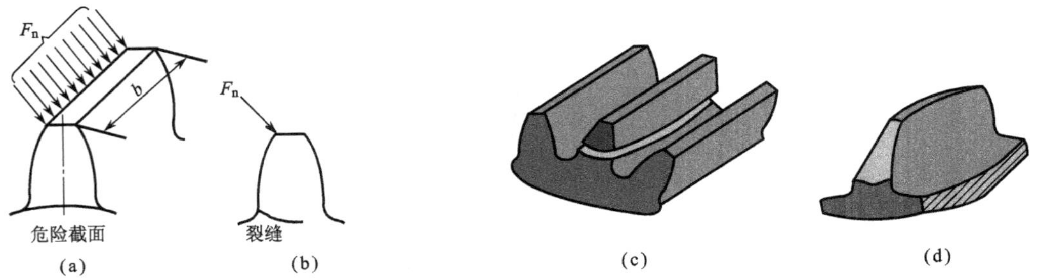

图 6-40　轮齿的折断

（2）齿面疲劳点蚀

轮齿在传递动力时，两工作齿面理论上是线接触，实际上因齿面的弹性变形而会形成很小的面接触。由于接触面积很小，所以产生很大的接触应力。传动过程中，齿面间的接触应力从零增加到最大值，又由最大值降到零，当接触应力的循环次数超过某一限度时，工作齿面便会产生微小的疲劳裂纹。如果裂缝内渗入了润滑油，在另一轮齿的挤压下，封闭在裂缝内的油压会急剧升高，加速裂纹的扩展，最终导致表面层上小块金属的剥落，形成小坑(如图 6-41 所示)。这种现象称为疲劳点蚀，简称点蚀。实践表明，点蚀多发生在靠近节线的齿根表面处，如图 6-42 所示。

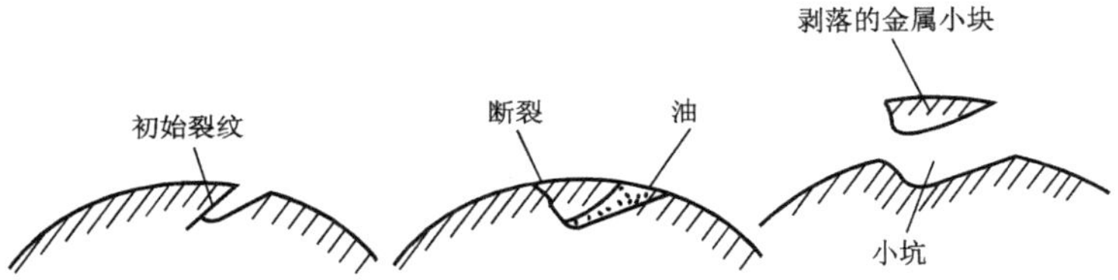

图 6-41　润滑油对点蚀的影响

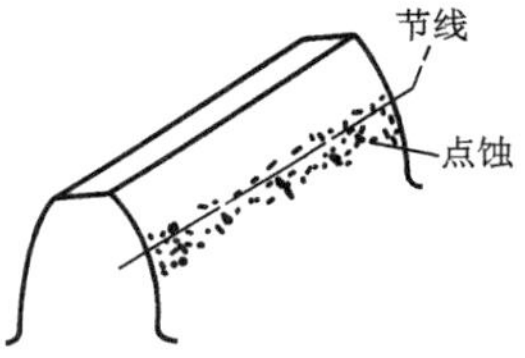

图 6-42　轮齿的点蚀

点蚀使轮齿工作表面损坏，造成传动不平稳和产生噪声，轮齿啮合情况会逐渐恶化而报废。

齿面抗疲劳点蚀的能力主要与齿面硬度有关，齿面硬度愈高，抗疲劳点蚀的能力愈强。因此，齿面点蚀是闭式软齿面齿轮传动的主要失效形式。在开式传动中，因磨损较快，裂纹来不及扩展就被磨掉，故不会出现点蚀。要防止疲劳点蚀，除了提高齿面硬度外，合理确定大小齿轮的材料组合和硬度差，提高齿面质量和精度，也可提高抗疲劳点蚀的能力。

（3）齿面胶合

轮齿在较大的压力下，齿面间的油膜被破坏，而使金属直接接触，金属在高温高压下互相粘连，当继续滑动时，其中较软齿面上的金属将沿滑动方向被撕下一部分而形成胶合沟纹(如图 6-43 所示)，这种现象即为齿面胶合。在高速和低速重载的传动中容易出现齿面胶合。

为防止胶合，在低速齿轮传动中，一般采用高黏度的润滑油；在高中速齿轮传动中，可采用抗胶合润滑油。此外，合理选择齿轮参数，两齿轮选用不同材料，均有利于防止胶合发生。

（4）齿面磨损

齿轮工作时，由于齿面间的相对滑动，在力的作用下齿面间产生滑动摩擦，使齿面磨损，如图6-44所示。产生的磨屑又会进一步加速齿面磨损，当齿面磨损严重时，齿廓形状不再是标准的渐开线，齿侧间隙增大，造成传动平稳性差，引起噪声和冲击，甚至会因齿厚变薄严重，发生轮齿折断。

开式齿轮传动中，由于灰尘、磨屑易进入，并且润滑不良，故齿面磨损是开式传动的一种主要失效形式。要减轻齿面磨损，要尽可能采用闭式传动或加防尘护罩，改善润滑条件。此外还可以提高齿面硬度，减小表面粗糙度，采用适当的材料组合等。

（5）齿面塑性变形

齿面较软的齿轮，在较大的载荷和摩擦力的作用下，可能使齿面表层金属沿相对滑动方向发生局部的塑性流动，出现齿面的塑性变形。如图6-45所示，主动轮上沿分度线处形成凹沟，从动轮上沿分度线处形成凸棱。塑性变形严重时，在主动轮齿顶边缘处会出现飞边，影响齿轮的正常工作。这种现象在低速、过载和起动频繁的传动中较为常见。

防止塑性变形的方法，主要是选用高屈服点的材料和高硬度材料。

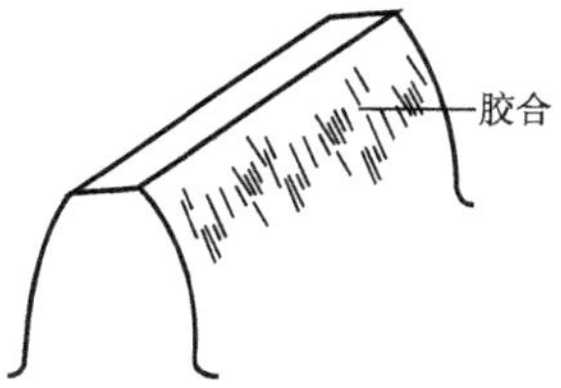

图6-43　齿面胶合

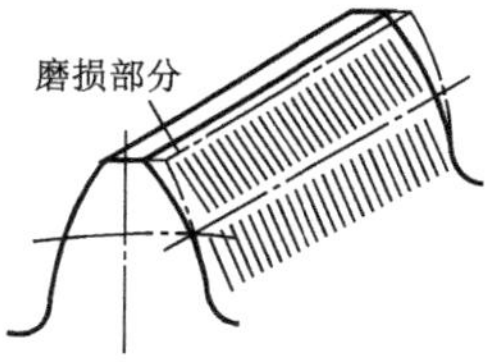

图6-44　齿面磨损

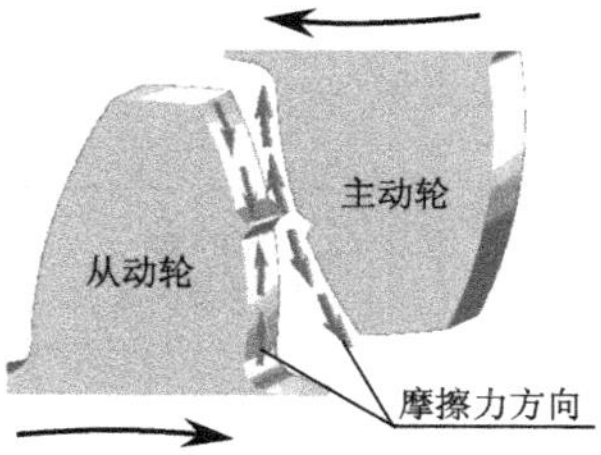

图6-45　轮齿的塑性变形

知识链接 >>>>

齿面硬度与失效形式的关系

齿面硬度≤350HBW称为软齿面，齿面硬度>350HBW称为硬齿面。在闭式软齿面齿轮传动中，齿面点蚀是主要失效形式；在闭式硬齿面齿轮传动中，轮齿疲劳折断的可能性最大；在开式齿轮传动中，齿面磨损，因磨损而折断则是较为多见的。

2. 齿轮常用材料

齿轮常用材料主要是优质碳素钢和合金钢，一般多用锻件，较大直径的齿轮不宜锻造时，需采用铸钢或球墨铸铁。对开式传动和不重要场合，齿轮也可用灰铸铁制造。在小功率高速齿轮传动中，为降低噪声常用尼龙和夹布胶木等作为齿轮材料。

齿轮常用材料的性能、热处理与应用范围见表6-10所示。

表 6-10　齿轮常用材料的性能、热处理及应用范围

材料牌号	热处理	力学性能		应用范围
		抗拉强度/MPa	硬度（HBW 或 HRC）	
45	正火	600～750	170～217HBW	低中速、中载的非重要齿轮
	调质	750～900	220～250HBW	低中速、中载的重要齿轮
	整体淬火	≥1000	38～40HRC	
	调质、齿圈高频淬火	750～900（心部）	48～55HRC（齿面）	低速、重载或高速、中载而冲击较小的齿轮
40Cr	调质	800～1000	230～260HBW	低中速、中载的重要齿轮
	整体淬火	1500～1650	HRC45～50	
	调质，齿圈高频淬火	800～1000（心部）	50～55HRC（齿面）	高速、中载、无猛烈冲击的齿轮
20Cr	渗碳–淬火	≥800（心部）	56～62HRC（齿面）	高速、中载并承受冲击的重要齿轮
ZG310—570	正火	500～550	150HBW	低、中速、中载的大直径齿轮
ZG340—540	正火	≥580	160～210HBW	
	正火–高温回火–齿圈高频淬火	≥550（心部）	40～50HRC	
QT600—2	正火	600	229～362HBW	低中速、轻载有冲击的齿轮
QT450—10		450	≤207HBW	
HT150	人工时效（低温回火）	≥150	163～229HBW	低速、轻载、冲击较小的齿轮（常用做大直径齿轮）
HT200		≥200	170～241HBW	
夹布胶木		纵向 85～100	30～40HBW	高速、轻载、要求声响小的齿轮
MC 尼龙		55～75	21HBW	

注：当齿轮圆周速度 $v<3\text{m/s}$ 时称为低速；$v=3\sim15\text{m/s}$ 时称为中速；$v>15\text{m/s}$ 时称为高速。

3. 圆柱齿轮的结构

圆柱齿轮结构形式有以下四种。

（1）齿轮轴

当齿轮的直径较小时，可将齿轮与轴作成一体，形成齿轮轴，如图 6-46（a）所示。

（2）实心齿轮

当齿顶圆直径 $d_a\leqslant200\text{mm}$ 时，可采用实心结构。毛坯可以用热轧型材或锻造加工，如图 6-46（b）所示。

（3）辐板式齿轮

对于齿顶圆直径 $d_a\leqslant500\text{mm}$ 时，可采用辐板式结构，以减轻重量、节约材料。通常多选用锻造毛坯，也可用铸造毛坯及焊接结构。必要时还可在辐板开若干个孔，如图 6-46（c）、（d）所示。

（4）轮辐式齿轮

对于齿轮直径 $d_a>500\text{mm}$ 时，采用轮辐式结构。受锻造设备的限制，轮辐式齿轮多为铸造齿轮，如图 6-46（e）所示。

(a)齿轮轴 (b)实心式齿轮 (c)辐板式齿轮 (d)辐板式齿轮 (e)轮辐式齿轮

图6-46 圆柱齿轮结构

*6.4.7 齿轮传动精度的概念

由于齿轮加工和齿轮副安装过程中存在误差，影响到齿轮传动的准确性、平稳性和载荷分布的均匀性。为了保证齿轮副的正常传动，必须根据齿轮和齿轮副的实际使用要求，选择齿轮的精度。

1. 齿轮传动的使用要求与齿轮误差

（1）传递运动的准确性

要求齿轮在一转中，最大的转角误差限制在一定范围内。齿轮径向误差和切向误差能全面反映齿轮传递运动的准确性误差，一般用以下两个项目衡量：齿圈径向跳动 ΔF_r、公法线长度变动 ΔF_w，相应的公差为齿圈径向跳动公差 F_r、公法线长度变动公差 F_w，它们为第Ⅰ公差组。

（2）传动的平稳性

要求齿轮传动瞬时传动比变化不能过大，以免引起冲击、产生噪声和振动。影响传动平稳性的各项误差，是齿轮一转中多次重复出现的短周期误差，主要项目有：齿形误差 Δf_f、基圆齿距偏差 Δf_{pb}、齿距偏差 Δf_{pt}，相应的公差为齿形公差 f_f、基圆齿距极限偏差 $\pm f_{pb}$、齿距极限偏差 $\pm f_{pt}$，它们为第Ⅱ公差组。

（3）载荷分布的均匀性

要求齿轮啮合时齿面接触良好，以免引起应力集中，造成齿面局部磨损，影响齿轮使用寿命，项目有：齿向误差 ΔF_β，相应的公差齿向公差 F_β 为第Ⅲ公差组。

（4）齿侧间隙

要求齿轮啮合时非工作面间应有一定的间隙，以便储存润滑油，补偿因温度变化、弹性变形和安装误差等引起的尺寸变化，以免工作中产生轮齿干涉或卡死。侧隙是通过控制齿轮齿厚的极限偏差（上偏差 E_{ss}、下偏差 E_{si}）而得到的。轮齿在分度圆上的实际齿厚略小于理论齿厚。

此外对齿轮副的安装误差和接触斑点也有要求。

装配好的齿轮副，在轻微的制动下，运转后齿面上分布的接触擦亮痕迹，称为接触斑点。接触斑点应分布在齿面中部附近（要求齿高方向大于40%，齿宽方向大于60%），齿顶和边缘倒棱处不允许接触。

齿轮副的安装误差是指齿轮副中两传动轴线之间的位置误差。有齿轮副的中心距偏差 Δf_a 和轴线的平行度误差 Δf_x、Δf_y，相应的公差为中心距极限偏差 $\pm f_a$ 和轴线的平行度公差 f_x、f_y。

2. 圆柱齿轮的精度标准

(1) 精度等级及其选用

GB/T 10095.2—2001 对齿轮精度规定了 12 个等级，其中 1 级最高，12 级最低。常用 6～9级精度。两个互相啮合的齿轮，其精度等级一般相同。

齿轮的精度等级应根据圆周速度、齿面硬度、齿轮类型等决定。一般先根据齿轮圆周速度确定第Ⅱ公差组精度等级，第Ⅰ组可比第Ⅱ组低一级或同级，第Ⅲ组可比第Ⅱ组高一级或同级。不同机器中所应用的齿轮精度等级见表 6-11 所示。

表 6-11　齿轮精度等级应用场合

机器类别	精度等级	机器类别	精度等级	机器类别	精度等级
测量齿轮	3～5	内燃机、轻型汽车	5～8	拖拉机、轧钢设备	6～10
金属切削机床	3～8	一般减速器	6～8	起重机械	7～10
航空发动机	4～7	重型汽车	6～9	农用机械	8～11

(2) 齿轮副侧隙的选用

标准中规定在确定中心距极限偏差的情况下，通过改变齿厚偏差的大小而获得不同的最小侧隙。14 种齿厚偏差代号分别用 C、D、E、F、G、H、J、K、L、M、N、P、R、S 表示，每种代号表示的齿厚偏差以齿距极限偏差绝对值f_{pt}的倍数表示，如图 6-47 所示。

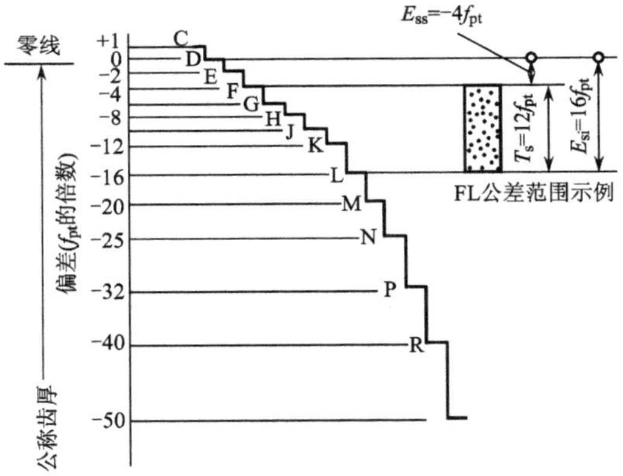

图 6-47　齿厚偏差种类

齿厚上下偏差分别用两种偏差代号表示。如用 FL 表示时，齿厚上偏差为 F，$E_{ss}=-4f_{pt}$；齿厚下偏差为 L，$E_{si}=-16f_{pt}$，则齿厚公差 $T_s=E_{ss}-E_{si}=12f_{pt}$。

齿轮副的侧隙应根据齿轮的工作条件和使用要求来确定。对于高温、重载下工作的齿轮，应选取较大的侧隙；对于一般的齿轮传动，选取中等大小的侧隙；对于控制系统和读数装置中的齿轮，应选取较小的齿轮侧隙或零侧隙。

(3) 检验组的选择

当齿轮的三个公差组精度等级及齿侧间隙选定后，就能根据齿轮传动的用途和工作条件选择相应的检验组，作为检定和验收齿轮的依据。常用齿轮检验项目的选择可参见表 6-12 所示。

(4) 齿轮公差的标注

在齿轮工作图上应标注齿轮的精度等级和齿厚极限偏差的代号或数值。

表 6-12 常用齿轮的检验项目

齿轮精度	5、6	7、8	9	10
第Ⅰ公差组	F_p	F_r 和 F_w		F_r
第Ⅱ公差组	f_f 和 $\pm f_{pt}$ 或 f_f 和 $\pm f_{pb}$		$\pm f_{pt}$ 和 $\pm f_{pb}$	$\pm f_{pt}$ 或 $\pm f_{pb}$
第Ⅲ公差组	F_β 或接触班点			
齿轮副侧隙	E_{ss} 和 E_{si}			

标注示例：

① 齿轮的三个公差组精度等级同为 7 级，其齿厚上偏差为 F，下偏差为 L。标注如下

7 F L　　GB/T 10095.2—2001

L——齿厚下偏差

F——齿厚上偏差

7——第Ⅰ、Ⅱ、Ⅲ公差组精度等级

② 齿轮第Ⅰ公差组精度等级为 8 级，第Ⅱ、第Ⅲ公差组精度等级为 7 级，其齿厚上偏差为 H，下偏差为 K。标注如下

8—7—7　H　K　　GB/T 10095.2—2001

K——齿厚下偏差

H——齿厚上偏差

7——第Ⅲ公差组度等级

7——第Ⅱ公差组度等级

8——第Ⅰ公差组度等级

6.4.8 齿轮传动的维护

1. 齿轮传动的润滑

润滑的目的是减轻磨损、提高效率、散热、防锈、延长寿命等。

(1) 润滑方式

对闭式传动采用浸油润滑（如图 6-48（a）、（b）所示）和喷油润滑（如图 6-48（c）所示），前者只适用于圆周速度 $v<12\text{m/s}$ 的场合。对于开式齿轮传动，由于其传动速度较低，通常采用人工定期加油润滑的方式。

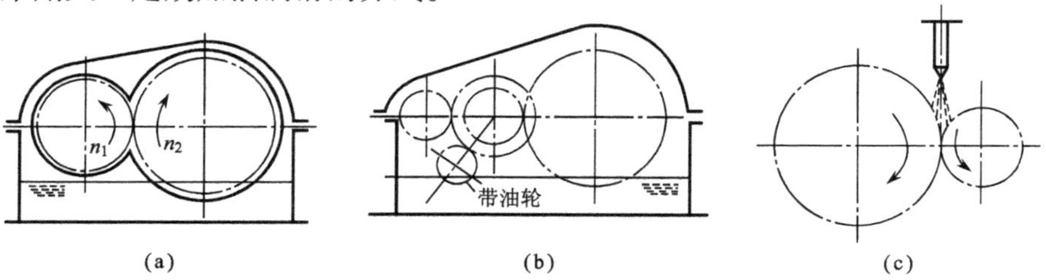

图 6-48 闭式传动的润滑方式

(2) 润滑介质的选择

齿轮传动常采用润滑油有：润滑全损耗系统用油（如牌号 L—AN46、L—AN68 等）、工业齿轮油（如牌号 68、100、150）。选择润滑油时，先根据齿轮的工作条件以及圆周速度查得运动黏度值，再根据选定的黏度确定润滑油的牌号。

2. 齿轮传动的使用与维护

正确的使用和维护是保证齿轮传动正常工作、延长使用寿命、防止意外事故的重要技术措施。具体内容如下。

① 保持良好的工作环境。闭式传动可以防止尘土和异物进入传动内部，同时保护操作者的安全。注意防止酸、碱的侵入。对有精密要求的特殊机械，要防止高温、低温和潮湿的影响。

② 遵守操作规程、严防超载使用。严格遵守机械设备的使用注意事项、操作规程；不得超速、超载；过载保护装置保持灵敏状态；违规操作机器发出警告时，必须停止运行，进行检查。

③ 经常检查齿轮传动润滑系统的状况。浸油润滑时，经常检查油箱，保持油面在合理位置。喷油润滑时，经常检查油压在合理范围，还要按期换油。

④ 经常观察、定期检修。平时勤看、勤听、勤摸，及时发现异常（如温度、声音等）并加以排除。定期进行检查、小修、中修，及早排除故障，以防突然损坏，影响正常生产。

做一做 >>>>

浸油润滑时油面过____则润滑不良，油面过____会增加搅油功率的损失。对于喷油润滑时油压过____会造成供油不足。

*6.4.9 齿面接触疲劳强度和齿根弯曲疲劳强度的概念

1. 计算准则

齿轮失效形式的分析，为齿轮的设计和制造、使用与维护提供了科学的依据。目前，对于齿面磨损和齿面塑性变形，还没有较成熟的计算方法。关于齿面胶合，只在设计高速重载齿轮传动中，才作胶合计算。对于一般齿轮传动，通常只按齿根弯曲疲劳强度或齿面接触疲劳强度进行计算。

对于软齿面（HBS≤350）闭式齿轮传动，由于主要失效形式是齿面点蚀，故应按齿面接触疲劳强度进行设计计算，再校核齿根弯曲疲劳强度。

对于硬齿面（HBS＞350）闭式齿轮传动，由于主要失效形式是轮齿折断，故应按齿根弯曲疲劳强度进行设计计算，然后校核齿面接触疲劳强度。

开式齿轮传动或铸铁齿轮，仅按齿根弯曲疲劳强度设计计算，考虑磨损的影响可将模数加大 10%～20%。

2. 齿面接触疲劳强度

一对轮齿的啮合，可视为两个近似圆柱体在法向力作用下相互接触，如图 6-49 所示。接触线因弹性变形而成为窄带形接触面，最大接触应力产生在接触区中心处。考虑到点蚀多发生在节线附近的齿根表面，因此，常以节点为计算对象，根据力学计算接触应力的公式，计算出齿轮的齿面接触疲劳许用应力 $[\sigma_H]$。

接触疲劳强度计算的强度条件为：齿面实际接触应力 σ_H 小于或等于接触疲劳许用应力 $[\sigma_H]$。其中 σ_H 由齿轮传递转矩、传动比、齿轮直径、轮齿啮合宽度等计算；$[\sigma_H]$ 与齿轮材料、安全系数有关。

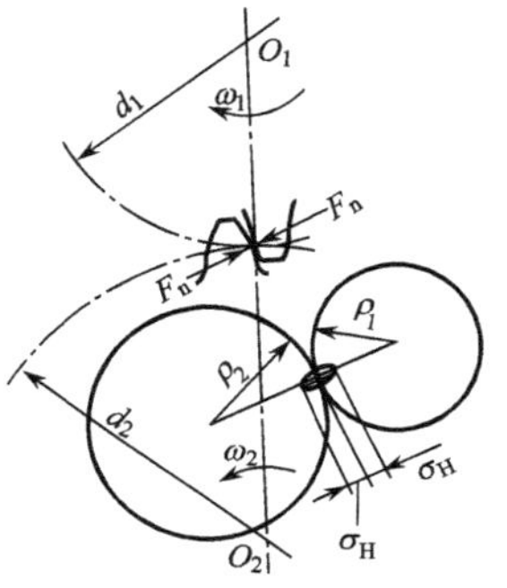

图 6-49 齿面接触应力

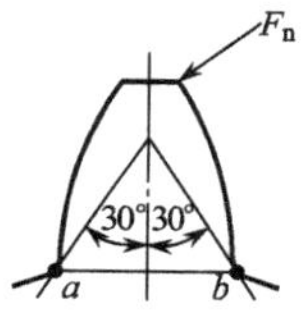

图 6-50 齿根弯曲应力

3. 齿根弯曲疲劳强度

轮齿受力时，可看做是悬臂梁。实验研究表明，轮齿的危险截面位于齿根处的 ab 截面，如图 6-50 所示。根据力学知识，可计算出齿根弯曲应力 σ_F。

轮齿的疲劳折断与齿轮的材料和轮齿的弯曲应力大小有关。为了防止轮齿折断，除了适当选材外，还必须限制轮齿弯曲应力。齿根弯曲疲劳强度条件为：齿根的弯曲应力 σ_F 小于或等于齿轮的许用弯曲疲劳应力 $[\sigma_F]$。其中 σ_F 由齿轮传递转矩、齿轮直径、轮齿啮合宽度等计算；$[\sigma_F]$ 与齿轮材料、安全系数有关。

6.5 蜗杆传动

蜗杆传动是由蜗杆、蜗轮和机架组成的，一般以蜗杆为主动件，蜗轮为从动件，可传递两空间交错轴间的运动和动力（如图 6-51 所示）。交错角一般为 90°。

(a) 圆柱蜗杆传动　(b) 圆环面蜗杆传动

图 6-51 蜗杆传动

6.5.1 蜗杆传动的类型与特点

1. 蜗杆传动的类型

根据蜗杆的形状，蜗杆传动可分为圆柱蜗杆传动和圆环面蜗杆传动，如图 6–51 所示。

圆环面蜗杆传动啮合情况好，承载能力大，但加工复杂，一般在大功率场合中才使用。圆柱蜗杆传动，又可分为阿基米德蜗杆传动和渐开线蜗杆传动等。

阿基米德蜗杆又称普通圆柱蜗杆，在其轴向剖面内的齿形为直线，横截面内的齿形为阿基米德螺旋线，如图 6–52 所示。它的加工简单，在实际中应用最广。

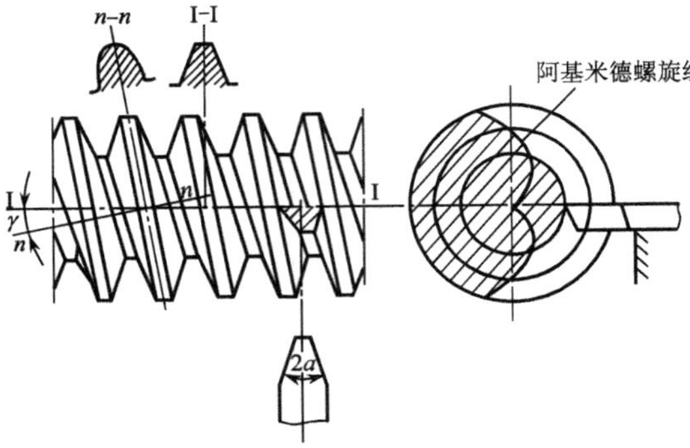

图 6–52　阿基米德蜗杆

此外，蜗杆传动也有左旋、右旋之分（如图 6–53 所示），有单头、双头和多头之别。本节仅讨论阿基米德蜗杆传动。

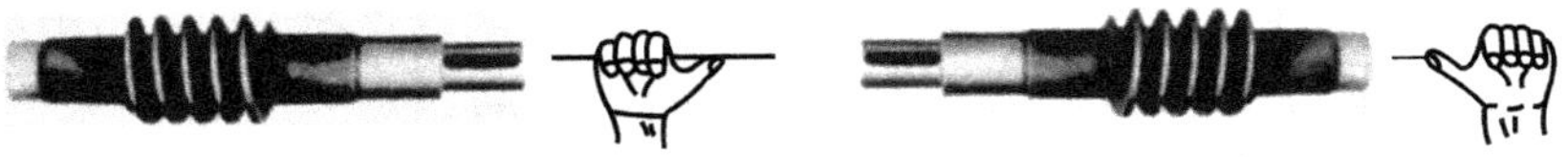

(a) 右旋蜗杆　　(b) 左旋蜗杆

图 6–53　蜗杆的旋向

想一想 >>>>

如何判断蜗杆的旋向？

2. 蜗杆传动的特点

① 单级传动比大，结构紧凑。一般情况下单级传动比 $i=5\sim80$，在分度机构中，传动比可达 $i=600\sim1000$。

想一想 >>>>

如此大的传动比，用齿轮传动需要采用多少级传动？

②传动平稳，噪声小。

③容易实现自锁。即只能用蜗杆带动蜗轮，而不能用蜗轮带动蜗杆。

④效率较低，成本较高。

知识链接 >>>>

自锁特性的应用

蜗杆传动的自锁特性用于起重机械设备中，能起到安全保险的作用。如图6-54所示的手动起重装置（俗称手动葫芦），就是利用蜗杆的自锁特性使重物G停留在任意位置上，而不会自动下落。

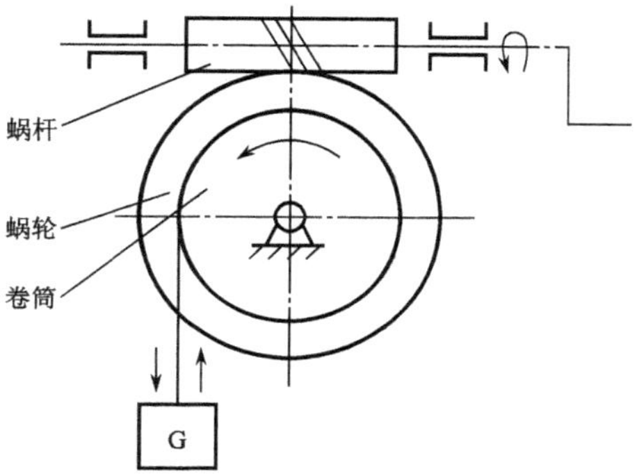

图6-54 蜗杆自锁的应用

6.5.2 蜗杆传动的主要参数与几何尺寸

1. 蜗杆传动的主要参数

（1）模数 m 和压力角 α

如图6-55所示为阿基米德蜗杆传动的啮合图。通过蜗杆轴线并与蜗轮轴线垂直的平面称中间平面，在中间平面内，相当于齿条与渐开线齿轮的啮合。因此，蜗杆传动规定以中间平面上的参数为基准，并沿用齿轮传动的计算关系。因此，要保证其正确啮合，必须使蜗杆的轴面模数和压力角与蜗轮的端面模数和压力角分别相等，并规定为标准值（见表6-13所示），即

$$m_{x1} = m_{t2}$$

$$\alpha_{x1} = \alpha_{t2} = 20°$$

表6-13 蜗杆标准模数 m 值 mm

第一系列	1、1.25、1.6、2、2.5、3.15、4、5、6.3、8、10、12.5、16、20、25、31.5、40
第二系列	1.5、3、3.5、4.5、5.5、6、7、12、14

注：摘自GB/T10088—1988，优先采用第一系列。

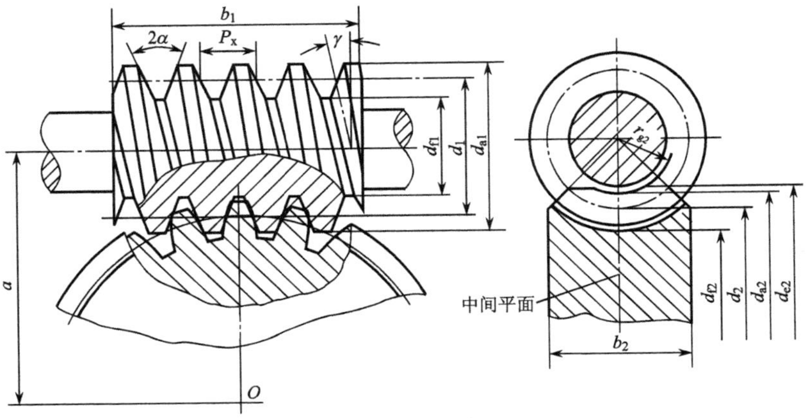

图 6-55 蜗杆传动的基本参数

(2) 蜗杆头数 z_1，蜗轮齿数 z_2 和传动比 i

在蜗杆传动中，通常以蜗杆为主动件，蜗轮为从动件，传动比为

$$i = \frac{n_1}{n_2} = \frac{z_2}{z_1}$$

式中 z_1 为蜗杆头数，z_2 为蜗轮齿数。蜗杆头数通常为 $z_1 = 1$、2、4 和6。若要求自锁和大传动比时，常取 $z_1 = 1$；对动力传动和有较高效率时，可取 $z_2 = 2$、4，z_1 过大时会使加工蜗杆和蜗轮滚刀产生困难。

(3) 蜗杆分度圆直径 d_1

为使加工蜗轮所用的刀具标准化，国家标准规定了蜗杆分度圆直径的标准化系列，并与标准模数相匹配。

(4) 导程角 γ 和螺旋角 β

① 蜗杆的导程角。蜗杆分度圆柱螺旋线的切线与端平面之间的夹角，以 γ 表示。

② 蜗轮的螺旋角。蜗轮分度圆柱轮齿的旋向与轴线间的夹角，以 β 表示。

蜗杆与蜗轮正确啮合时必须满足蜗杆的导程角等于蜗轮的螺旋角，且旋向相同，即 $\beta = \gamma$。

(5) 蜗杆的直径系数 q

蜗杆的直径系数是蜗杆分度圆直径 d_1 与轴向模数 m 的比值，用 q 表示，即 $q = d_1/m$。

2. 蜗杆传动的主要几何尺寸计算

当蜗杆传动的主要参数确定后，其几何尺寸可按表 6-14 所示计算。

表 6-14 阿基米德蜗杆传动几何尺寸计算公式

名称	符号	计算公式		说明
		蜗杆	蜗轮	
中心距	a	$a = \frac{1}{2}(d_1 + d_2)$		
齿顶高	h_a	$h_{a1} = h_a^* m$	$h_{a2} = h_a^* m$	$h_a^* = 1$

续表

名称	符号	计算公式		说明
		蜗杆	蜗轮	
齿根高	h_f	$h_{f1}=(h_a^*+c^*)m$	$h_{f2}=(h_a^*+c^*)m$	$c^*=0.2$
全齿高	h	$h_1=h_{a1}+h_{f1}$	$h_2=h_{a2}+h_{f2}$	
分度圆直径	d	$d_1=qm$	$d_2=mz_2$	d_1按国家标准选取
蜗杆齿顶圆直径	d_{a1}	$d_{a1}=d_1+2h_{a1}$		
蜗轮喉圆直径	d_{a2}		$d_{a2}=d_2+2h_{a2}$	
齿根圆直径	d_f	$d_{f1}=d_1-2h_{f1}$	$d_{f2}=d_2-2h_{f2}$	
蜗杆分度圆导程角	γ	$\tan\gamma=mz_1/d_1$		
蜗轮分度圆螺旋角	β		$\beta=\gamma$	旋向相同
蜗杆轴面齿距=蜗轮端面齿距	p	$p_x=p_t=\pi m$		

6.5.3 蜗杆传动的使用与维护

1. 蜗轮转向的判断

在蜗杆传动中，由于蜗杆为主动件，故其转向是已知的。蜗轮的转向可由蜗杆的转向和螺旋线方向用左、右手定则来判断。即对左旋蜗杆用左手，对右旋蜗杆用右手，弯曲四指表示蜗杆转向，大拇指的相反方向即为蜗轮啮合点圆周速度 v_2 的方向，如图 6-56 所示。由此，便确定了蜗轮的转向 n_2。

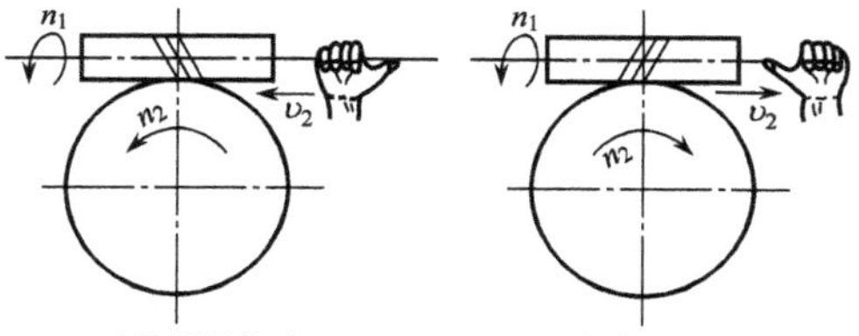

(a) 右旋蜗杆传动　　(b) 左旋蜗杆传动

图 6-56　蜗杆传动中蜗轮回转方向的判定

2. 蜗杆传动的失效形式

蜗杆传动的失效形式和齿轮传动类似，有疲劳点蚀、胶合、磨损、轮齿折断等。

一般地，蜗轮的强度较弱，所以失效总是在蜗轮上发生。蜗轮和蜗杆间的相对滑动较大，比齿轮传动更容易产生胶合和磨粒磨损。蜗轮轮齿的材料通常比蜗杆材料软得多，发生胶合时蜗轮表面的金属会粘到蜗杆螺旋面上。蜗轮轮齿的磨损比齿轮传动严重得多。这是由于啮合处的相对滑动较大导致。在开式传动和润滑油不清洁时，磨损尤其明显。

3. 蜗杆传动的维护措施

由于蜗杆传动的主要失效形式为磨损和胶合，因此良好的润滑条件和必要的散热措施，对蜗杆传动有着非常重要的意义。

(1) 蜗杆传动的润滑

由于蜗杆传动摩擦产生的发热量较大，所以要求工作时有良好的润滑条件，润滑的主要目的就在于减小摩擦与散热，以提高蜗杆传动的效率，防止胶合及减少磨损。蜗杆传动大都采用油润滑，润滑方式主要有油池润滑和喷油润滑。

(2) 蜗杆传动的散热

蜗杆传动由于摩擦大，传动效率较低，所以工作时发热量较大。在闭式传动中，如果不能及时散热，会使传动装置及润滑油的温度不断升高，促使润滑条件恶化，最终导致胶合等齿面损伤失效。一般应当控制箱体的平衡温度 t 为 75～85℃，如果超过这个限度，应提高箱体散热能力，可考虑采取下面的措施：如在箱体外壁增加散热片；在蜗杆轴端安装风扇进行人工通风；在箱体油池内装蛇形冷却水管；采用压力喷油循环润滑等，如图 6-57 所示。

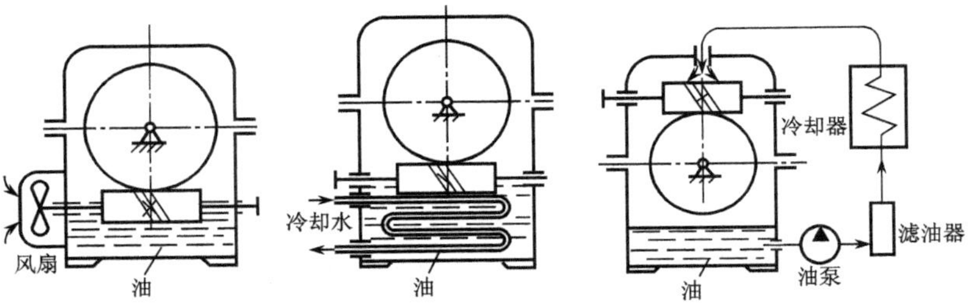

(a) 风扇冷却　(b) 蛇管冷却　(c) 冷却器冷却

图 6-57　蜗杆传动的冷却

*6.5.4　蜗杆蜗轮的材料与结构

1. 蜗杆蜗轮的材料

蜗杆在低、中速时可采用 45 钢调质，高速时采用 40Cr、40MnB，调质后齿圈高频淬火，或采用 20、20CrMnTi 渗碳淬火。

蜗轮的材料主要采用青铜。齿面滑动速度较低时常用铸铝铁青铜 ZCuAl10Fe3；齿面滑动速度较高或连续工作的重要场合常用铸锡磷青铜 ZCuSn10P1；低速、轻载场合，以及直径较大的蜗轮，也可使用 HT200、HT300。

2. 蜗杆与蜗轮的结构

蜗杆与轴一般做成一体，称为蜗杆轴（如图 6-58 所示）。

图 6-58　蜗杆轴

铸铁蜗轮或小直径的青铜蜗轮，可制成整体式（如图6-59（a）所示）。为节约贵重金属，对尺寸较大的青铜蜗轮，可采用组合结构，有齿圈式（如图6-59（b）所示）、螺栓连接式（如图6-59（c）所示）、镶铸式（如图6-59（d）所示）等。

(a) 整体式　(b) 齿圈数　(c) 螺栓连接式　(d) 镶铸式

图6-59　蜗轮的结构形式

6.6　齿轮系与减速器

6.6.1　轮系的分类与应用

1. 轮系的组成

由两个互相啮合的齿轮所组成的齿轮机构是齿轮传动中最简单的形式。在机械传动中，有时为了获得较大的传动比，或将主动轴的一种转速变换为从动轴的多种转速，或需改变从动轴的回转方向，往往采用一系列相互啮合的齿轮，将主动轴和从动轴连接起来组成传动。这种由一系列相互啮合的齿轮组成的传动系统称为轮系。

2. 轮系的分类

组成轮系的可以是圆柱齿轮、圆锥齿轮或蜗杆蜗轮。根据轮系中各轮几何轴线的位置是否固定，可分为定轴轮系和行星轮系两大类型。

① 定轴轮系。在轮系运转时，若各齿轮的几何轴线的位置都是固定不变的，则称为定轴轮系，如图6-60所示。

② 行星轮系。在轮系运转时，若至少有一个齿轮的几何轴线是绕另一齿轮的固定几何轴线转动的，则该轮系称为行星轮系。如图6-61所示即为一种最简单的行星轮系。在该轮系中，齿轮1和构件 H 各绕固定轴线 O_1 和 O_H 回转，而齿轮2的几何轴线 O_2 并不固定，它随构件 H 一起绕固定轴线 O_H 回转。

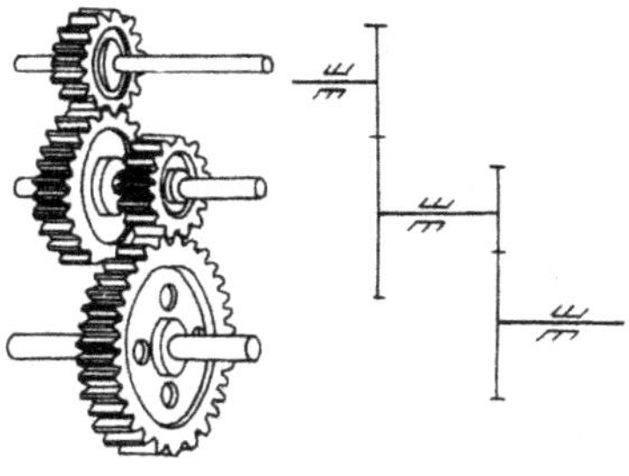

图6-60　定轴轮系

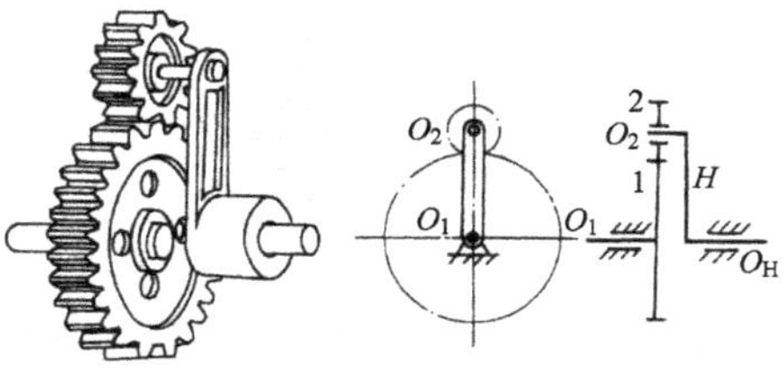

图6-61　行星轮系

3. 轮系的应用及特点

① 可获得很大的传动比。用一对相互啮合的齿轮传动，受结构的限制，传动比不能过大（一般 $i=3\sim5$，$i_{max}\leqslant8$），而采用轮系传动可以获得很大的传动比，以满足低速工作的要求。

② 可作较远距离的传动。当两轴中心距较大时，如用一对齿轮传动，则两齿轮的尺寸必然很大，不仅浪费材料，而且传动机构庞大，如图 6-62 中的虚线所示；而采用轮系传动，则可使其结构紧凑，并能进行远距离传动，如图 6-62 中的实线所示。

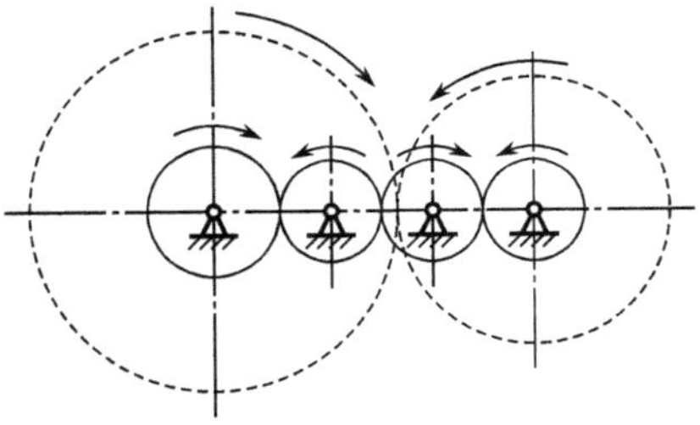

图 6-62　轮系作远距离的传动

③ 可改变从动轴回转方向。如图 6-63 所示，在主动转向不变的情况下，在轮系中采用惰轮（中间轮）可以改变从动轴回转方向，以适应工作机对转向的需要。

图 6-63　采用惰轮改变从动轴转向

④ 可实现变速要求。可在轮系中采用滑移齿轮等变速机构，改变传动比，实现多级变速要求。如图 6-64（a）所示，齿轮 1、2 是双联滑移齿轮，可以在轴Ⅰ上滑移。当齿轮 1 和齿轮 3 啮合时，如图 6-64（b）所示，轴Ⅱ获得一种转速；当滑移齿轮右移，使齿轮 2 和齿轮 4 啮合时，如图 6-64（c）所示，轴Ⅱ获得另一种转速（齿轮 1—3 和齿轮 2—4 传动比不同）。

可见主动轴转速不变时，利用轮系可使从动轴获得多种工作转速。汽车、机床、起重设备等都需要这种变速传动。

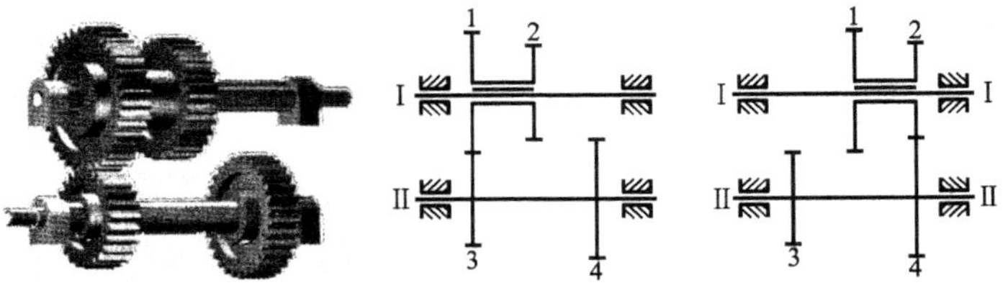

图 6-64　滑移齿轮变速机构

⑤ 可实现运动的合成或分解。采用行星轮系可以将两个独立的回转运动合成为一个回转运动，也可以将一个回转运动分解为两个独立的回转运动。

6.6.2 定轴轮系的传动比

1. 一对齿轮啮合的传动比计算

由于齿轮传动是靠轮齿的依次啮合来传递运动的，所以一对齿轮啮合的传动比总是与两齿轮齿数成反比。在计算传动比时，不仅要确定两齿轮传动比的大小，而且要确定其转向。

对于一对轴线平行的圆柱齿轮传动，其两轮的转向如图 6-65 所示，其传动比可表示为

$$i = \frac{n_1}{n_2} = \pm \frac{z_2}{z_1}$$

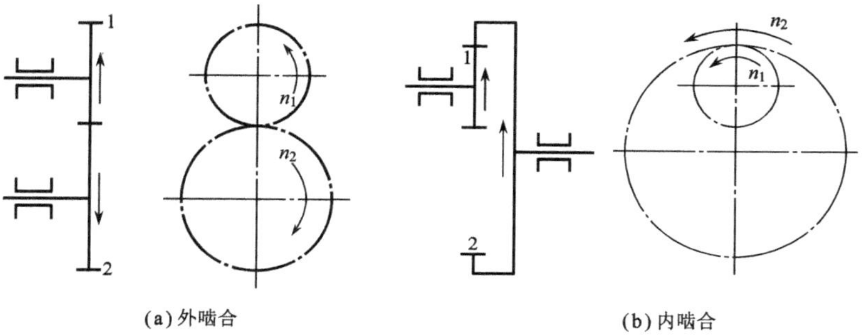

图 6-65 齿轮副的传动比及回转方向

当两齿轮外啮合时，其转向相反（如图 6-65（a）所示），用负号表示；内啮合时，两轮转向相同（如图 6-65（b）所示），用正号表示。

此外，齿轮的转向若用箭头标注时（箭头的方向即为齿轮上可见一面最高点的圆周速度方向），当两箭头方向相同时，用正号，反之用负号。

对于轴线不平行的齿轮传动，只计算其传动比的大小。如图 6-66（a）所示的圆锥齿轮传动和图 6-66（b）所示的蜗杆传动，其传动比大小为

$$i = \frac{n_1}{n_2} = \frac{z_2}{z_1}$$

而各轮的转向，只有通过标注箭头的方法来表示。

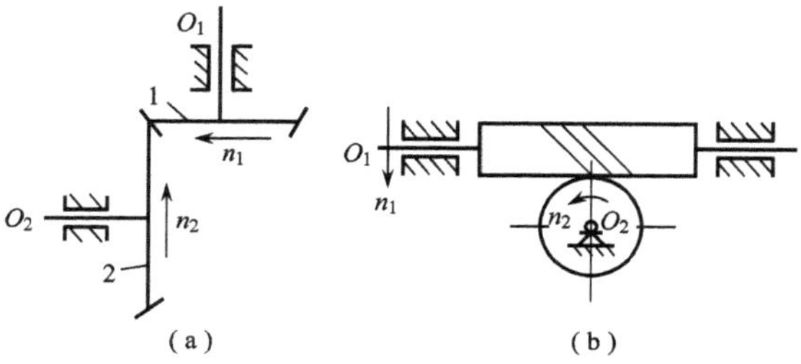

图 6-66 圆锥齿轮传动和蜗杆传动

2. 定轴轮系传动比的计算

如图 6-67 所示的定轴轮系，设轮系中各齿轮齿数为 z_1、z_2、z_3、z_4、z_5、z_6、z_7，转速为

n_1、n_2、n_3（$=n_2$）、n_4、n_5（$=n_4$）、n_6、n_7。1 为首轮，7 为末轮，轮系的传动关系为

啮合关系 传动路线	I $\xrightarrow{z_1/z_2}$	II $\xrightarrow{z_3/z_4}$	III $\xrightarrow{z_5/z_6}$	IV $\xrightarrow{z_7/z_8}$	V
转速	n_1	n_2（$=n_3$）	n_4（$=n_5$）	n_6	n_7
传动比	$-\frac{z_2}{z_1}$	$\frac{z_4}{z_3}$	$-\frac{z_6}{z_5}$	$-\frac{z_7}{z_6}$	

在定轴轮系中，首末齿轮转速之比称为该轮系的传动比，等于各级齿轮副传动比的连乘积，也等于轮系中所有啮合齿轮中从动轮齿数的乘积与主动轮齿数的乘积之比。

如图 6-67 所示的定轴轮系，首轮 1 到末轮 7 的传动比 i_{17} 为

$$i_{17}=\frac{n_1}{n_7}=\left(-\frac{z_2}{z_1}\right)\left(\frac{z_4}{z_3}\right)\left(-\frac{z_6}{z_5}\right)\left(-\frac{z_7}{z_6}\right)=(-1)^3\frac{z_2z_4z_7}{z_1z_3z_5}$$

一般情况，若用 1、K 分别表示定轴轮系中的首末轮，m 为外啮合的次数，则传动比的计算公式为

$$i_{1K}=\frac{n_1}{n_K}=(-1)^m\frac{\text{所有从动轮的齿数乘积}}{\text{所有主动轮的齿数乘积}}$$

末轮转向则取决于轮系中齿轮外啮合的次数 m，判断方法如下。

对于轴线平行的定轴轮系（全为圆柱齿轮），如 $(-1)^m$ 为正，则末轮转向与首轮相同；如 $(-1)^m$ 为负，则末轮转向与首轮转向相反。也可以箭头判别末轮的转向。

对于轴线不平行的定轴轮系（轮系中有圆锥齿轮、蜗杆蜗轮传动），只能用上述公式计算传动比的大小，末轮的转向用箭头判别。

知识链接 >>>>

惰轮

在图 6-67 所示轮系的传动比计算中，齿轮 6 并没有影响传动比的大小，只是改变了传动比的正负号，这种齿轮称为惰轮或介轮，它的特点是既当从动轮（对前一级传动）又当主动轮（对后一级传动），在计算传动比时，只考虑其外啮合的次数即可。

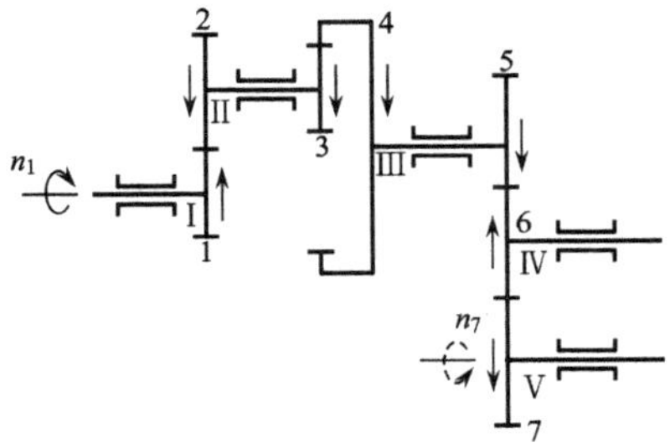

图 6-67　定轴轮系

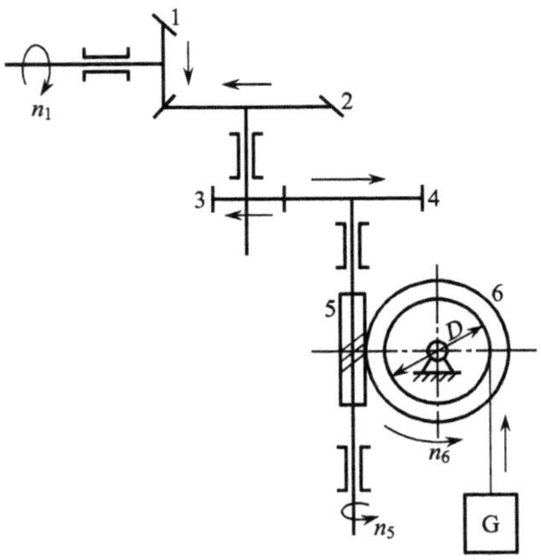

图 6-68　卷扬机传动系统示意图

【例6-4】 如图6-67所示，已知$z_1=24$，$z_2=28$，$z_3=20$，$z_4=60$，$z_5=20$，$z_6=20$，$z_7=28$，齿轮1为主动件。求传动比i_{17}；若齿轮1转向已知，试判定齿轮7的转向。

解

由图6-67分析可知，$m=3$，根据公式

$$i_{17}=(-1)^3\frac{z_2z_4z_7}{z_1z_3z_5}=-\frac{28\times 60\times 28}{24\times 20\times 20}=-4.9$$

结果为负值，说明从动轮7与主动轮1的转向相反。

各轮转向如图中箭头所示。

【例6-5】 如图6-68所示为一卷扬机的传动系统示意图，末端为蜗杆传动。已知：$z_1=18$，$z_2=36$，$z_3=20$，$z_4=40$，$z_5=2$（右旋），$z_6=50$，鼓轮直径$D=200$mm，$n_1=1000$r/min。试求蜗轮的转速n_6和重物G的移动速度v，并确定提升重物时n_1的回转方向。

解

图示轮系中有圆锥齿轮、蜗杆蜗轮等轴线不平行的情况，只能用上面公式计算传动比的大小，而轮系中各齿轮的转向，只有通过标注箭头的方法来确定。

轮1至轮6的总传动比i_{16}为

$$i_{16}=\frac{n_1}{n_6}=\frac{z_2z_4z_6}{z_1z_3z_5}$$

故

$$n_6=n_1\frac{z_1z_3z_5}{z_2z_4z_6}=1000\times\frac{18\times 20\times 2}{3\times 40\times 50}=10\ \text{r/min}$$

重物G的移动速度

$$v=\pi Dn_6=3.14\times 200\times 10=6280\text{mm/min}=6.28\text{m/min}$$

由重物G提升可确定蜗轮回转方向，根据蜗杆为右旋，可确定蜗杆回转方向，再用画箭头的方法即可确定n_1的回转方向，如图6-68所示。

*6.6.3 行星轮系传动比的计算

1. 行星轮系的组成

在如图6-69（a）所示的行星轮系中，外齿轮1和内齿轮3均可绕固定几何轴线O转动，这种齿轮称为太阳轮。齿轮2空套在构件H上，而构件H则绕固定轴线O回转，当轮系运转时，齿轮2一方面绕着自己的轴线回转，另一方面又随着构件H一起绕着固定轴线O回转，这种兼有自转和公转的齿轮称为行星轮。而行星轮的轴所在的构件H则称为行星架。

2. 行星轮系传动比的计算

如图6-69（b）所示为行星轮系中各件的运动转速，可见齿轮2的轴线随着构件H一起绕转动，转速为n_H。根据相对运动的原理，若给整个行星轮系加上一个公共转速“$-n_H$”，使它绕行星架的轴线回转，此时各构件之间的相对运动关系仍保持不变，但行星架的运动速度为$n_H-n_H=0$，即行星架“静止不动”了，如图6-69（c）所示。这时行星轮系便转化为了定轴轮系，转化轮系中各构件的转速见表6-15所示。

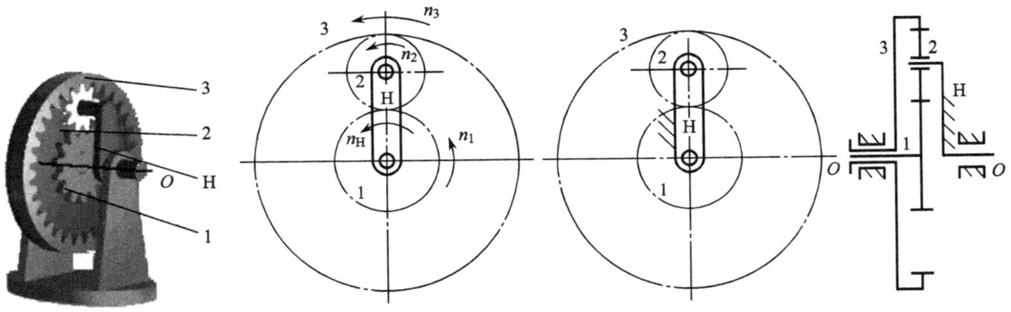

图 6-69　行星轮系

表 6-15　轮系转化前后各构件的转速

构件	转化前的转速	转化后的转速
1	n_1	$n_1^H = n_1 - n_H$
2	n_2	$n_2^H = n_2 - n_H$
3	n_3	$n_3^H = n_3 - n_H$
H	n_H	$n_H^H = n_H - n_H = 0$

转化轮系中 1 轮与 3 轮的传动比可用定轴轮系传动比的计算公式进行。有

$$\frac{n_1^H}{n_3^H} = \frac{n_1 - n_H}{n_3 - n_H} = -\frac{z_3}{z_1}$$

任意两轮 G、K 和行星架 H 转速间关系的一般表达式为

$$\frac{n_G^H}{n_K^H} = \frac{n_G - n_H}{n_K - n_H} = (-1)^m \frac{\text{齿轮 G 与 K 间所有从动轮的齿数的乘积}}{\text{齿轮 G 与 K 间所有主动轮的齿数的乘积}}$$

式中　m——转化轮系中从 G 轮至 K 轮的外啮合次数。

用上述公式计算时要注意转速的方向，一般先假定一个转向为正方向，与其相反的转向取负值，与其相同的转向取正值，代入公式进行计算。

【例 6-6】　如图 6-70 所示的行星轮系中，已知 $z_1 = 56$，$z_2 = 62$，$z_{2'} = 58$，$z_3 = 60$，试求行星架 H 与齿轮 1 间的传动比 i_{H1}。

解

因齿轮 3 为固定轮，故 $n_3 = 0$。可选择齿轮 1 到齿轮 3 间进行计算。

在转化轮系中，外啮合次数 $m = 2$，1 轮与 3 轮的传动比为

$$\frac{n_1^H}{n_3^H} = \frac{n_1 - n_H}{n_3 - n_H} = \frac{n_1 - n_H}{-n_H} = 1 - \frac{n_1}{n_H} = 1 - i_{1H}$$

$$= (-1)^2 \frac{z_2 z_3}{z_1 z_{2'}} = \frac{62 \times 60}{56 \times 58}$$

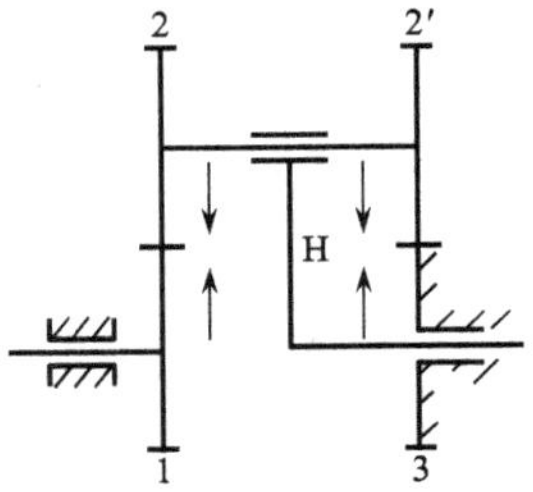

图 6-70　大传动比行星轮系减速器

故

$$i_{1H} = 1 - \frac{62 \times 60}{56 \times 58} = -\frac{59}{406}$$

$$i_{H1} = \frac{1}{i_{1H}} = -\frac{406}{59} = -6.88$$

即当行星架转6.88转时，齿轮1才转一圈，且两者转向相反。

知识链接 >>>>

行星轮系可实现在传动比

上例中，如 $z_1 = 100$，$z_2 = 101$，$z_{2'} = 100$，$z_3 = 99$，则传动比i_{H1}为

$$i_{1H} = 1 - \frac{101 \times 99}{100 \times 100} = \frac{1}{10000}$$

$$i_{H1} = \frac{1}{i_{1H}} = 10000$$

可见该行星轮系减速器传动比之大。

6.6.4 减速器的类型和结构

减速器是原动机和工作机之间独立的闭式传动装置，用来降低转速、增大转矩，以适应工作机的需要。它一般由封闭在箱体内的齿轮传动或蜗杆传动所组成。由于减速器结构紧凑，传动准确可靠，使用维护方便，在现代机械中应用十分广泛。如图6-71所示为一带式运输机，高速的电动机经带传动和减速器，降低速度后驱动带式运输机。

减速器某些类型的减速器已有了标准系列产品，可根据其标准参数和工作条件进行选择，故在工业生产中得到了广泛应用。

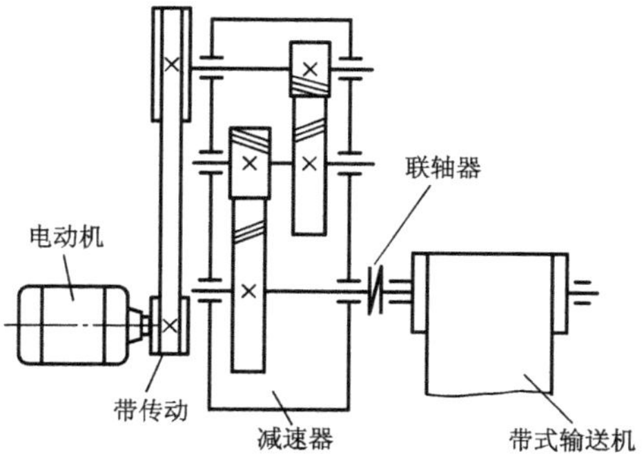

图6-71 带式运输机

1. 齿轮减速器的类型和特点

减速器的类型很多，通常可分为齿轮（圆柱齿轮和圆锥齿轮）减速器、蜗杆减速器及其组合三种类型。

(1) 圆柱齿轮减速器

圆柱齿轮减速器按齿轮传动级数可分为单级、两级和多级，按轴在空间的位置分为卧式和立式。

如图 6-72 所示为单级圆柱齿轮减速器。一般直齿轮的传动比 $i \leq 5$，斜齿轮和人字齿轮的传动比 $i \leq 8$。

(a) 卧式　　(b) 立式

图 6-72　单级圆柱齿轮减速器

(a) 展开式　　(b) 分流式　　(c) 同轴式

图 6-73　两级圆柱齿轮减速器

如图 6-73 所示为两级圆柱齿轮减速器，布置形式有展开式、分流式和同轴式，常用的传动比 $i = 8 \sim 50$。

圆柱齿轮减速器应用最广，传递的功率范围和圆周速度范围也很大。

(2) 锥齿轮减速器

如图 6-74 (a)、(b) 所示为单级锥齿轮减速器，用于输入轴与输出轴垂直相交的传动，传动比 $i \leq 5$。由于锥齿轮精加工比较困难，所以仅在传动布置需要时才采用。当需要传动比较大时可采用两级圆锥—圆柱齿轮减速器（如图 6-74c 所示）。

(a) 卧式　　(b) 立式　　(c) 圆锥—圆柱齿轮减速器

图 6-74　锥齿轮减速器

(3) 蜗杆减速器

如图 6-75 所示为单级蜗杆减速器。根据蜗杆布置的位置有下置式、上置式、侧置式。单级蜗杆减速器的传动比范围是：$8 < i < 80$。

(a) 下置式　　(b) 上置式　　(c) 侧置式

图 6-75　蜗杆减速器

蜗杆减速器的特点是在外廓尺寸不大的情况下可以获得大的传动比，工作平衡，噪声较小。但效率低，只宜传递中等以下的功率，一般不超过 50kW。

想一想 >>>>

分析下置式、上置式、侧置式蜗杆减速器的优点和缺点。

2. 圆柱齿轮减速器的主要结构和附件

减速器的结构随其类型和要求的不同而异，如图6-76所示为单级圆柱齿轮减速器的结构，主要由齿轮、轴、轴承和箱体四大部分组成，此外还有一些附件。

箱体用来支承和固定轴及轴上零件，箱体外侧设有加强筋。箱体通常用灰铸铁（HT150，HT200）铸成，对重型减速器和轻型减速器，也可用高强度铸钢和铝合金来铸造。

为便于装配，箱体一般剖分成箱座和箱盖两部分，其剖分面与齿轮轴线平面重合。箱座与箱盖用一定数量的螺栓和螺母连接成一体，并用两个定位销精确定位。

箱盖上设有视孔，以便检查啮合情况和往箱内注油，平时用视孔盖盖住。在箱盖（或视孔盖）上设有通气器，可在温度升高时使箱内空气自由逸出。为了便于揭开箱盖，常在箱盖凸缘上设有起盖螺钉。箱座上铸有吊耳（或装在箱盖上方的吊环螺钉），用来提吊减速器。

减速器的提升是利用箱座上的吊钩进行吊装的。此外在箱座上还装有油标尺（或油面指示器），以便随时检查油面高度。油使用一定时期后需要更换，可打开箱体底部的螺塞，将污油从放油孔排出。箱体上还应设置地脚螺钉孔（或连接螺钉孔），以便固定减速器。

3. 减速器的标准

目前我国已制定了多种齿轮及蜗杆减速器标准系列，并由专业部门的工厂生产。圆柱齿轮减速器如标准JB/T 8853—2001、锥齿轮减速器标准YB/T 050—2005、圆柱蜗杆减速器标准JB/ZQ 4390—1986等，用户可根据产品目录选购。

通用圆柱齿轮减速器标准JB/T 8853—2001规定，减速器的代号包括减速器的型号、低速级中心距、公称传动比、装配型式和专业标准号。其中型号用字母组合表示，ZDY、ZLY、ZSY分别表示单级、两级和三级。

例如：代号ZLY560—11.2—Ⅰ　JB/T 8853—2001

“ZLY”表示减速器型号为两级；“560”表示低速中心距为560mm；“11.2”表示公称传动比为11.2；“Ⅰ表示第一种装配形式；“JB/T 8853—2001”表示专业标准号。

减速器高速轴转速不大于1500r/min，减速器齿轮传动圆周速度不大于20m/s；减速器工作环境温度为-40～45℃，低于0℃时，起动前润滑油应预热。

4. 减速器的润滑与密封

在减速器的使用和维护中，齿轮等传动件和轴承若能得到良好润滑，就能降低零件的磨损速度，提高传动效率，延长使用寿命，因此，润滑是一个重要的问题。

齿轮减速器中通常采用浸油润滑，若圆周速度过大或过小，则可采用压力供油或润滑脂润滑。为了防止油从箱体中泄漏以及保护传动件和轴承不受外界灰尘杂物的侵入，减速器要进行密封。在箱体的剖分面处，在装配前要涂上醇基漆和水玻璃，以防润滑油渗出。在放油孔的凸台处要加防油胶垫，并拧紧油塞，以防漏油。在有轴通过的轴承盖中，要设有密封装置，以保护传动件和轴承不受污染。在其他轴承盖处、视孔盖处都应加密封垫。

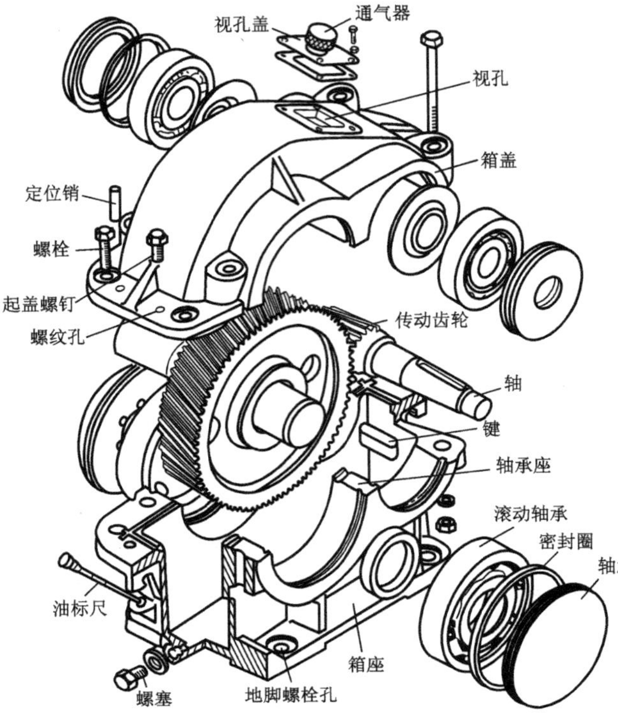

图 6-76　单级圆柱齿轮减速器的结构

* 6.6.5　新型齿轮系简介

1. 渐开线少齿差行星齿轮传动

如图 6-77 所示，这种行星齿轮传动由固定的渐开线内齿轮 1、行星轮 2、行星架 H 以和一根带输出机构的输出轴 V 组成。当行星架 H 作为输入轴转动时，由于内齿轮 1 与机架固定，迫使行星齿轮 2 绕内齿轮 1 作行星运动。但由于行星齿轮与内齿轮的齿数差很少（一般为 1 到 4），所以行星齿轮绕行星架回转中心所作的运动为反向低速运动，该运动经带输出机构的输出轴 V 输出，从而达到减速的目的。

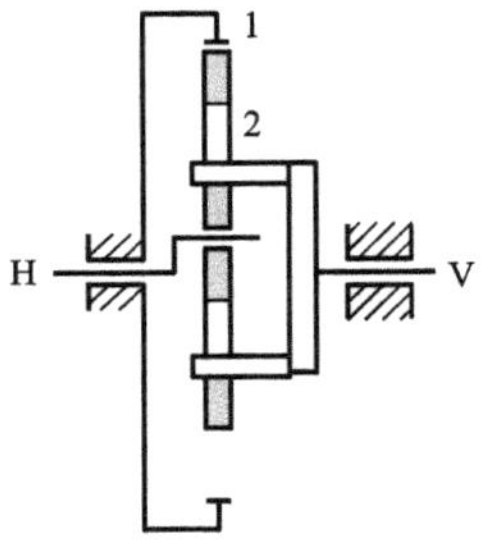

图 6-77　渐开线少齿差行星齿轮传动

这种齿轮传动的主要优点是传动比大（一级减速可达 135，二级减速可达 10000 以上）、结构紧凑、体积小、重量轻，效率高（单级为 0.80 ~ 0.94），便于装配，加工维修容易等。其主要缺点是同时啮合的齿数少，承载能力低。

这种齿轮传动适用于中、小型动力传动，在起重运输机械、仪表、轻工机械、化工机械中获得了广泛的应用。

2. 摆线针轮行星传动

摆线针轮行星齿轮传动如图6-78所示，其传动原理和输出机构与渐开线少齿差行星轮传动相同，属一齿差行星齿轮传动，但是其齿轮的齿廓不是渐开线而是摆线。固定内齿轮1的轮齿为带套筒的圆柱销，称为针轮，行星轮2的齿廓曲线为变幅外摆线的等距曲线，称为摆线齿轮，针轮与摆线轮的齿数差为1。

该齿轮传动的主要优点为：传动比大（单级为9～87，双级为121～7569）；传动效率高（一般在0.9以上），传递的功率目前已达100kW；同时啮合的齿数多，因此承载能力大；传动平稳；轮齿磨损小，使用寿命长。其主要缺点是针轮和摆线轮均需要较好的材料GCrl5钢；制造精度要求高，摆线齿需要专用刀具和专用设备加工；转臂轴承受力较大，轴承寿命短等。

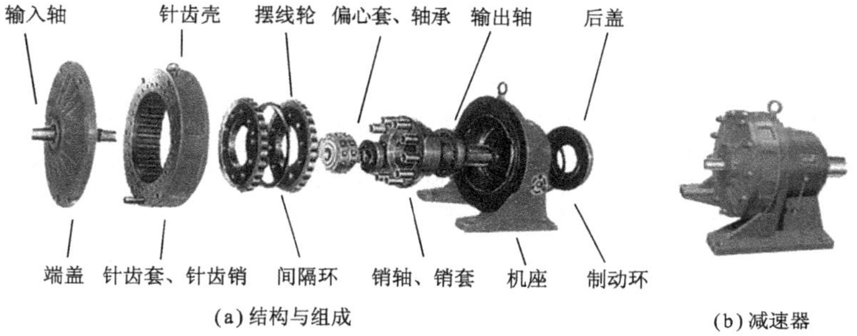

图6-78 摆线针轮行星传动

随着制造技术的飞速发展，摆线针轮减速器获得了越来越广泛的应用，尤其在要求重量轻传动比大的条件下，如军工、矿山、冶金、造船、仪表、轻工、化工、纺织等机械的传动机构中用它来代替一般的多级减速器。

3. 谐波齿轮传动

如图6-79所示为谐波齿轮传动的示意图。由图可见，谐波齿轮传动主要是由波发生器H，刚性齿轮2和柔性齿轮1三个基本构件组成。其中柔性齿轮为一薄壁构件，其外壁有齿，内壁孔径略小于波发生器的长度。在波发生器H的作用下，迫使柔轮产生弹性变形而呈椭圆形状。其椭圆长轴两端的轮齿插进刚性齿轮的齿槽中，而短轴两端的轮齿则与刚性齿轮的轮齿脱开，其他各处的轮齿则处于啮合和脱开的过渡阶段。一般刚性齿轮固定不动，当波发生器回转时，柔性齿轮长轴和短轴的位置随之不断变化，从而轮齿的啮合和脱开的位置也随之不断变化。由于在传动过程中柔轮产生的弹性波形近似于谐波，故称为谐波传动。

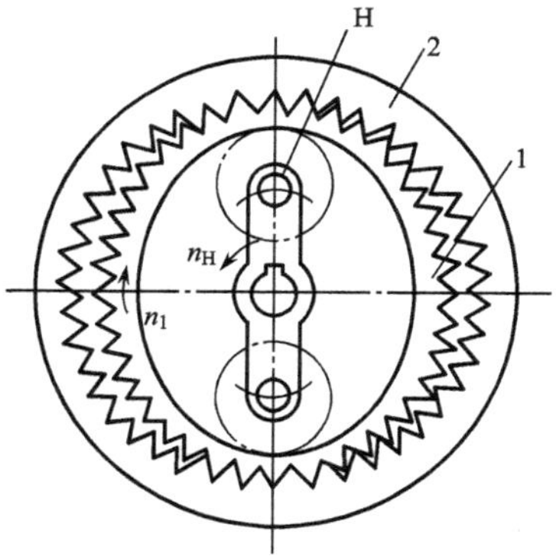

图6-79 谐波齿轮传动的示意图

谐波齿轮传动的优点有：传动比大（一般单级传动可达60～500）；同时啮合的齿数多，啮入、啮出的速度低，故承载能力大、传动平稳、运动误差小、传动精度高；传动效率高；

齿侧间隙小，适用于反向转动；零件少、体积小、重量轻；具有良好的封闭性。其缺点是起动力矩大，且速比越小越严重；柔轮易发生疲劳破坏；装置发热较大等。

谐波齿轮传动可广泛用于各种机电一体化产品中，如工业机器人、数控机床、仪器仪表、通信设备等。

6.7 减速器拆装与分析——阶段性训练（六）

6.7.1 训练目的

（1）了解减速器各部分的结构、名称和作用。
（2）了解减速器各部分的装配关系。
（3）熟悉减速器的拆装方法和调整过程。

6.7.2 训练内容

（1）观察减速器的组成、结构，熟悉各部分的装配关系。
（2）安装与拆卸整个减速器，并进行调整。

6.7.3 训练用工具及设备

训练工具包括旋具（螺丝刀）、各种类型的扳手（如活扳手、梅花扳手、套筒扳手等）、手锤、机油、冲子、铲子、尖嘴钳、锉刀、游标卡尺、钢板尺和零件存放盘等。训练设备为单级或二级齿轮减速器，或蜗杆减速器。

6.7.4 相关结构介绍

蜗轮减速器是一种常用的减速设备，因其减速比大、结构紧凑而被广泛应用，其结构如图6-80所示，主要由箱体、蜗杆（输入轴）、蜗轮、输出轴、螺塞、油标、通气器等组成。所使用的连接有螺栓连接、键连接等。

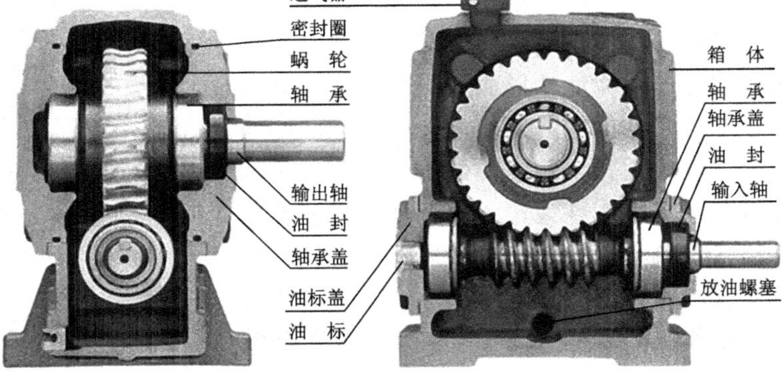

图6-80　蜗轮减速器

6.7.5 训练过程

（1）先通过图纸认识蜗轮减速器各部分的结构、名称和作用等。

（2）熟悉减速器的组成、结构及各零件的连接形式。可以通过图 6-80、其他有关减速器的图纸、资料等进行。

（3）确定减速器的拆卸顺序，对减速器进行拆卸。

注：对与本次训练无关的结构如轴承等可不进行拆卸。

（4）确定减速器的装配顺序，对减速器进行装配。

6.7.6 注意事项

（1）切勿盲目拆装，拆卸前要仔细观察零、部件的结构及位置，考虑好拆装顺序，拆下的零、部件要统一放在盘中，以免丢失和损坏。

（2）爱护工具、仪器及设备，小心仔细拆装避免损坏。

6.7.7 训练总结、评判

（1）个人总结、评判

针对本训练所提出的几个训练目的你还有哪些没学会，自己的收获是什么，还存在什么问题（从自身和外界两个方面分析）；你的整改措施是什么等。写出不少于 300 字的个人总结。根据自己的表现和任务完成情况给自己评定成绩。

（2）团队总结、评判

组长带领本组成员总结组员的学习情况，讨论本组成员配合是否出现问题，认真评价本组的成绩，并为下一次的项目加工做准备。根据队员的表现给每位成员评定成绩，并做好记录。

（3）教师总结、评判

教师对全班学生关于本阶段实训情况，是否完成教学目标，存在哪些问题，如何整改进行总结。教师根据队员的表现给每位成员评定成绩（表 6-16）。

表 6-16 考核表

考核项目	考核内容	分值	自评	小组评价	教师评价	得分
理论知识	1. 蜗轮减速器的组成	10				
	2. 蜗轮减速器的类型、应用特点	15				
基本技能	1. 蜗轮减速器的拆卸方法	10				
	2. 蜗轮减速器的装配方法	15				
操作过程	1. 操作过程合理	10				
	2. 按时完成任务	10				
安全生产	安全防护知识	5				

续表

考核项目	考核内容	分值	自评	小组评价	教师评价	得分
学习态度	1. 出勤情况	5				
	2. 实操前的准备	5				
	3. 个人纪律	5				
	4. 团队协作	10				
总分		100				

习题6

6-1　带传动一般由________、________和________组成。

6-2　V带结构主要有________结构和________结构两种。

6-3　V带传动的的工作面为________。

6-4　V带轮由具有轮槽的________、________和________三部分组成。

6-5　V带传动过载时，传动带会在带轮上________。

6-6　V带传动常见的张紧装置有________、________和________。

6-7　链传动由装在平行轴上的________、________和________所组成。

6-8　传动链的种类主要有________链和________链。

6-9　滚子链的结构是由________、________、________、________和________组成。

6-10　自行车链条因磨损而伸长，若伸长过大，可去掉数节后再用，为什么去掉的链节数必须是偶数？

6-11　根据各齿轮的齿向与轴线的位置关系的不同，齿轮可分为________、________、________等。

6-12　直齿圆柱齿轮的“四圆”是指________、________、________、________。“三高”是指________、________、________。

6-13　一对渐开线直齿圆柱齿轮正确啮合的条件是两齿轮的________和________分别相等。

6-14　已知一标准的直齿圆柱齿轮，$m=3.5$，$z_1=21$，求齿轮的主要几何尺寸。

6-15　已知一标准的直齿圆柱齿轮传动，主动轮齿数 $z_1=20$，从动轮齿数 $z_2=80$，试计算传动比 i 的值；若主动轮转速 $n_1=800\text{r/min}$，试求从动轮转速 n_2 的值。

6-16　蜗杆传动由________、________和________组成，且通常________为主动件，________为从动件。

6-17　蜗杆传动容易实现自锁。(　　)

6-18　判断图6-81中蜗杆、蜗轮的转向或蜗杆的旋向，在图中注明。

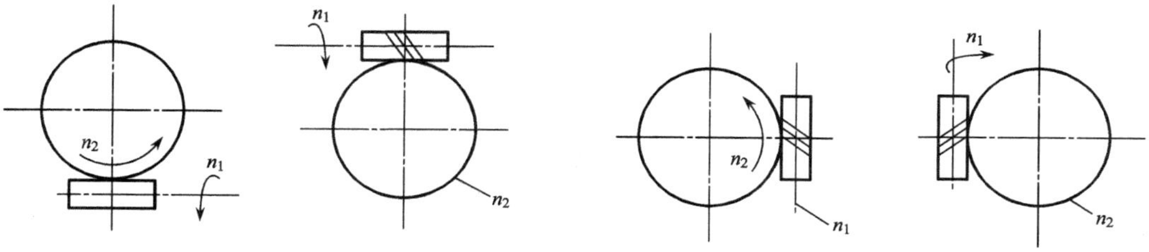

图6-81　题6－18图

6－19　一蜗杆传动，已知：蜗杆头数 $z_1=2$，蜗杆转速 $n_1=960\text{r/min}$，蜗轮齿数 $z_2=72$。求蜗轮转速 n_2。如要求蜗轮转速 $n_2=40\text{r/min}$，蜗轮的齿数 z_2 应变为多少？

6－20　根据轮系中各轮轴线的位置是否固定，可分为________和________两大类型。

6－21　在主动轮转向不变的情况下，在轮系中采用惰轮（中间轮）不能改变从动轴回转方向。（　　）

6－22　图6－82所示齿轮系中，已知：$z_1=z_{2'}=15$，$z_2=45$，$z_3=30$，$z_{3'}=17$，$z_4=34$。试求传动比 i_{14}。

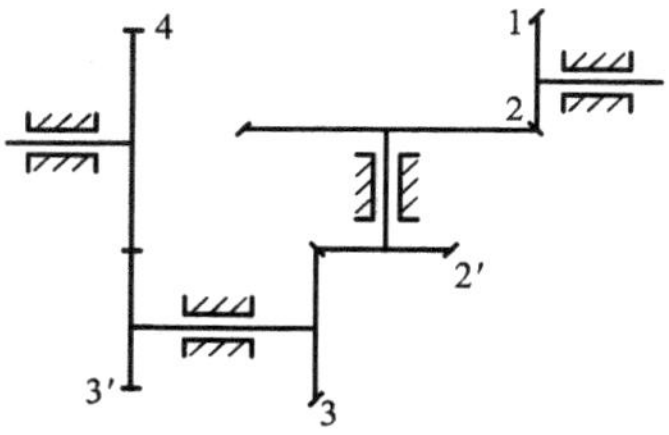

图6-82　题6－22图

第 7 章　支承零部件

7.1　轴

教学目标

1. 了解轴的分类、材料、结构、应用及强度计算。
2. 了解滑动轴承的特点、主要结构和应用；了解滑动轴承的失效形式、常用材料。
3. 熟悉滚动轴承的类型、特点、代号及应用；掌握滚动轴承的选择原则。

7.1.1　轴、滑动轴承、滚动轴承的使用场所及作用演示

支承零部件主要包含轴和轴承，其作用是将传动零件（如齿轮、链轮、带轮等）可靠地支承在机架上，轴的主要功用是支承旋转零件，轴承的主要功用是支承轴，使其回转并保持一定的旋转精度。通常根据摩擦形式不同，轴承分为滑动轴承和滚动轴承。

【演示 1】　如图 7-1（a）所示的减速器中，齿轮由轴支承，而轴又由两端的滚动轴承支承。有些场合使用滑动轴承支承，如图 7-1（b）所示。

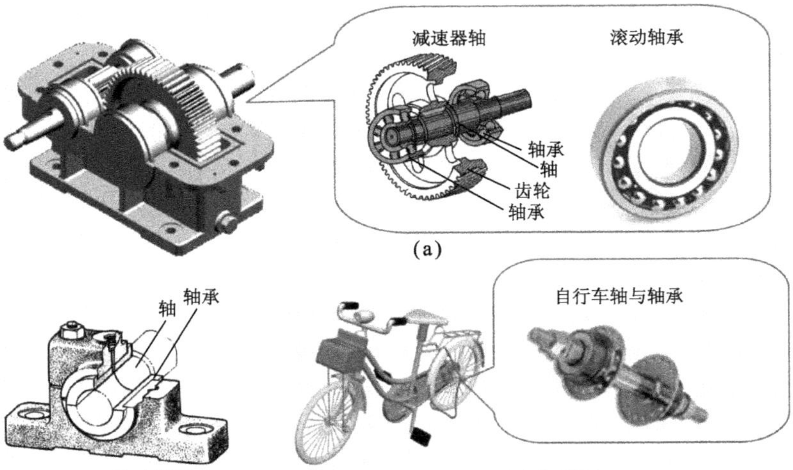

(b) 滑动轴承　　(c) 自行车

图 7-1　轴、滑动轴承、滚动轴承的使用场所

【演示 2】　如图 7-1（c）所示的自行车中有前轴、中轴和后轴，且都用轴承支承。

我们一起来分析图 7-1 所示的轴和轴承。

（1）图 7-1（a）所示的减速器中，使用了____根轴，每一根轴使用了____个____轴承。

（2）图7-1（c）所示的自行中，有____处使用了轴承。

本章学习常见的轴、滑动轴承、滚动轴承等。

7.1.2 轴的类型

轴是组成机器的重要零件之一，它用来支承作旋转运动的零件，如齿轮、带轮、联轴器等，以传递运动和动力（如图7-2所示）。

轴的类型很多，按轴线形状不同可分为直轴、曲轴和挠性钢丝轴。

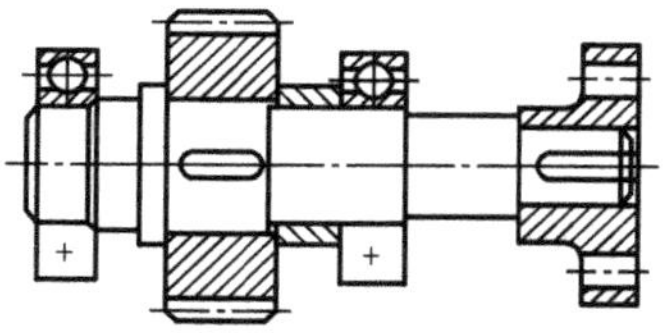

图7-2 轴

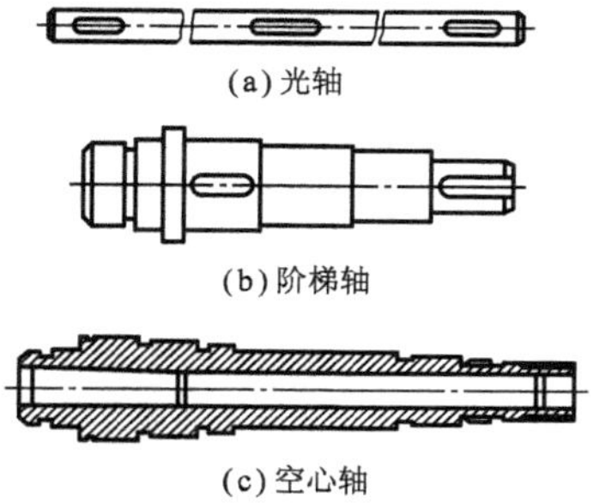

图7-3 直轴

1. 直轴

直轴常用在一般机械中，按形状有光轴、阶梯轴、空心轴，如图7-3所示。按其所起的作用和承受的载荷性质的不同可分为三类。

（1）心轴

只承受弯矩而不传递转矩的轴称为心轴。心轴可以是转动的（如图7-4（a）所示）也可以是固定不动的（如图7-4（b）所示）。

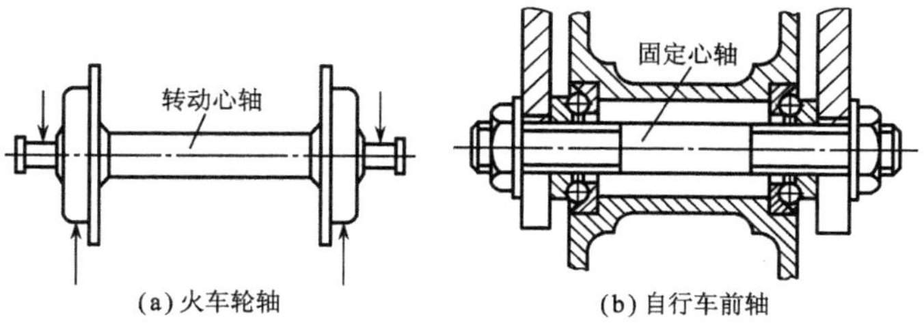

图7-4 心轴

（2）传动轴

只传递转矩而不承受弯矩或承受弯矩很小的轴称为传动轴。如汽车变速箱与后桥之间的传动轴（如图7-5所示）。

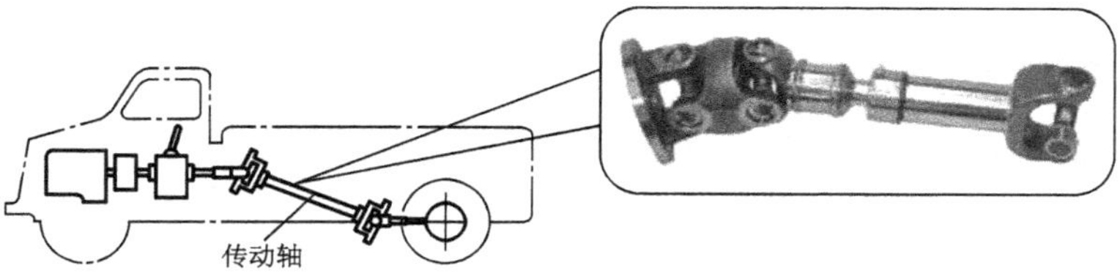

图7-5 传动轴

(3) 转轴

既传递转矩又承受弯矩的轴称为转轴。如齿轮减速器(如图 7-6 所示)中的轴，大、小齿轮轴既传递转矩又承受弯矩，故为转轴。转轴在机器中较为常见。

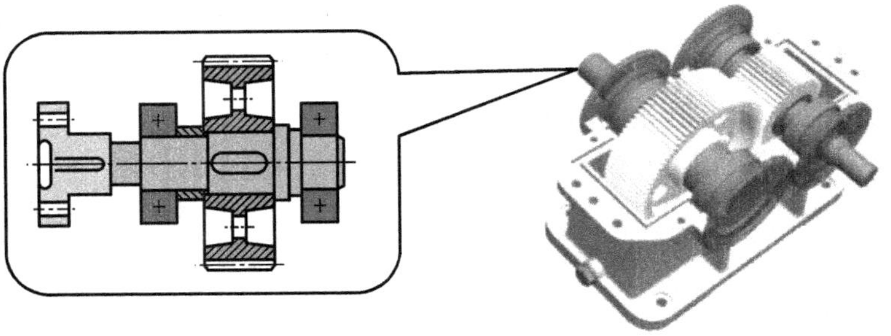

图 7-6　转轴

2. 曲轴

用于旋转运动和直线往复运动相互转换的机械中，如内燃机、缝纫机等，如图 7-7 所示。

3. 软轴

软轴是由几层紧贴在一起的钢丝层构成的，也称挠性钢丝轴，可以把转矩和旋转运动灵活地传到任何位置。当结构空间限制传动轴必须转弯通过狭窄通道或孔径进行传动时，可以使用软轴，如图 7-8 所示。

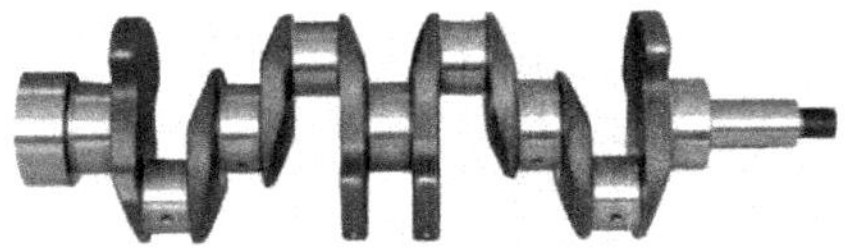

图 7-7　曲轴

图 7-8　软轴

想一想 >>>>

分析自行车的前轴、后轴、中轴和脚蹬轴分别是什么轴? 生活中还有哪些机械中应用了心轴、软轴?

7.1.3　轴的常用材料

轴的材料要满足轴的使用要求，即要满足刚度、强度、耐磨性、耐腐蚀性等方面的要求，并且有良好的加工性能，价格低廉，易于获得。轴的材料常采用碳素钢和合金钢，见表 7-1所示。

表 7-1 轴的常用材料及主要力学性能

材料牌号	热处理方法	毛坯直径/mm	硬度/(HBW)	抗拉强度 σ_b/MPa	屈服强度 σ_s/MPa	许用弯曲应力/MPa			备注
				不小于		$[\sigma_{+1}]_b$	$[\sigma_0]_b$	$[\sigma_{-1}]_b$	
Q235—A	热轧或锻后空冷	≤100 >100～250		400～420 375～390	225 215	125	70	40	用于不重要的轴
35	正火	≤100	149～187	520	270	170	75	45	用于一般轴
45	正火	≤100	170～217	600	300	200	95	55	用于较重要的轴
	调质	≤200	217～255	650	360	215	108	60	
40Cr	调质	≤100	241～286	750	550	245	120	70	用于载荷较大，但冲击不太大的重要轴
	调质	>100～300		700	500				
35SiMn	调质	≤100	229～286	800	520	270	130	75	用于中、小型轴，可代替40Cr
42SiMn	调质								
40MnB	调质	≤200	241～286	750	500	245	120	70	用于小型轴，可代替40Cr

碳素钢比合金钢价格低，同时还能通过热处理的办法提高其耐磨性和抗疲劳强度，具有较高的综合力学性能。所以应用最广泛，其中最常用的是45钢。不重要或受力较小的轴，可采用Q235、Q255等普通碳素钢。

合金钢比碳素钢有更高的力学性能，淬透性好，但价格较贵。常用于传递大动力并要求重量轻，尺寸小，耐磨性高或一些特殊条件（如高温、腐蚀等条件）下使用的轴。例如采用滑动轴承的高速轴，常用20Cr、20CrMnTi等低碳合金钢，经渗碳、淬火后可提高耐磨性。

中小尺寸的轴常用轧制圆钢直接车制，大尺寸的轴则以锻件作毛坯，对形状复杂的轴通常采用球墨铸铁或高强度铸铁来制造，如曲轴等。

7.1.4 轴的结构

轴的结构主要取决于轴受载荷的情况、轴在机器中的安装位置和要求、轴上零件的布置和固定形式、所用轴承类型和尺寸及轴的加工和装配工艺等。

轴的合理结构应满足下列要求：①轴的受力合理，有利于提高强度和刚度；②轴上零件定位准确，固定可靠；③轴上零件应便于装拆和调整；④便于加工，应力集中小，重量轻。

1. 轴的结构

按各轴段所起的作用不同，可将轴段分成三部分，如图7-9所示。支承齿轮、带轮、联轴器等为传动件，与这些零件保持一定配合的轴段称为轴头（图7-9中①、④），与轴承配合的轴段称为轴颈（图7-8中③、⑦），连接轴头与轴颈的轴段称为轴身（图7-9中②、⑥）。

轴直径变化所形成的台阶称为轴肩，轴肩又有定位轴肩和非定位轴肩之分。两轴肩之间的距离很小，且呈环状的轴段称为轴环，如图7-9中的⑤。

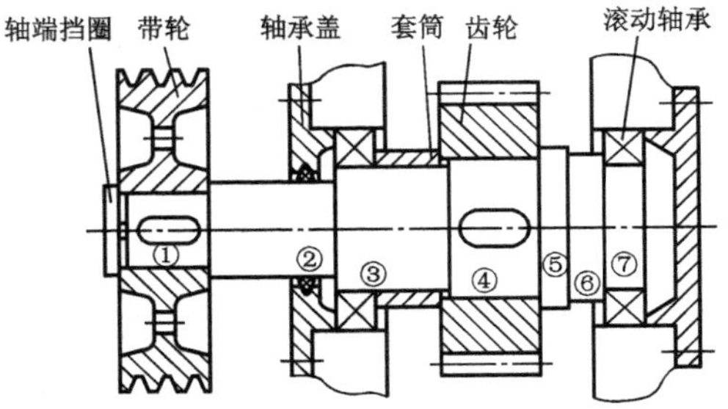

图 7-9　阶梯轴的结构

2. 轴上零件的轴向定位与周向定位

为了保证机械的正常工作，轴上的所有零件必须有准确的定位及可靠的固定，包括轴向和周向。

（1）轴上零件的轴向固定

其目的是为了保证轴上零件具有确定的轴向位置，承受轴向力，防止轴上零件轴向窜动。轴上零件的轴向固定方法见表 7-2 所示。

（2）轴上零件的周向固定

其目的是限制轴上零件与轴之间的相对转动和保证同心度，以准确地传递运动与转矩。常用的方法见表 7-3 所示。

表 7-2　轴上零件的轴向固定方法

方式	结构图形	应用说明
轴肩、轴环固定	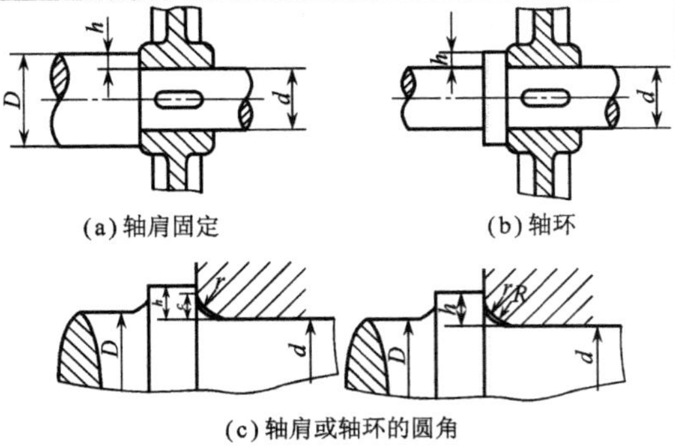	结构简单，定位可靠，可承受较大轴向力。常用于齿轮、链轮、带轮、联轴器和轴承等定位。 为保证零件紧靠定位面，应使 $r<R$ 或 C；轴肩高度 h 应大于 R 或 C；与滚动轴承相配合处的 h 值应要小于滚动轴承内圈厚度，以便于滚动轴承的拆卸
圆螺母固定	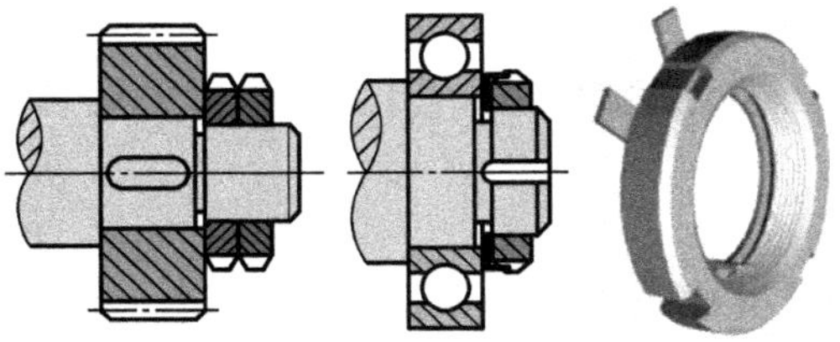	固定可靠，装拆方便，可承受较大的轴向力。一般使用双圆螺母或圆螺母与止动垫圈固定轴端零件。 常用于轴的中部或端部，无法使用轴套固定的场合

续表

方式	结构图形	应用说明
轴端挡圈固定	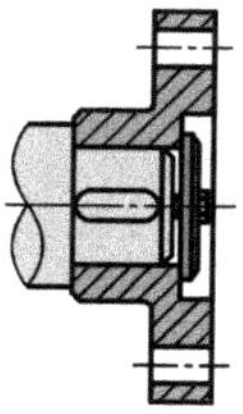	适用于固定轴端零件，可承受剧烈振动和冲击载荷。为防止轴端挡圈和螺钉松动，需采用防松装置（如弹性垫圈）
圆锥面固定	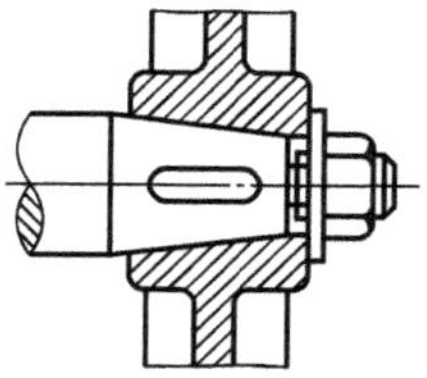	能消除轴和轮毂间的径向间隙，定心精度高，装拆较方便，可兼作周向固定，能承受冲击载荷。多用于轴端零件固定，常与轴端压板或螺母联合使用，使零件获得双向轴向固定
轴套固定	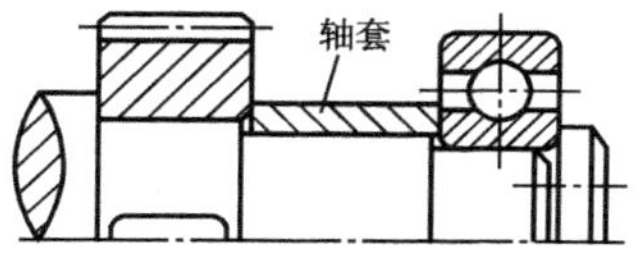	结构简单，定位可靠，轴上不需开槽、钻孔和切制螺纹而削弱轴的强度。一般用于零件间距较小场合
弹性挡圈固定	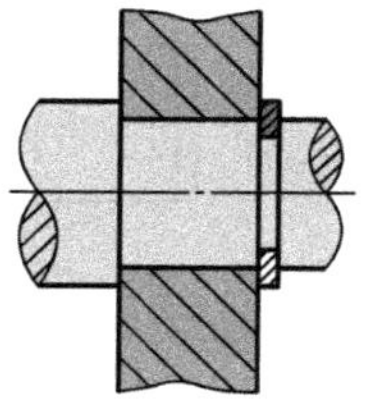 	结构简单，不能承受大的轴向力，不宜用于高速场合。常用于光轴上零件的固定

表 7-3　轴上零件的周向固定方法

方式	键连接	销连接
结构图形	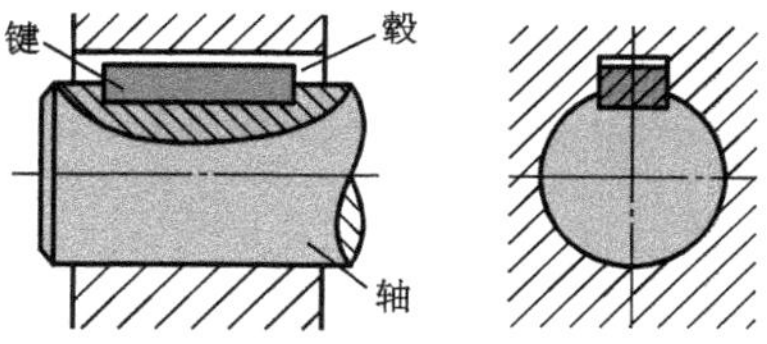	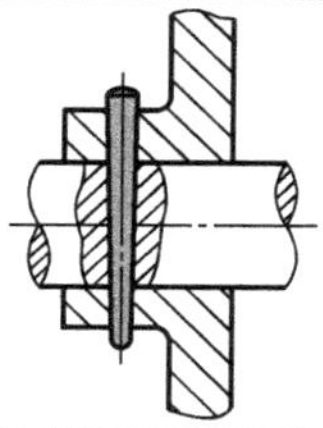
应用说明	制造简单，拆卸方便。但轴向不能限位，不承受轴向载荷。适用于传递扭矩较大、对中性要求一般的场合，使用最为广泛。常用于带轮、齿轮、联轴器等与轴的连接	轴向、周向都固定，不能承受较大载荷。轴、毂上要开通孔，对轴的强度有削弱
结构图形	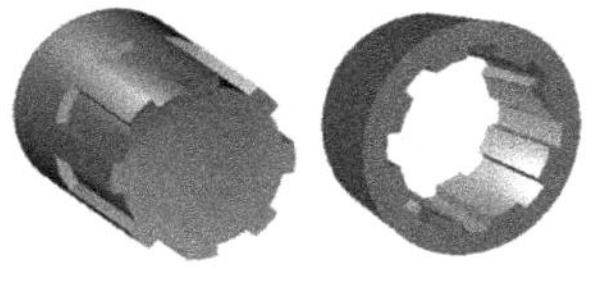 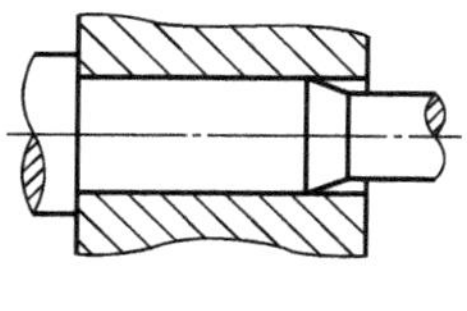	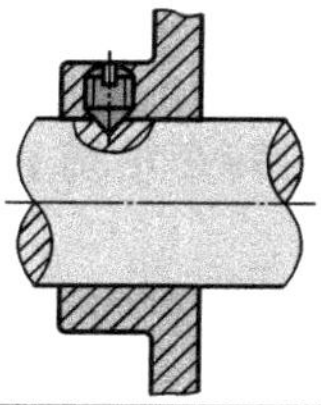

续表

方式	花键连接	过盈配合连接	紧定螺钉连接
应用说明	接触面大、承载能力强、对中性和导向性好，适用于载荷较大、对中性要求高或零件在轴上移动时要求导向性良好的场合。加工工艺较复杂，需专用设备，成本高	可同时有轴向和周向固定作用，对中精度高，但拆装不方便。一般用在传递转矩不太大，不便开键槽，或要求零件与轴心线对中性高的场合	可同时有轴向和周向固定作用。其结构简单，承受载荷小，多用于辅助性连接

知识链接 >>>>

轴的结构工艺性

轴的结构应便于加工与装配。形状力求简单，阶梯轴的级数尽可能少，而且各段直径不易相差太大。轴上需车制螺纹的轴段应有退刀槽（如图 7–10（a）所示），需磨削的轴段应有砂轮越程槽（如图 7–10（b）所示）。同一轴上的各个键槽应开在同一母线位置上（如图 7–10（c）所示）。为便于装配，轴端应有倒角（如图 7–10（d）所示）。轴肩高度不能妨碍零件的拆卸。

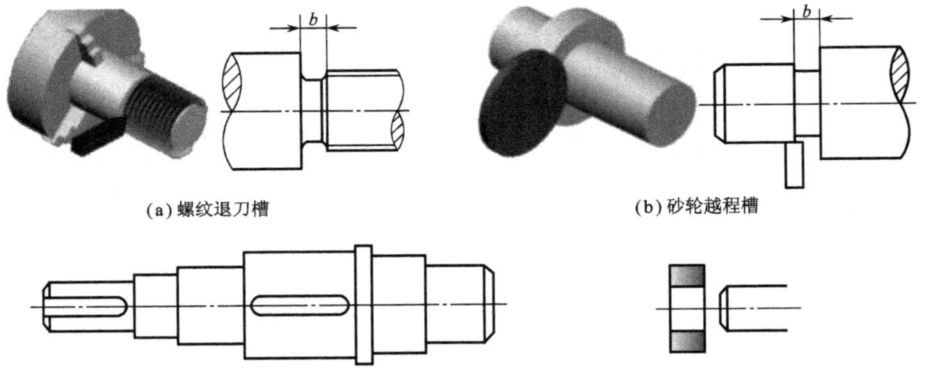

(a) 螺纹退刀槽　(b) 砂轮越程槽

(c) 键槽设置在同一方位母线上　(c) 轴端加工45°倒角

图 7–10　轴的结构工艺性

7.1.5　轴的强度计算

由于轴上载荷及应力的分布和变化规律大都比较复杂，因而轴的失效形式也有所不同，最常见的失效形式是因强度不足而产生疲劳断裂和因刚度不足而产生超过允许的弯曲、扭转变形。因此，要对轴进行强度计算，必要时还要进行刚度计算。

1. 按转矩估算直径

对于传动轴，因只受转矩，可只按转矩计算轴的直径；对于转轴，先用此法估算轴的最小直径，然后进行轴的结构设计，并用弯扭合成强度校核。

实心圆轴扭转的强度条件为

$$\tau = \frac{T}{W_T} = \frac{T}{0.2d^3} \leqslant [\tau] \quad (8-1)$$

其设计轴径计算公式为

$$d \geqslant \sqrt[3]{\frac{T}{0.2[\tau]}} = \sqrt[3]{\frac{9.55 \times 10^3 P}{0.2[\tau]n}} = C\sqrt[3]{\frac{P}{n}} \quad (8-2)$$

式中 T——工作转矩（N·mm），$T = 9.55 \times 10^6 P/n$；

P——轴传递的功率（kW）；

n——轴的转速（r/min）；

C——由轴的材料和受载情况所决定的系数，其值见表7-4所示；

$[\tau]$——许用扭转切应力（MPa）；

d——轴的最小直径，估算时如果该处有一个键槽，应将所计算的最小直径增加5%；

W_T——轴的抗弯截面模量，对实心圆轴 $W_T \approx 0.2d^3$。

表7-4 几种轴用材料的[τ]及C值

轴的材料	Q235—A	35	45	40Cr，35SiMn，42SiMn，40MnB
[τ] /MPa	15～25	20～35	25～45	35～55
C	149～126	135～112	126～103	112～97

2. 按弯扭合成强度计算

对于转轴，先按照轴所传递的转矩初估直径，然后以估算直径为基础，并根据轴上的零件进行轴的结构设计，将轴上零件的位置、各轴段的直径和长度确定下来，画出结构草图，同时外加载荷和支反力作用点也相应确定，这样就可以画出轴的受力简图，然后进行弯扭合成强度计算，其具体步骤如下。

① 根据轴在水平面内受力，求出水平面弯矩，画出水平面弯矩图。

② 根据轴在垂直面内受力，求出垂直面弯矩，画出垂直面弯矩图。

③ 计算合成弯矩 $M = \sqrt{M_H^2 + M_V^2}$，画出合成弯矩图。

④ 计算轴的转矩 T，画出转矩图。

⑤ 计算当量弯矩 $M_e = \sqrt{M^2 + (\alpha T)^2}$，绘出当量弯矩图。式中，$\alpha$ 为根据转矩性质定的折算系数。

⑥ 校核危险截面强度。根据当量弯矩图和各段轴径，找出最危险截面，并进行计算。其强度校核计算公式为

$$\sigma_e = \frac{M_e}{W} = \frac{\sqrt{M^2 + (\alpha T)^2}}{0.1d^3} \leqslant [\sigma_{-1}]_b \quad (8-3)$$

也可写为

$$d \geqslant \sqrt[3]{\frac{M_e}{0.1[\sigma_{-1}]_b}} \quad (8-4)$$

式中 M、T、M_e单位均为N·mm。

$[\sigma_{-1}]_b$——许用弯曲应力（MPa）。

当危险截面有键槽时，应将计算所得的轴径加大5%，当计算只承受弯矩的心轴时，仍可用式（8－3），此时 T＝0。

7.2 滑动轴承

7.2.1 滑动轴承的特点、主要结构和应用

滑动轴承由轴承座、轴瓦（或轴套）、润滑和密封装置等组成。按所能承受载荷的方向不同，可分为径向滑动轴承（只能承受径向力）和推力滑动轴承（只能承受轴向力）。

1. 径向滑动轴承

径向滑动轴承按结构的不同可分为整体式和对开式（剖分式）两种形式。

整体式径向滑动轴承的常见结构如图7-11所示，主要由轴承座和轴瓦（轴套）组成，轴承座上部设有油孔及装油杯的螺纹孔，轴瓦内开有油沟。这种轴承结构简单，成本低。但轴的装拆不方便，因为轴只能由轴承端部装入，且轴瓦磨损后，径向间隙无法调整，故较少采用。仅用于低速、轻载的场合。

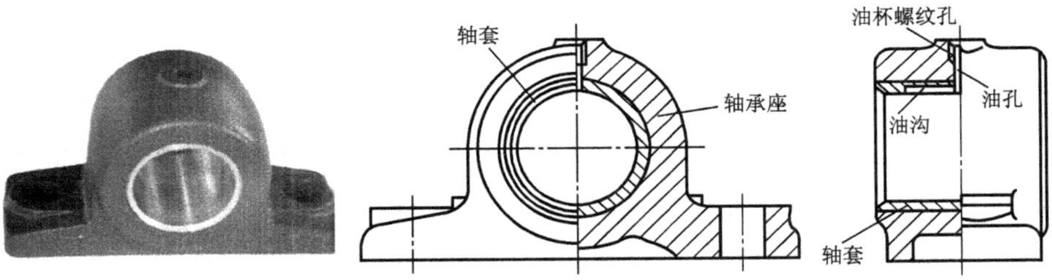

图7-11　整体式径向滑动轴承

剖分式径向滑动轴承的常见结构如图7-12所示，这种轴承从中心线被剖分为上、下两部分，再用螺柱连接成整体，因此克服了整体式滑动轴承装拆不方便的缺点。轴承盖上通常装有油杯，上、下轴瓦上都开有油沟，在轴瓦剖分面上配置了调整垫片，用于轴瓦磨损后的间隙调整。

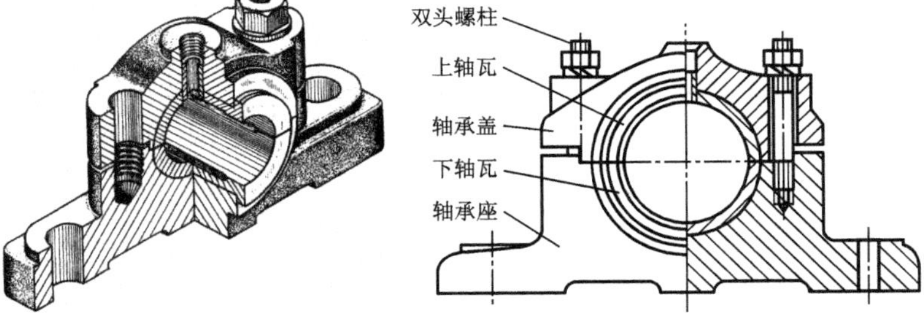

图7-12　剖分式径向滑动轴承

知识链接 >>>>

轴瓦结构

轴瓦的结构有整体式和剖分式两种。整体式轴瓦（也称轴套）用于整体式滑动轴承，为便于润滑在轴套上开有油孔和油沟，如图 7–13 所示；剖分式轴瓦用于剖分式滑动轴承，由上、下两半瓦组成，上轴瓦开有油孔和油沟，如图 7–14 所示。

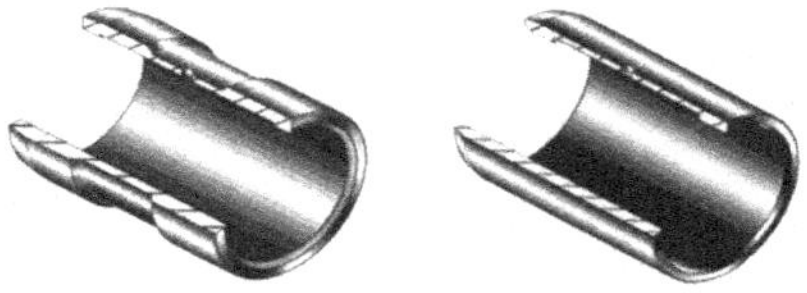

图 7–13　整体式轴瓦

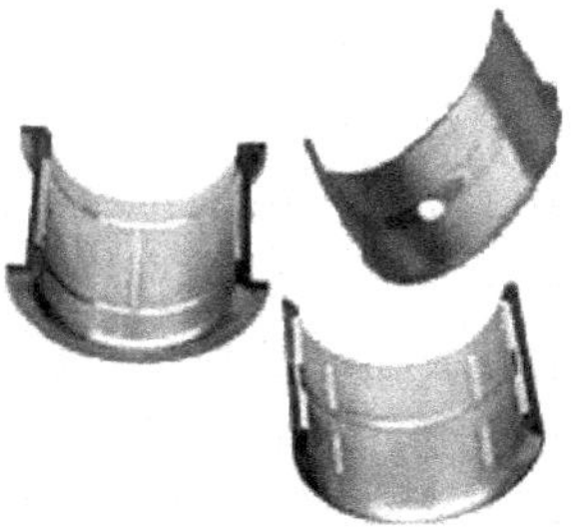

图 7–14　剖分式轴瓦

想一想 >>>>

分析剖分式轴瓦两端凸肩的用途，整体式轴瓦为什么两端无凸肩？

2. 推力滑动轴承

推力滑动轴承的常见结构如图 7–15 所示。推力轴承轴颈的结构有实心、空心、环形和多环形等结构，如图 7–16 所示，一般多采用空心和环形。

图 7–15　推力滑动轴承

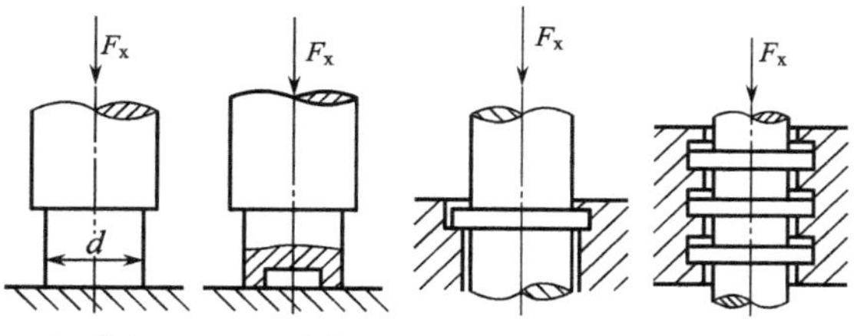

图 7–16　推力轴承的轴颈结构

* 7.2.2　滑动轴承的失效形式、常用材料

1. 滑动轴承的失效形式

滑动轴承的失效形式主要是轴瓦的磨损和胶合。金属间的摩擦和磨损导致轴承配合间隙的加大，影响轴的旋转精度，甚至使轴承不能正常工作。高速重载且润滑不良时，摩擦加

剧，发热多，使轴承上较软的金属粘焊在轴颈表面而出现胶合。

2. 轴瓦材料

滑动轴承材料是指轴瓦的材料，轴瓦与轴颈接触，直接承受载荷，且又是摩擦表面。因此，对于轴瓦材料除要求具有一定的强度、塑性外，还要求摩擦系数小、耐磨性好、抗腐蚀及抗胶合的能力强。为使轴瓦获得上述良好的综合性能，轴瓦通常做成双金属的。即以强度较高的材料做成轴瓦基座，再在其内表面浇铸一层减摩材料（称为轴承衬）。也有的轴瓦直接采用减摩材料制造。轴瓦、轴承衬的常用材料是青铜和轴承合金。

轴承合金（又称巴氏合金）其耐磨性好、塑性高、跑合性好、导热性大、抗胶合性能好、与油的吸附性好，多用于高速、重载的场合。但因轴承合金强度较低，价格较贵，使用时必须浇铸在青铜、钢或铸铁的轴瓦上，作为轴承衬使用。

青铜硬度较高，耐磨性好，力学性能较高，但不易跑合，多用于重载及中速场合。

此外，在平稳无冲击载荷及中低速时，也可用粉末冶金法压制成的轴瓦，在水润滑时，还可用塑料和硬化橡胶等非金属材料来制造轴瓦和轴承衬。

7.2.3 滑动轴承的润滑

滑动轴承需要良好的润滑。润滑可降低功率的损耗，减少轴承的磨损，同时还有冷却、防蚀和吸振等作用。润滑状况的好坏直接影响着轴承的正常工作和使用寿命。

1. 润滑剂

滑动轴承常用的润滑剂有润滑油（常用机械油）和润滑脂（俗称黄油）两种。有时也采用固体润滑剂（如石墨、二硫化钼等）。

润滑油的主要指标是黏度，油的标号就是以其黏度来标定的。例如：N10 号机械油就是指其运动黏度的平均值为 $10mm^2/s$。标号越高，黏度越大，油也越稠。滑动轴承常用的润滑油有机械油 N5，N7，N10，N15，N22 等。

轴承工作在重载、低速、高温或运转不平稳、有冲击的情况时，应采用黏度较高的润滑油，反之，则应选用黏度较低的润滑油。

润滑脂是由润滑油加稠化剂在高温下混合制成的。根据加入的稠化剂不同，可将润滑脂分成钙基脂、钠基脂和锂基脂等几种，润滑脂的主要指标是针入度和滴点，标号数字越大，黏性越大。润滑脂不易流动，可承受较大的载荷，工作时不需经常加油，但其内部摩擦阻力大，不适用于高速轴承的润滑。

2. 常见的润滑装置

（1）旋盖式油脂杯

旋盖式油脂杯如图 7-17 所示，是应用得最广的脂润滑装置。杯中装满润滑脂后，旋动上盖即可将润滑脂挤入轴承中。

（2）压配式压注油杯

压配式压注油杯如图 7-18 所示。平时弹簧顶住钢球将油孔封闭，避免污物进入轴承。加油时，用油壶嘴将钢球压下，同时注入适量的润滑油。

（3）油芯式弹簧盖油杯

油芯式弹簧盖油杯如图 7-19 所示。利用浸在油中油芯的毛细管和虹吸作用供油。此装置维护简单、供油量均匀、连续，但油量不能调节。适用于供油量不需要很大的轴承。

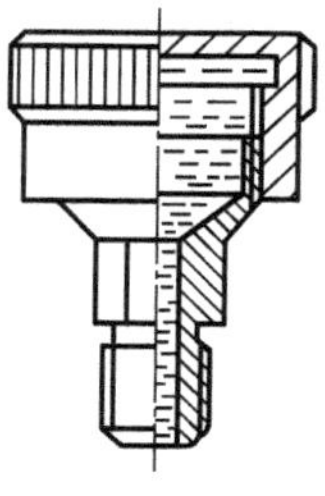

图 7-17　旋盖式油脂杯

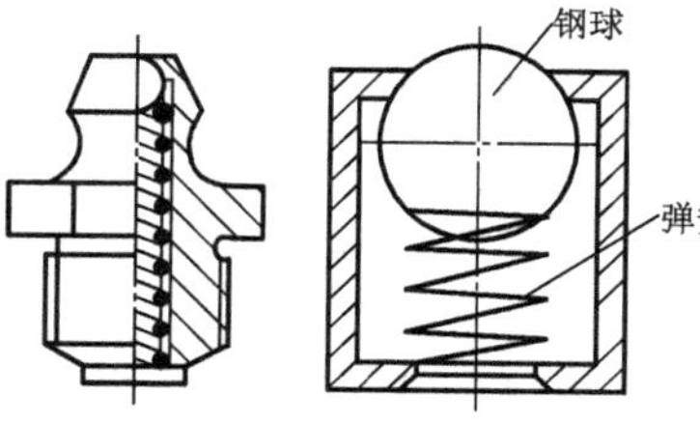

图 7-18　压配式压注油杯

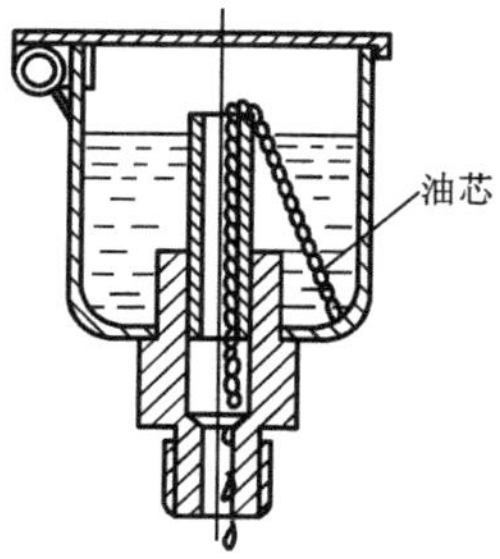

图 7-19　油芯式弹簧盖油杯

（4）针阀式注油油杯

针阀式注油油杯如图 7-20 所示。在杯内装有一导油管，管内装有一针阀。当手柄竖立时，针阀被提起，油孔打开，杯内的油通过导油管侧孔连续不断供油。当手柄放倒时，针阀被弹簧压下，油孔封闭，停止供油。供油量可通过调节螺母来控制。此装置适用于要求供油可靠的润滑点上。

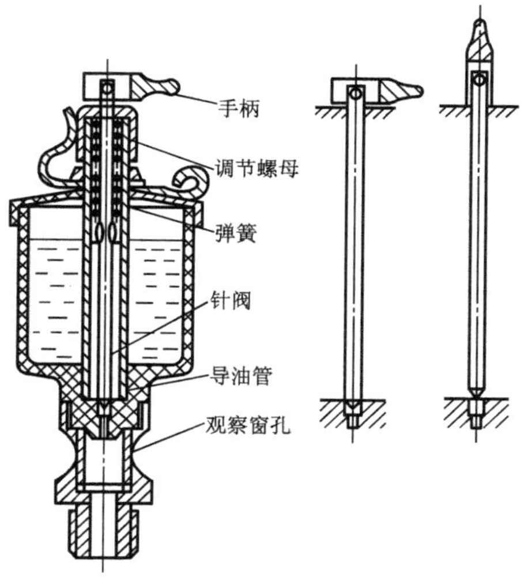

图 7-20　针阀式注油油杯

7.3　滚动轴承

7.3.1　滚动轴承的构造、特点

滚动轴承主要由外圈、内圈、滚动体和保持架组成，如图 7-21 所示。外圈与轴承座孔相配合，工作时，通常固定不动。内圈与轴颈相配合，工作时，通常随轴颈一起转动。滚动

体在内、外圈的滚道上滚动。保持架的作用是将滚动体相互隔开，避免滚动体直接接触，并使滚动体均匀分布在圆周上。

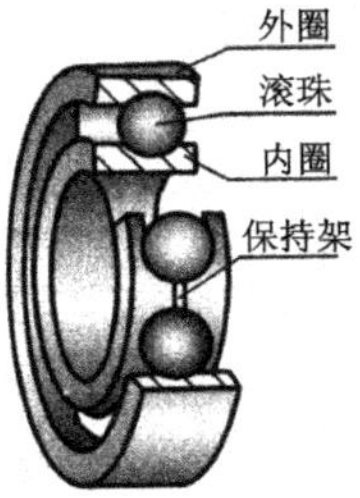

(a) 深沟球轴承

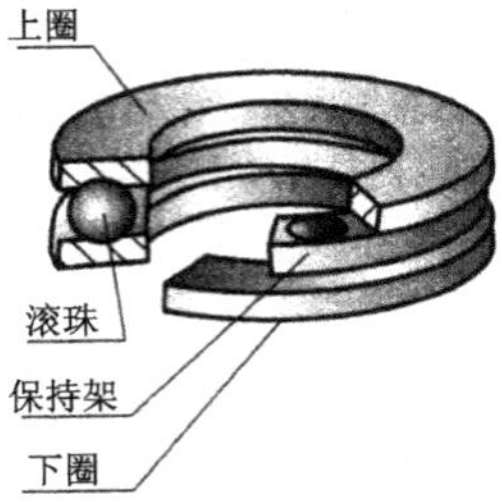

(b) 推力球轴承

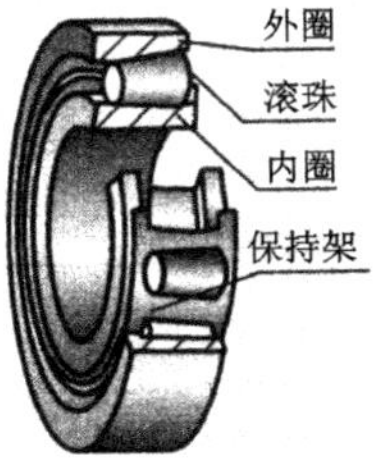

(c) 圆锥滚子轴承

图 7-21　滚动轴承的基本结构

想 一 想 >>>>

自行车中有几处使用滚动轴承，滚动体是什么形状？由哪几部分组成？

7.3.2　滚动轴承的类型

滚动轴承分类的方法很多。按照滚动轴承所受载荷不同，滚动轴承可分为三大类。

①向心轴承。仅承受径向（垂直于回转轴线）载荷的滚动轴承，如深沟球轴承（如图 7-21（a）所示）。

②推力轴承。仅承受轴向（沿着或平行于回转轴线）载荷的滚动轴承，如推力球轴承（如图 7-21（b）所示）。

③向心推力轴承。同时承受径向载荷和轴向载荷的滚动轴承，如圆锥滚子轴承（如图 7-21（c）所示）。

按滚动体的形状可分为球轴承和滚子轴承（包括圆柱滚子、圆锥滚子、球面滚子和滚针），如图 7-22 所示。

按轴承中滚动体的列数还可分为单列、双列（如图 7-23 所示）和多列轴承。

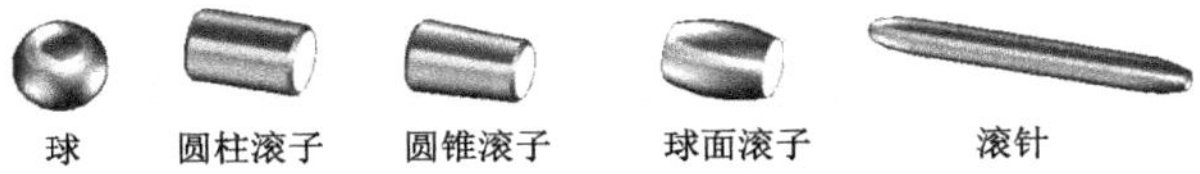

图 7-22　滚动体的形状

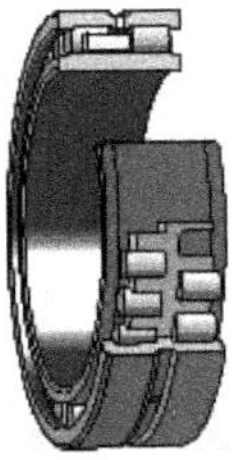
图 7-23　双列轴承

7.3.3　滚动轴承的代号及应用

为了区别不同类型、结构、尺寸和精度的轴承，国家标准规定了识别符号即轴承代号，并把它标印在轴承的端面上。

国家标准（GB/T 272—1993）中规定，轴承代号由前置代号、基本代号、后置代号三部分构成，前置代号位于基本代号右侧，后置代号位于基本代号左侧。

前置代号用来说明轴承分部件的特点，以字母表示；一般轴承无需说明时，无前置代号。

基本代号（滚针轴承除外）由类型代号、尺寸系列代号及内径代号组成并按顺序由左向右依次排列，见表7-5所示。

表7-5 滚动轴承的基本代号

<table>
<tr><th rowspan="2">类型代号</th><th colspan="2">尺寸系列代号</th><th colspan="5" rowspan="2">内径代号</th></tr>
<tr><th>宽（高）度系列代号</th><th>直径系列代号</th></tr>
<tr><td rowspan="3">用一位数字或一至两个字母表示，参见表7-7所示</td><td>表示内径、外径相同而轴承宽（高）度不同，有一个递增的系列尺寸，用一位数字表示</td><td>表示同一内径而不同外径的系列，用一位数字表示</td><td colspan="5">通常用两位数表示：
代号为04～99时，内径 d = 代号 ×5mm。
内径为22，28，32，≥500时，直接用内径表示，例62/32表示内径32的深沟球轴承。
代号为00～03时，内径如下表：</td></tr>
<tr><td colspan="2" rowspan="2">两代号连用，当宽（高）度系列代号为0时可省略（在调心滚子轴承和圆锥滚子轴承中不可省略）</td><td>内径代号</td><td>00</td><td>01</td><td>02</td><td>03</td></tr>
<tr><td>内径（mm）</td><td>10</td><td>12</td><td>15</td><td>17</td></tr>
</table>

后置代号是以字母和数字表示轴承的内部结构特点、公差等级和游隙等，见表7-6所示。

表7-6 滚动轴承的后置代号

内部结构特点	例如角接触球轴承接触角 $\alpha=40°$时，代号为B；$\alpha=25°$时，代号为AC；$\alpha=15°$时，代号为C
公差等级	公差等级按精度由低到高代号依次为：/P0、/P6、/P6x、/P5、/P4、/P2，其中/P0为普通级，可省略不标注
游隙	常用的轴承径向游隙代号分别为/C1、/C2、/C0、/C3、/C4、/C5，径向游隙依次由小到大；常用/C0组，可省略不标注

滚动轴承代号表示方法举例如下：

6 2 02
- 02 — 内径代号，轴承公称内径 d=15mm
- 2 — 尺寸系列代号（0）2，宽度系列代号0省略，直径系列代号2
- 6 — 轴承类型代号，深沟球轴承

2 32 24
- 24 — 内径代号，轴承公称内径 d=120mm
- 32 — 尺寸系列代号32，宽度系列代号3，直径系列代号2
- 2 — 轴承类型代号，调心滚子轴承

5 11 03 /P6
- /P6 — 后置代号，6级公差
- 03 — 内径代号，轴承公称内径 d=17mm
- 11 — 尺寸系列代号11，高度系列代号1，直径系列代号1
- 5 — 轴承类型代号，推力球轴承

常用滚动轴承的类型、性能及应用见表 7-7 所示。

表 7-7　滚动轴承的类型、性能及应用

类型、代号及标准号	结构简图		主要性能及应用
调心球轴承 1 (GB/T 281—1994)	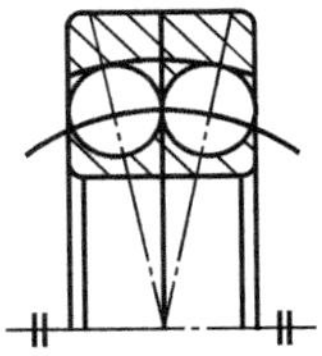		其外圈的内表面是球面，内、外圈轴线间允许角偏移为2°～3°。可承受径向载荷及较小的双向轴向载荷。用于轴变形较大及不能精确对中的支承处
调心滚子轴承 2 (GB/T 288—1994)	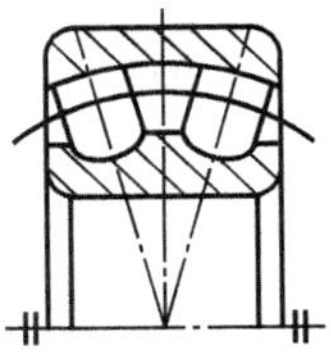		轴承外圈滚道是球面，主要承受径向载荷及一定的双向轴向载荷，但不能承受纯轴向载荷，允许角偏移 0.5～2°。常用在长轴或受载荷作用后轴有较大变形的轴上
圆锥滚子轴承 3 (GB/T 297—1994)	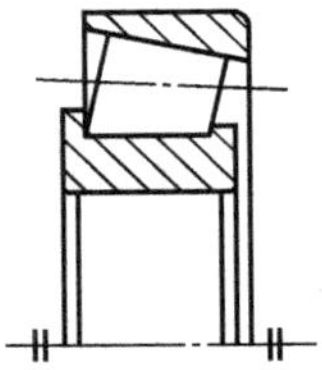		可同时承受较大的径向及轴向载荷，承载能力大于角接触球轴承。外圈可分离，装拆方便，成对使用
推力球轴承 5 (GB/T 301—1995)	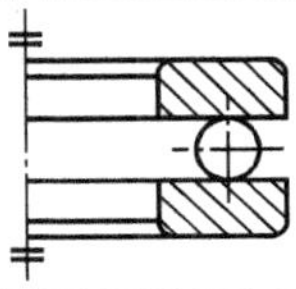		只能承受轴向载荷，而且载荷作用线必须与轴线相重合，不允许有角偏差，极限转速低
双向推力轴承 5 (GB/T 301—1995)	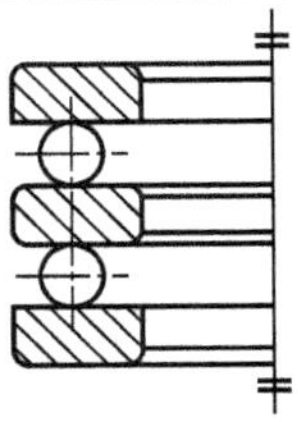		能承受双向轴向载荷。其余与推力轴承相同
深沟球轴承 6 (GB/T 276—1994)	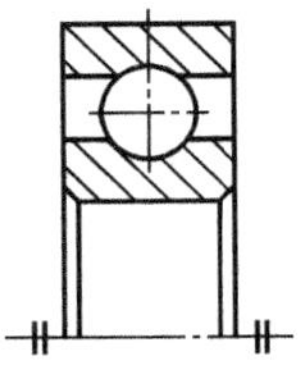		可承受径向载荷及一定的双向轴向载荷。内外圈轴线间允许角偏移为8′～16′
角接触球轴承 7 (GB/T 292—2007)	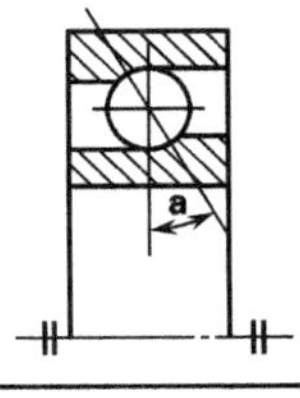	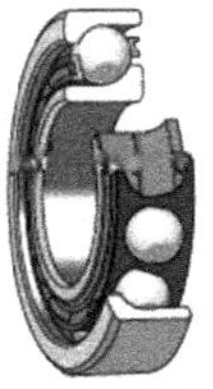	可同时承受径向及轴向载荷。承受轴向载荷的能力由接触角 α 的大小决定，α 大，承受轴向载荷的能力高，宜成对使用。极限转速较高

续表

类型、代号及标准号	结构简图		主要性能及应用
推力滚子轴承 8 （GB/T4663）	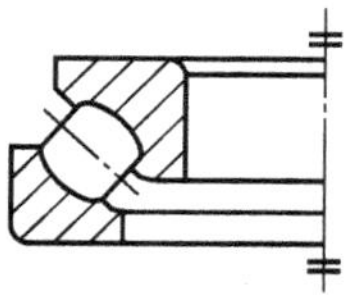		能承受较大的单向轴向载荷，极限转速低
圆柱滚子轴承 N （GB/T283）	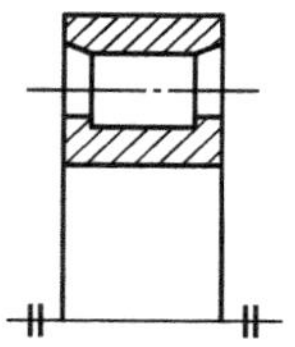	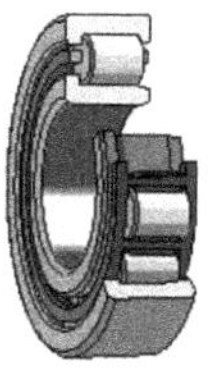	能承受较大的径向载荷，不能承受轴向载荷，极限转速也较高，但允许的角偏移很小，约2′~4′。要求轴的刚度大，对中性好
滚针轴承 NA （GB/T5801）	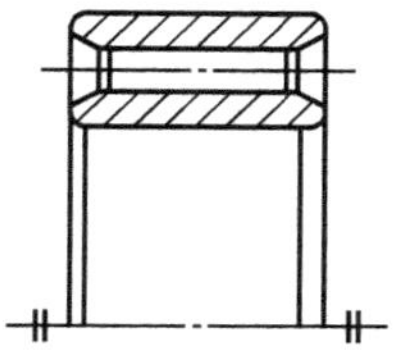		不能承受轴向载荷，不允许有角度偏斜，极限转速较低。结构紧凑，在内径相同的条件下，与其他轴承比较，其外径最小。适用于径向尺寸受限制的部件中

*7.3.4　滚动轴承的选择原则

滚动轴承的类型很多，选择时应从以下几个方面进行考虑。

1. 载荷的大小、方向和性质

（1）按载荷的大小、性质选择。在外廓尺寸相同的条件下，滚子轴承比滚珠轴承承载能力大，适用于载荷较大或有冲击的场合。滚珠轴承适用于载荷较小、振动和冲击较小的场合。

（2）按载荷方向选择。当承受纯径向载荷时，通常选用圆柱滚子轴承或深沟球轴承；当承受纯轴向载荷时，通常选用推力球轴承或推力圆柱滚子轴承；当承受较大径向载荷和一定轴向载荷时，可选用角接触球轴承或圆锥滚子轴承。

2. 轴承的转速

（1）滚珠轴承比滚子轴承具有较高的极限转速和旋转精度，高速时应优先选用滚珠轴承。

（2）为减小离心惯性力，高速时宜选用同一直径系列中外径较小的轴承。

（3）推力轴承的极限转速都很低，当工作转速高、轴向载荷不大时，可采用角接触滚珠轴承或深沟球轴承替代推力轴承。

3. 调心性能要求

当轴的中心线与轴承座中心线不重合而有角度误差时，或因轴受到力的作用而弯曲或倾斜时，轴承的内外圈轴线发生偏斜，这时应采用有调心性能的调心轴承，但必须两端同时使用，否则将失去调心作用。

圆柱滚子轴承和滚针轴承在偏斜状态下的承载能力低于球轴承，在轴的刚度和轴承座孔的支承刚度较低时，应尽量避免使用这类轴承。

4. 轴承的安装和拆卸

在轴承座为非剖分式而必须沿轴向安装和拆卸轴承部件时，应优先选用内外圈可分离的轴承。

5. 经济性

一般而言，滚珠轴承比滚子轴承便宜；派生型轴承（如带止动槽、密封圈或防尘盖轴承等）比基本型轴承贵；同型号轴承，精度高一级价格将急剧增加。因此，在满足使用功能的前提下，应尽量选用低精度、价格便宜的轴承。

想一想 >>>>

选用滚动轴承时，主要应考虑哪些因素?

7.3.5 滚动轴承的润滑和密封

1. 润滑

与滑动轴承相同，为了减小摩擦，减少磨损，滚动轴承也需要良好的润滑，采用的润滑剂及润滑方式与滑动轴承相似，也有润滑油与润滑脂。由于润滑脂不易流失，易于密封和维护，故若无特殊要求，且轴颈的圆周速度不很高时，通常采用脂润滑；对圆周速度较高的轴承，应采用油润滑，润滑方式有滴油润滑、飞溅润滑及压力润滑等。

2. 密封

为了防止灰尘、杂物侵入轴承，加剧轴承的磨损，也为了阻止润滑剂的流失，滚动轴承需进行良好的密封。常见的几种密封方式如图 7-24 所示。

(1) 毛毡圈密封。利用轴承盖内的羊毛毡与轴颈直接接触实现密封（如图 7-24 (a) 所示）。其结构简单、价格低廉，但不能阻止油的流失。适用于低速、温度不高及采用脂润滑的密封。

(2) 橡胶油封密封。密封原理同毛毡圈密封，但密封效果较好。可用于油润滑的密封（如图 7-24 (b) 所示）。

(3) 间隙式密封。适用于脂润滑的密封。间隙越小，配合面越长，效果越好（如图 7-24 (c) 所示）。

(4) 迷宫式密封。利用零件间的曲折小间隙实现密封（如图 7-24 (d) 所示）。其结构复杂，但密封可靠。适用于脂润滑和油润滑的密封。

（5）组合式密封。两种以上密封方式一起使用。其密封效果更好（如图7-26（e）所示）。

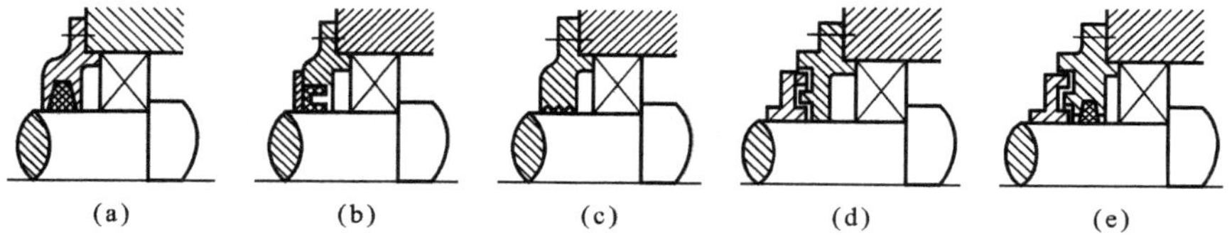

图7-24 滚动轴承的密封

习题7

7-1 轴按轴线形状不同分为________、________和________，直轴按其所起的作用和承受的载荷性质的不同分为________、________、________。

7-2 既承受弯矩又承受转矩作用的轴称为心轴。（ ）

7-3 轴的常用材料是（ ）。

A. 灰铸铁和球墨铸铁　B. 铸钢　C. 青铜　D. 碳素钢和合金钢

7-4 按各轴段所起的作用不同，可将轴段分成三部分，________、________和________。

7-5 轴上零件的轴向固定方法有哪些？

7-6 轴上零件常用的周向固定方法有哪些？

7-7 按所能承受载荷的方向不同，滑动轴承可分为________滑动轴承和________滑动轴承。

7-8 径向滑动轴承按结构的不同可分为________式和________式。

7-9 推力轴承轴颈的结构有________、________、________和________等结构。

7-10 常见的滚动轴承一般由________、________、________和保持架组成。

7-11 按照滚动轴承所受载荷不同分为三大类：________、________、________。

7-12 常见的滚动体有________、________、________、________、________等。

7-13 6312滚动轴承内圈的内径是________ mm。

7-14 6208深沟球轴承的直径系列代号为________。

7-15 深沟球轴承宽度系列为1、直径系列为2、内径为40mm，其代号是（ ）。

A. 61208　B. 6208　C. 6008　D. 6308

7-16 深沟球轴承可承受________及________的双向轴向载荷。

第 8 章　机械的节能环保与安全防护

教学目标

1. 了解润滑剂的种类、性能和润滑方法。
2. 了解常用密封装置的分类、特点和应用。
3. 了解机械噪声的形成和防护措施。
4. 了解机械伤害的成因及防护措施。

8.1　机械润滑

机器中相对运动的零部件，其接触表面都会产生摩擦及磨损，后果是破坏零件的配合尺寸和强度，当磨损量超过允许极限时会导致失效，直接影响机械的使用寿命。机器零件中润滑油的泄漏，外部灰尘、水、气体以及其他杂质的侵入，将严重影响机器的正常工作，甚至出现故障。所以，机械设备应采用合理的润滑、密封和安全防护。

8.1.1　润滑、密封、环保与安全防护的演示

【演示 1】　内燃机润滑系统

内燃机润滑系统的工作情况如图 8-1 示。内燃机工作时，润滑油泵通过滤网从油底壳

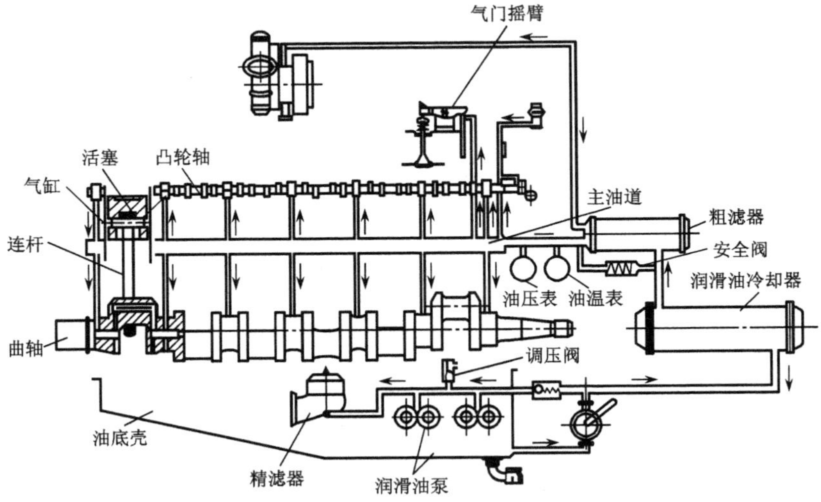

图 8-1　内燃机润滑系统

将润滑油吸入，提高油压后泵出，经油路送入机油冷却器和粗滤器。滤清后的润滑油，一路流往曲轴主轴颈和连杆轴颈后从摩擦表面流出，有部分润滑油被飞溅到汽缸壁面、凸轮表面和活塞销处，然后流回油底壳；另一路流往凸轮轴轴承处，再经油路送至气门摇臂轴轴承处，然后流回油底壳。从润滑油泵泵出的油流经精滤器，精滤后直接流回油底壳。

【演示2】 阀门密封装置

如图8-2所示的阀门，在阀杆处需要密封，在两侧与管路连接处同样需要密封。

图8-2 阀门及其密封装置

想一想 >>>>

（1）分析图8-1所示的内燃机润滑系统的油路流向。

（2）工作中的阀门（如图8-2所示）如密封破坏，会出现____________现象。

8.1.2 润滑剂的种类、性能

向两个摩擦表面之间引入润滑剂，以改善摩擦副的摩擦状态，降低摩擦阻力、减缓磨损的技术措施，称为润滑。

凡是能够降低摩擦阻力作用的介质，都可以作为润滑剂。润滑剂可分为液体润滑剂、半固体润滑剂、固体润滑剂（如石墨、二硫化钼、聚四氟乙烯等）和气体润滑剂等4种类型。其中，液体润滑剂中的润滑油、半固体润滑剂润滑脂应用最广。

1. 润滑油

润滑油主要有动物油、植物油、矿物油及合成油4种。动物油和植物油润滑性能好，但容易氧化变质，常作为添加剂使用。矿物油具有品种多、防腐性能强、价格便宜等特点，应用最广。合成油具有良好的润滑性能，很高的承载能力，良好的高、低温性能，但价格贵，常用于较重要的场合。在某些场合也可用水作润滑剂。

润滑油具有流动性好、内摩擦因数小、冷却效果好、更换方便等特点，但密封装置复杂。目前润滑油润滑应用最广，常用于速度较高、强制润滑、需要散热、排污等场合。

常用润滑油有全损耗系统用油（旧称机械油）、工业齿轮油、工业闭式齿轮油、普通开式齿轮油。表 8-1 所示为全损耗系统用油的主要性能和用途。

表 8-1 全损耗系统用油的主要性能和用途

名称	代号	运动黏度/（mm^2/s）	主要用途
		40℃	
全损耗系统用油（GB 443）	L—AN5	4.14～5.06	用于各种高速轻载机械轴承的润滑和冷却（循环式或油箱式）
	L—AN7	6.12～7.48	
	L—AN10	9.00～11.0	
	L—AN15	13.5～16.5	用于小型机床齿轮箱、传动装置轴承，中小型电机，风动工具等
	L—AN22	19.8～24.2	
	L—AN32	28.8～35.2	用于一般机床齿轮变速箱、中小型机床导轨及 100kW 以上的电机轴承
	L—AN46		
	L—AN68	41.4～50.6	主要用在大型机床、大型刨床上
	L—AN100	61.2～74.8	主要用在低速重载的纺织机械及重型机床、锻压、铸工设备上
	L—AN150	90.0～110	
		135～165	

黏度是润滑油的一个主要性能指标，表示流体抵抗变形的能力。黏度越大，油膜强度越高，承载能力越大；但流动性越差，内摩擦力越大。工业上常用运动黏度表示（单位为 mm^2/s）。在我国，一般润滑油的牌号直接用其运动黏度的平均值来表示。例如，L—AN32 全损耗系统用油的运动黏度为 28.8～35.2mm^2/s。牌号愈大，油的运动黏度愈大。

选择润滑油的一般原则是：轴承承受载荷大，相对滑动速度低，工作温度高，配合面较大或表面较粗糙时，应选用黏度高的润滑油；反之，应选用黏度低的润滑油。

2. 润滑脂

润滑脂是在润滑油中加入稠化剂制成的。常用的稠化剂为金属皂类（如钠皂、钙皂、锂皂、钡皂等）。加入不同的稠化剂，可制成不同的润滑脂，如钠基润滑脂、锂基润滑脂等。

润滑脂具有流动性差、使用方便、不易泄漏、无需经常换油、加油等特点，还有密封作用，且密封装置简单；但散热差、内摩擦因数大、摩擦损失大、更换及清洗不方便。用润滑脂润滑的应用范围仅次于润滑油，常用于低速、重载、间歇或摆动及不易加油的机械中。

常用润滑脂的性能及用途见表 8-2。

表 8-2 常用润滑脂的性能及用途

名称	代号	滴点/℃ 不低于	锥入度/（1/10mm）	主要用途
钙基润滑脂（GB 491）	1 号	80	310 ~ 340	有耐水性能。用于工作温度低于 55 ~ 60℃ 的各种工农业、交通运输机械设备的轴承润滑，特别是有水或潮湿处
	2 号	85	265 ~ 295	
	3 号	90	220 ~ 250	
	4 号	95	175 ~ 205	
钠基润滑脂（GB 492）	2 号	160	265 ~ 295	不耐水（或潮湿）。用于工作温度在 - 10 ~ 110℃ 的一般中负荷设备轴承润滑
	3 号		220 ~ 250	
通用锂基润滑脂（GB 7324）	ZL—1	170	310 ~ 340	有良好的耐水性和耐热性。适用于温度在 - 20 ~ 120℃ 范围内各种机械的滚动轴承、滑动轴承及其他摩擦部位的润滑
	ZL—2	175	265 ~ 295	
	ZL—3	180	220 ~ 250	

滴点和锥入度是润滑脂的主要性能指标，滴点表示该脂的耐高温能力。润滑脂的实际最高工作温度应比滴点低 20 ~ 30℃。锥入度标志着润滑脂内阻力的大小和流动性的强弱，锥入度越小表明润滑脂越稠。润滑脂的牌号就是该润滑脂锥入度的等级。

选用润滑脂的一般原则是：工作温度高时，应选用滴点高的润滑脂；轴承负荷大，滑动速度低时，应选用锥入度小的润滑脂；工作环境差，如潮湿或有水淋的场合，应选用抗水性好的润滑脂。

*8.1.3 润滑方法和润滑装置

润滑方法是指将润滑剂按规定要求送往各润滑点的方法。润滑装置是为实现润滑剂按确定润滑方法供给而采用的各种零、部件及设备的统称。

常见的润滑方法有手工定时润滑、油芯润滑、油浴及飞溅润滑、压力供油润滑等。

手工定时加油、加脂适用于低速、轻载或间歇工作的轴承，其润滑装置（如油杯）多数已经标准化，可直接选用。

油浴润滑是把摩擦表面浸入润滑油池，飞溅润滑是靠浸入油池的运动件（如齿轮、蜗轮等）使润滑油飞溅到摩擦表面。采用油浴润滑和飞溅润滑最典型的是密闭齿轮减速器，其中齿轮采用油浴润滑，滚动轴承采用飞溅润滑。圆柱齿轮浸入油中的深度为 2 个齿高，圆锥齿轮应使整个齿长浸在油中。

压力循环润滑是利用油泵将润滑油经过油管输送到各润滑部位中去进行润滑。这种润滑方法可保证供油充分，能带走摩擦热有冷却作用，润滑效果好，但装置复杂，成本高，仅用于高速、重载或变载的轴承上。

链传动、齿轮传动、传动蜗杆传动、滑动轴承、滚动轴承等典型零部件的润滑方法及润滑装置，已经在前几章中介绍，本章不再讲述。

想一想 ››››

自行车链条进行定时加油，属于哪一种润滑方法？

8.2 密封

在机械设备中为防止液体、气体或润滑剂的泄漏，造成润滑剂流失及环境的污染，同时防止外界灰尘、水分进入摩擦面而造成磨粒磨损，必须有密封装置。

8.2.1 密封方式

按结合面的运动状态，密封方式可分为静密封和动密封两种方式。静密封指两个相对静止结合面之间的密封，如减速器箱盖与箱体之间的密封为静密封。动密封指两个相对运动结合面之间的密封，分为接触式密封和非接触式密封两类。接触式密封是在密封部位放毡圈、密封圈等，使其与零件直接接触而起到密封作用，常用于低速、一般回转轴的密封，如减速器输入轴、输出轴与箱体端盖之间的密封。非接触式密封动、静零件不直接接触，常用于高速场合。

想一想 >>>>

如图 8-2 所示的阀门，阀杆处属于何种密封？两侧与管路连接处又属于何种密封？

8.2.2 密封装置

对于回转轴的密封装置，常见的有密封圈密封、毡圈密封、迷宫式密封及机械密封等。常见密封装置的结构、特点及应用见表 8-3。

表 8-3 常见动密封的结构、特点及应用

名称		结构	特点	应用
接接触式密封	毡圈密封	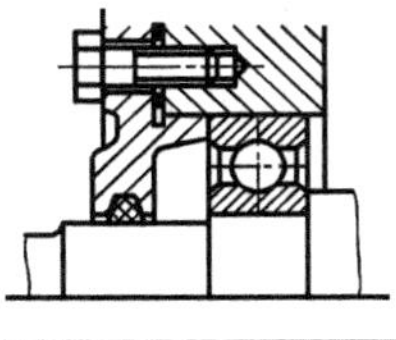	在轴承盖上开出梯形槽，将矩形剖面的细毛毡放在梯形槽中与轴接触。这种密封结构简单，但摩擦较严重	用于低速、低压、常温场合，不宜用于密封气体
	油封密封	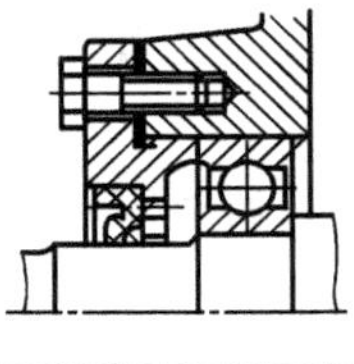	又称 J 形橡胶皮碗密封，在轴承盖中放置一个密封皮碗，它是用耐油橡胶制成，皮碗唇口压紧在轴表面上，唇口常带有弹簧箍，从而增大了密封压力，密封效果好。唇部向外防止灰尘进入，唇部向内防止泄漏，分有骨架和无骨架两种	这种结构安装方便，使用可靠。用于密封液体、脂、气体，还可防尘
	O 形圈密封	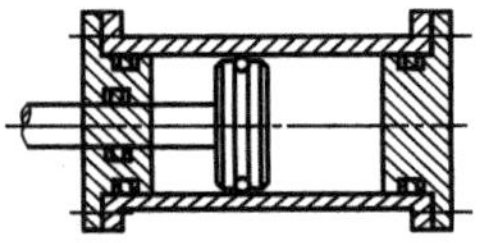	O 形圈放入槽内受压缩而压紧在密封面上。O 形密封结构简单，密封可靠，有双向密封的作用，是最常用的密封元件	用于密封液体、气体

续表

名称		结构	特点	应用
非接触式密封	间隙密封	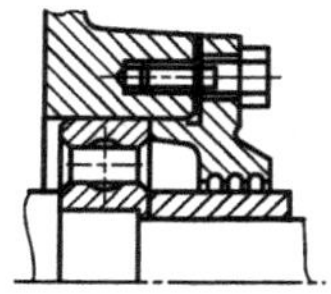	也称油沟式密封，在轴与轴承盖的通孔壁之间留有小间隙，在轴承盖上车出沟槽，并在槽内填满油脂，以起密封作用。这种形式结构简单，密封效果较差	用于工作环境清洁、干燥的场合。大多用于脂润滑条件
	迷宫密封	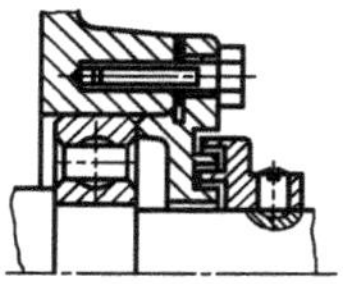	将旋转的和固定的密封零件间的间隙制成迷宫（曲路）形式，缝隙间填满润滑脂以加强密封效果	用于多灰尘、潮湿的场合。适于脂及油润滑条件，可用于气体密封
组合密封		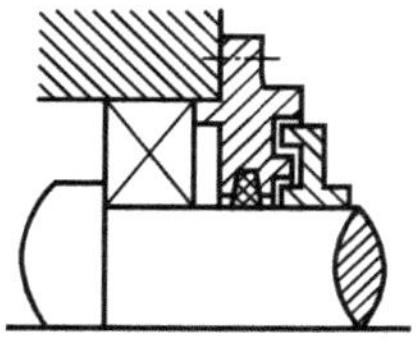	将两种或多种密封方式组合在一起，取它们各自的优点以弥补不足，有多种结构（左图仅为其中一例），但结构有时较复杂	综合效果好，可以有各种组合
机械密封		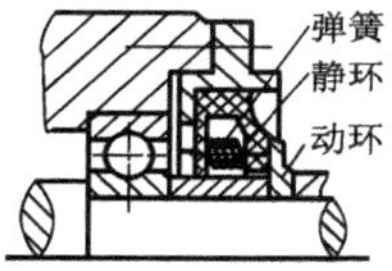	动环固定在轴上，随轴转动。静环固定在轴承端，在液体压力和弹簧的压力下互相贴合，构成良好密封，故又称端面密封。对轴没有损伤，具有密封性好，使用寿命长，适用范围广等优点	用于高速、高压、高温或腐蚀介质工作条件下的回转轴的密封

8.3 机械环保与安全防护知识

8.3.1 机械噪声的形成和防护措施

1. 机械噪声

噪声是指人们在生产和生活中一切令人不快或不需要的声音。机械噪声是由于机械设备运转时，部件间的摩擦力、撞击力或非平衡力，使机械部件和壳体产生振动而辐射噪声。齿轮变速箱、织布机、球磨机、车床、机床等发出的噪声是典型的机械噪声，如图 8-3 所示。

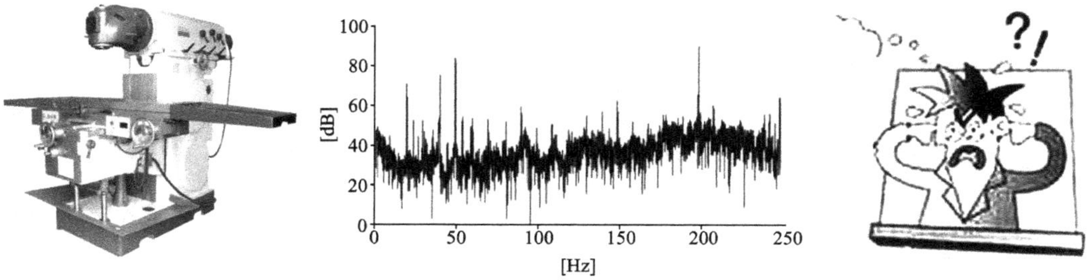

(a) 铣床　(b) 噪声频谱　(c) 噪声对人体有危害

图 8-3　机床噪声

人类社会工业革命的科技发展，使得噪声的发生范围越来越广，发生频率也越来越高，越来越多的地区暴露于严重的噪声污染之中，噪声正日益成为环境污染的一大公害。

生产性噪声对人体的危害是多方面的，一般强度的噪声可以影响人们的正常生活，分散注意力，降低劳动生产率，甚至导致伤亡事故；强噪声可以造成职业性耳聋，同时对神经系统、心血管系统及全身其他器官功能也有不同程度的危害。

想一想 >>>>

列举出常出现噪声的场所，分析形成原因。

2. 控制噪声的措施

噪声必经过噪声源、传播途径及噪声接收器三个环节才可形成，因此控制噪声可从下面几个部分着手，采取相应措施。

(1) 降低声源噪声

① 提高机械加工及装配精度，改善机器的传动系统，减少部件间的撞击和摩擦，正确地校准中心、调整好平衡等，都可以使机械振动尽可能地减低。

② 选择合适的零件材料。如采用塑料或橡皮代替某些装配零件，可以有效减少噪声的产生。

(2) 在传播途中控制

如机器采用全封闭护罩，护罩内壁加吸音材料，阻止噪声的传播。

(3) 采取消声、吸声、隔声、隔振、减振等措施

如在机器上安装消声器；在噪声车间的天花板和墙壁上装配吸声材料；适当地提高机壳的阻尼；大型机器应放在大水泥座上，小机器下面要衬垫橡皮，木垫应当有弹簧，利用弹簧减振；工作人员穿海绵橡胶底鞋，以减少振动对内耳的损害。

想一想 >>>>

为了减少噪声的损害，常常对接收者进行个人防护，如佩带耳塞、耳罩头盔和隔声帽等防噪声用品，说一下这属于上面哪一种控制噪声的措施。

8.3.2 机械安全防护

1. 机械伤害的成因与危险零部件

在工作中机械设备的零部件作旋转运动或直线运动，由于零部件固定不可靠导致物件飞出；设备有缺陷，防护罩、防护挡板等缺损或被任意拆除；操作现场杂乱，操作人员如不熟练操作或违反操作规程等，很容易造成严重伤害和事故，因此我们有必要从安全角度分析事故的共性，并明确相应的预防措施。

齿轮、带轮、滑轮、凸轮、丝杠、联轴器等机械设备中作旋转运动，锻压机床的锻锤、冲床、剪板机的施压部件、牛头刨床的床头、龙门刨床的床面等零部件作直线运动，若操作者违反操作规程或操作粗心大意，易造成人员伤害，主要是绞伤和被飞出物体打中。一般有以下几种（机械伤害的危险零部件如图 8-4 所示）：

① 直接绞伤手指：外露的齿轮、带轮等直接将手指甚至整个手绞伤或绞掉。

② 将操作者的衣袖、裤脚或手套等绞进去，造成人身伤害。

③ 将女工的长头发绞进去。车床上光杠、丝杠、齿轮等将女工的长发绞进去的工伤也不少。

④ 旋转的零部件由于其本身强度不够或固定不牢，从而在作旋转运动时甩出去，将人击伤。例如车床上的卡盘，如果不用保险螺丝紧固定位或固定不牢，在主轴反转时就可能飞出伤人。

⑤ 压伤：例如冲床造成的手部冲压伤，锻压机锻锤造成的压伤及剪板机造成的剪切伤等。

⑥ 砸伤：例如高位的零部件掉下来，就会造成砸伤。

⑦ 挤伤：例如零部件在作直线运动时，将人体某部分挤住，就能造成这种伤害。

⑧ 刺伤、割伤、烫伤：在操作机床的过程中，机床刀具及加工产生的切屑引起的刺伤、割伤、烫伤等。

(a) 齿轮　(b)带轮　(c) 丝杆　(d) 卡盘

图 8-4　机械伤害的危险零部件

2. 机械伤害的防护措施

为预防机械设备伤害和事故发生，可采取以下几方面防护措施。

（1）选用适当的结构

① 避免锐边、尖角和凸出部分，金属薄片的棱边应倒钝、折边或修圆，可能引起刮伤的开口端应包覆。

② 限制有关因素的物理量。例如，限制运动件的质量或速度，以减小运动件的动能；限制噪声和振动等。

③ 增加零部件的可靠性。机械选用材料的性能数据、设计规程，都应该符合机械设计与制造的专业标准或规范的要求，保证安全系数，以防止由于零件应力过大而被破坏或失效，避免故障或事故的发生；同时，通过控制连接、受力和运动状态来限制应力。

（2）安全防护措施

安全防护是通过采用安全装置、防护装置或其他手段，对一些机械危险进行预防的安全技术措施，防止机器在运行时产生各种对人员的接触伤害。防护装置和安全装置有时也统称为安全防护装置。安全防护的重点是机械的传动部分、操作区、机械的其他运动部分、移动机械的移动区域，以及某些机器由于特殊危险形式需要采取的特殊防护等。

① 安全防护装置的一般要求

安全防护装置必须满足与其保护功能相适应的安全技术要求，其基本安全要求如下：

a. 安全防护装置应结构简单、布局合理，不得有锐利的边缘和突出部分。

b. 安全防护装置应具有足够的可靠性，在规定的寿命期限内有足够的强度、刚度、稳定性、耐腐蚀性、抗疲劳性，以确保安全。

c. 安全防护装置应与设备运转连锁，保证安全防护装置未起作用之前，设备不能运转。

d. 光电式、感应式等安全防护装置应设置自身出现故障的报警装置。

e. 只要操作人员可能触及到的传动部件，在防护罩没闭合前，传动部件就不能运转。

f. 防护罩一般不准脚踏和站立，必须做平台或阶梯时，平台或阶梯应能承受 1500N 的垂直力，并采取防滑措施。

g. 安全防护罩、屏、栏的材料及其至运转部件的距离，应符合有关国家标准的规定。

② 安全防护装置的设置要求

a. 高度在 2m 以内的各种运动零部件，或有物料传输装置、皮带传动装置，应设置防护，如图 8-5 所示。

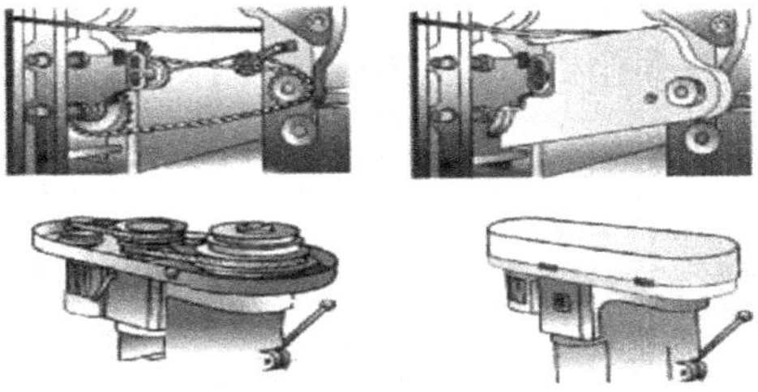

(a) 无防护罩　　(b) 无防护罩

图 8-5　防护罩

b. 为避免挤压伤害，直线运动部件之间或直线运动部件与静止部件之间的间距应符合安全距离的要求。

c. 运动部件有行程距离要求的，应设置可靠的限位装量，防止因超行程运动而造成伤害。

d. 对可能因超负荷发生部件损坏而造成伤害的，应设置负荷限制装置。

e. 有惯性冲撞运动部件必须采取可靠的缓冲装置，防止因惯性而造成伤害事故。

f. 运动中可能松脱的零部件必须采取有效措施加以紧固，防止由于启动、制动、冲击、振动而引起松动。

g. 每台机械都应设置紧急停机装置，使已有的或即将发生的危险得以避开。紧急停机装置的标识必须清晰、易识别，并可迅速接近其装置，使危险过程立即停止并不产生附加风险。

(3) 按机械设备的安全规程操作

除按规定着装、戴手套外，严格按机械设备的安全规程操作，如图 8-6 所示为几种指令标志和安全标志。

(a) 指令标志

(b) 指令标志

图 8-6 图标志

8.4 减速器轴系拆装与润滑密封分析——阶段性训练（七）

8.4.1 训练目的

（1）了解减速器轴的结构及轴上零件的定位、固定、装配关系等，熟悉减速器轴系零件的拆装过程。

（2）了解减速器中齿轮、轴承的润滑方法。

8.4.2 训练内容

（1）观察减速器轴上零件的定位、固定、装配关系。

（2）观察分析减速器齿轮、轴承的润滑方法及相关密封方法。

（3）安装与拆卸减速器中轴系零件。

8.4.3 训练用工具及设备

训练工具包括旋具（螺丝刀）、各种类型的扳手（如活扳手、梅花扳手、套筒扳手等）、手锤、机油、冲子、铲子、尖嘴钳、锉刀和零件存放盘等。训练设备为单级或二级齿轮减速器，或蜗杆减速器。

8.4.4 相关结构介绍

（1）低速轴结构。如图 8-7 所示为一级齿轮减速器的低速轴结构示意图，由低速轴、齿轮、链轮、轴承、套筒、轴端挡圈、螺栓、端盖等组成。轴由两端的轴承支撑，轴上安装有齿轮、链轮等零件，齿轮、链轮与轴之间用键连接，使其一起转动。

（2）减速器的润滑。减速器的润滑包括齿轮副啮合处的润滑以及轴承的润滑。

齿轮副啮合处大多采用润滑油润滑，润滑油在啮合面上形成油膜，减少摩擦与磨损，此外，还起冷却作用。如图 8-8 所示为浸油式润滑。

当齿轮的圆周速度较高时，滚动轴承可采用飞溅润滑，即靠齿轮运动将润滑油溅到箱盖内壁，然后通过回油沟经轴承盖进入轴承，如图 8-9 所示；当齿轮圆周速度较低时，由于齿轮飞溅的油量少，则采用润滑脂润滑。

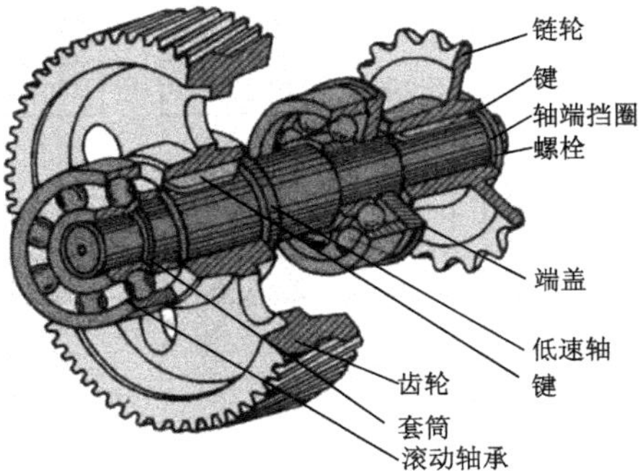

图 8-7　一级齿轮减速器轴系

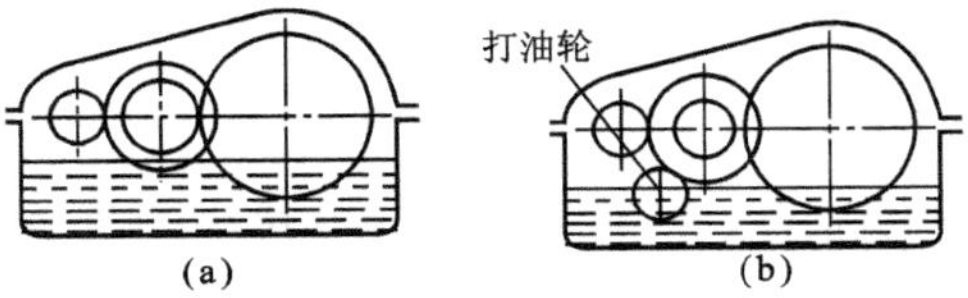

图 8-8　浸油式润滑

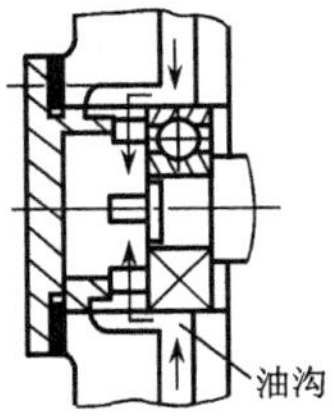

图 8-9　润滑油经箱盖导入滚动轴承

8.4.5　训练过程

（1）认识轴上各零件，如低速轴、齿轮、链轮、轴承、套筒、轴端挡圈、螺栓、端盖、键等。

（2）熟悉轴的结构，轴上零件的定位、固定、装配关系，并进行拆装。

（3）分析减速器齿轮、轴承的润滑方法及相关密封方法。可以借助有关减速器的图纸、资料等进行。

8.4.6　相关方法要点——滚动轴承的装拆

不正确的安装和拆卸会降低轴承的寿命。装拆轴承时，若从轴上装拆轴承应施力于内圈，从轴承座孔上装拆轴承应施力于外圈。装拆时最好采用专用工具。

由于轴承内圈与轴颈的配合比较紧，安装中小型轴承时，可用手锤通过装配套管在内圈上加力打入，如图 8-10 所示；对尺寸较大的轴承，可在压力机上压入或把轴承放入温度不超过 80℃ ~90℃ 的热油中加热，然后套到轴颈上。轴承在外圈的装配方法类似。

拆卸轴承时，需用专门工具。拉杆拆卸器（俗称拉马）是靠 3 个拉爪钩住轴承内圈而拆下轴承的（如图 8-11 所示）。为此，轴承内、外圈上应留出足够的位置。

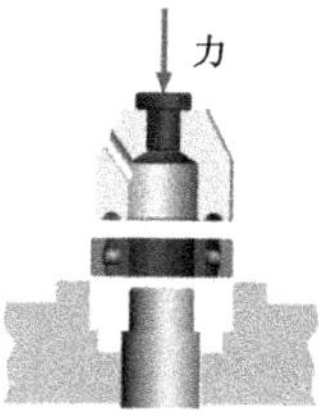

图8-10 滚动轴承的装配

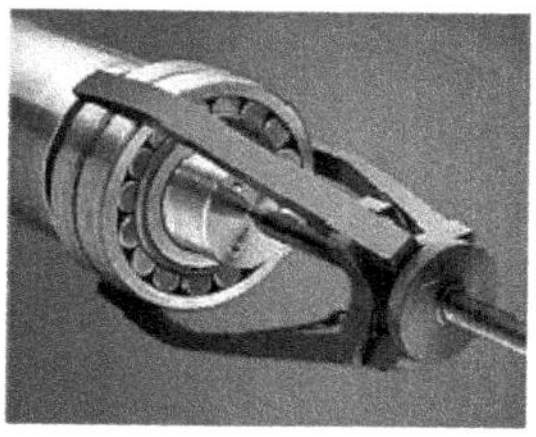

图8-11 轴承的拆卸

8.4.7 训练总结、评判

（1）个人总结、评判

针对本训练所提出的几个训练目的你还有哪些没学会，自己的收获是什么，还存在什么问题（从自身和外界两个方面分析）；你的整改措施是什么等。写出不少于300字的个人总结。根据自己的表现和任务完成情况给自己评定成绩。

（2）团队总结、评判

组长带领本组成员总结组员的学习情况，讨论本组成员搭配组合是否出现问题，认真评价本组的成绩，并为下一次的项目加工做准备。根据队员的表现给每位成员评定成绩，并做好记录。

（3）教师总结、评判

教师对全班学生关于本阶段实训情况，是否完成教学目标，存在哪些问题，如何整改进行总结。教师根据队员的表现给每位成员评定成绩（表8-4）。

表8-4 考核表

考核项目	考核内容	分值	自评	小组评价	教师评价	得分
理论知识	1. 轴上零件的定位、固定方法	10				
	2. 减速器中齿轮、轴承的润滑方法	5				
	3. 减速器中轴承处的密封方法	10				
基本技能	1. 减速器轴系零安装与拆卸	15				
	2. 减速器中密封处的安装与拆卸	10				
操作过程	1. 操作过程合理	10				
	2. 按时完成任务	10				
安全生产	安全防护知识	5				
学习态度	1. 出勤情况	5				
	2. 实操前的准备	5				
	3. 个人纪律	5				
	4. 团队协作	10				
总分		100				

习题8

8－1　机器润滑的作用是什么？

8－2　润滑剂可分为________润滑剂、________润滑剂、________润滑剂和________润滑剂等四种类型。

8－3　润滑油主要有________、________、________和________4种。

8－4　润滑油有何特点？应用在什么场合？

8－5　润滑脂有何特点？应用在什么场合？

8－6　常见的润滑方法有________润滑、________润滑、________及________润滑、________润滑等。

8－7　密封有何作用？

8－8　按结合面的运动状态，密封方式可分为________密封和________密封两种方式。动密封又分为________密封和________密封两类。

8－9　噪声有什么危害？

8－10　控制噪声有哪些措施？

第 9 章　机械基础综合实践

机械基础综合实践一定要结合专业来展开，对专业中的典型机械拆装、调试和分析，了解分析机械组成的方法，了解机械各部分的作用，培养分析机械的能力，写出实训报告。

9.1　自行车的拆装

9.1.1　实验设备及拆装工具

1. 实验设备：各种类型的自行车（如图 9-1 所示）。
2. 拆装工具：各类扳手、钳子、螺丝刀、锤子、鲤鱼钳等。

1—前轮；2—辐条；3—花鼓；4—前叉；5—前刹；6—钢索；7—刹车及变速把手；8—车把；9—竖杆；10—车架；11—前变速；12—车座杆；13—车座；14—后刹；15—货架；16—飞轮；17—反光镜；18—后轮；19—后变速；20—脚撑；21—气门；22—后轮；23—链条；24—轮盘；25—脚踏；26—曲柄

图 9-1　自行车的结构

9.1.2　实验内容

1. 拆装自行车的前轴、中轴和后轴。
2. 在拆装中了解轴承部件的结构，安装位置、定位和固定。
3. 课后做思考题，完成实验报告。

9.1.3 实验步骤

(一) 自行车的拆卸

1. 前后轴的拆卸

拆卸前后轴之前，先将车支架支起。倒放前，先用螺丝刀将车铃的固定螺钉拧松，把车铃转到车把下面，另外在车把和鞍座下面垫块布。

(1) 拆卸前轴的步骤和方法

① 拆圆孔式闸卡子，要用螺丝刀松开两个闸卡子螺钉，将闸卡子从闸叉中向下推出，再把闸叉用手稍加掰开。凹槽式闸卡子可以不拧松闸卡子螺钉，只需将闸叉从闸卡子的凹槽中推出，再稍加掰开即可。

② 拆卸轴母，拆卸时要先卸紧的，后卸松的，防止产生连轴转的现象。

③ 拆卸轴挡，拆卸轴挡与拆卸轴母的顺序相反，应先卸松的，也就是一般先卸左边的。

④ 拆卸轴承，用螺丝刀伸入防尘盖内，沿防尘盖的四周轻轻将防尘盖撬下来，再从轴碗内控出钢球。用同样的方法将另一边的防尘盖和钢球拆下。

(2) 后轴的拆卸步骤和方法

与拆卸前轴大同小异，拆卸时可以参照拆卸前轴的方法。所以，这里仅对不同之处进行介绍。

① 拆卸半链罩车后轴时，先松开闸卡子，拧下两个轴母，将外垫圈、衣架、挡泥板支棍、车支架依次拆下，在链轮下端将链条用手（或用螺丝刀）向左推出，随即摇脚蹬子将链轮向后倒转。由于链条已被另一只手推出链轮，链条便从链轮上脱出。

② 全链罩车后轴的拆卸方法有好几种，其中一种简易的方法是，先将左边闸卡子的螺钉用螺丝刀拧松，并推向后方，将闸叉向左稍加掰开。

③ 有些轻便车的后平叉头是钩形的，拆卸装有全链罩车的后轴，不需要卸链子接头，钳形闸也不需拆卸车闸，而普通闸则需拆下闸叉。

④ 拆卸后轴时，拧下轴母，将车架等卸下（全链罩车拆下后尾罩），将车轮从钩形后叉头上向前下方推滑下来。最后从飞轮上拆下链条。

2. 中轴的拆卸

A 型中轴的拆卸方法

① 拆曲柄销

先拆左曲柄销，将曲柄转到水平位置，并使曲柄销螺母向上，用扳手将曲柄销螺母退到曲柄销的上端面与销的螺纹相平，再用锤子猛力冲击带螺母的曲柄销，使曲柄销松动后将螺母拧下，然后用钢冲将曲柄销冲下，再将左曲柄从中轴上转动取下。

② 拆下半链罩

取下左曲柄后，用螺丝刀拧下半链罩卡片的螺钉，拆下半链罩。

③ 拆中轴挡

用扳手将中轴销母向右（顺时针方向）拧下，用螺丝刀（或尖冲子）把固定垫圈撬下，再用钢冲冲下（或拨动）中轴挡。

④ 取右曲柄、链轮和中轴

从中轴右边将连在一起的右曲柄、链轮和中轴一同抽出，最后把钢球取出。

中轴碗未损坏则不必拆下，右轴挡等零件未损坏也没必要将曲柄同中轴拆开。

拆卸全链罩车的中轴时，在中轴挡等零件拆下后，用螺丝刀从链轮底将链条向左（里）撬出链轮，再倒转脚蹬，将链条向里脱下。这样，右曲柄连同中轴就能顺利拆下。

（二）自行车的装配

装配自行车前，对能用的零件需进行清洗，对已损坏的零件需用同规格的新的零件代替。

1. 前轴的装配

安装前轴的步骤和方法如下。

（1）沿两边的轴碗（球道）内涂黄油（不要过多，要均匀），把钢球装入轴碗。当装到后一个钢球时，要使一面钢球间留有半个钢球的间隙。如果是球架式钢球，就注意不要装反。钢球装好后，将防尘盖挡面向外，装在轴身内，用锤子沿防尘盖四周敲紧。

（2）将前轴棍穿入轴身内，把轴挡（球道在前）拧在轴棍上。如用手拧不动，可以采用锁紧法（见前后轴的拆卸）。安装轴挡后要求轴棍两端露出的距离相等，轴稍留有旷量。

（3）在轴的两端套入内垫圈（有的车没有），并使垫圈紧靠轴挡，再将车轮装入前叉嘴上。然后按顺序将泥板支棍，外垫圈套入前轴，再拧上前轴母。随后，扶正前车轮（使车轮与前叉左右的距离相等，前轴棍要上到前叉嘴的里端），用扳手拧紧轴母。

（4）前轴安装好后，松紧要适当，要求不旷不紧，转动灵活，不得出现卡住，振动等现象。具体的检查方法是，把车轮抬起，将气门提到与轴的平行线上，使车轮自由摆动，摆动次数（以单方向摆动为一次计算），否则应进行调整。调整时可用扳手将一个轴母拧松，用花扳手将轴挡向左或右调动（轴紧用扳手向左调动轴挡；轴松用扳手将轴挡），然后将轴母拧紧。

（5）将闸卡子移回原位置，装上闸叉，拧紧卡子螺钉。涨闸车要将涨闸去板固定在夹板内，最后锁紧螺钉。

2. 后轴的装配

与前轴的装配大同小异，装配时可以参照前轴的方法。

（1）把钢球装入轴碗，将防尘盖挡面向外，装在轴身内，用锤子沿防尘盖四周敲紧。

（2）将后轴棍穿入轴身内，把轴挡拧在轴棍上，安装轴挡后要求轴棍两端露出的距离相等。

（3）在轴的两端套入内垫圈（有的车没有），并使垫圈紧靠轴挡，再将链条套到飞轮上，将车轮装入钩形后叉头上。然后按顺序将自行车支架、书包架支棍、挡泥板支棍，外垫圈套入后轴，再拧上后轴母，随后，扶正后车轮（使车轮与后叉左右的距离相等），用扳手拧紧轴母。

3. 中轴的装配

（1）A 型中轴的装配步骤和方法

① 在中轴碗内抹黄油，将钢球顺序排列在轴碗内（如果是球架式钢球，可参看前后轴安装装配）。

② 把中轴棍（上面已安装有右轴挡、链轮和右曲柄）从右面穿入中接头，与右边中轴碗，钢球吻合。如果是全链罩车，在穿进中轴棍后，用螺丝刀将链条挂在链轮的底部，转动链轮，将链条完全挂在链轮上。

③ 将左轴挡向左拧在中轴棍上，但与钢球之间要稍留间隙，再将固定垫圈（内舌卡在中轴的凹槽内）装进中轴，最后用力锁紧中轴锁母。

④ 中轴的松紧要适当，应使其间隙最小，而又转动灵活，旷度不超过 0.5mm。轴挡松或紧，可拧松中轴锁母，用尖冲冲动轴挡端面的凹槽，调动轴挡，最后用力锁紧中轴锁母。

⑤ 将左曲柄套在中轴左端，并转到前方与地面平行，把曲柄销斜面对准中轴平面，从上面装入曲柄销孔，并打紧。左、右曲柄销的安装方向正好相反。换右轴挡以及安装右曲柄销，也可按上述装配方法进行。

⑥ 将链条从下面挂在链轮上，挂好链条，再安装半链罩。如果是全链罩车，将全链罩盖、前插片按照拆卸相反的顺序装在罩上（参看中轴的拆卸）。最后，拧动调链螺母调整链条的幅度，拧紧右端的后轴母。

（2）B 型中轴的装配步骤和方法（略）

9.1.4 实验要求

课后做思考题，完成实验报告，见表 9-1。

9.1.5 思考题

1. 拆卸轴母时，为何要先卸紧的，后卸松的？
2. 如何拆卸轴挡圈？

表 9-1　实验报告（模板）

学号：　　姓名：　　时间：　　实验室：　　指导教师：

（按照实验三说明中的实验步骤进行实验，详细记录实验过程，并对实验步骤中提出的思考进行解答。）

（对本次实验进行总结，包括心得体会等。）

（本栏为教师填写）

签字：　　年　月　日

9.2 CA6140 机床的拆装

9.2.1 任务要求

普通车床拆卸与安装，对 CA6140 的部件进行调整与维护，达到正常使用。

9.2.2 教学目标

1. 了解车床的结构。
2. 认识部件组成与装配关系。
3. 掌握车床部件传动、装配原理及精度要求，并学会测量与调试。
4. 拆装车床重要部件，并以组为单位，协作完成各轴组的拆装过程。

9.2.3 任务分析

学生业余时间独立收集资料，可以到图书馆或在网络上搜索。做好计划，分小组在拆装车间装配与调试。在规定的时间内，组内成员协作共同完成任务。

通过对 CA6140 车床（如图 9-2 所示）拆卸与装配，在拆装中深刻理解并掌握普通车床的结构原理，了解车床传动特点，提高车床机械部分拆装调试的技能。为将来从事机床的维护与调整岗位打下良好的基础。同时提高协作完成任务的综合素质。

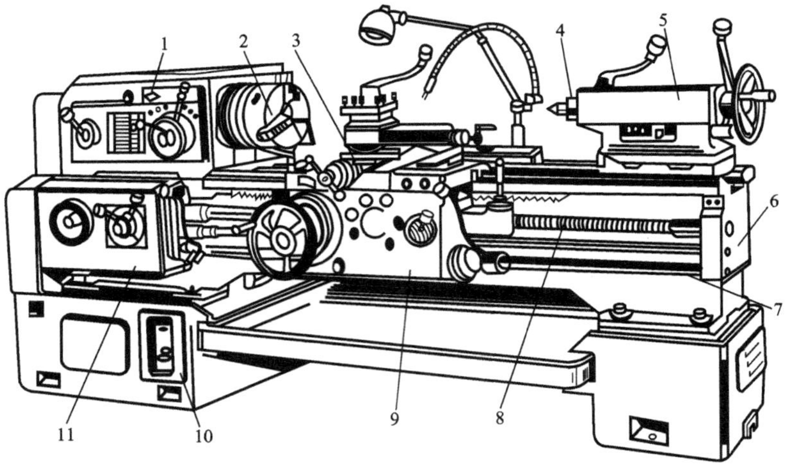

1—主轴箱；2—卡盘；3—刀架；4—后顶尖；5—尾座；6—床身；
7—光杠；8—丝杠；9—床鞍；10—底座；11—进给箱

图 9-2 CA6140 车床

9.2.4 教学准备

1. 收集资料做计划

表 9-2 收集资料

搜集资料项目	内容（根据收集材料灵活填写）	重点提示
车床的分类与使用，由哪几个部分组成？		车床是应用最广泛的机床，它的使用和维护显得十分重要。
主轴箱在车床中的作用和地位？		
主轴箱由哪几大部分组成？		几根轴，有哪些重要部件？
机床说明书中有什么有价值的东西吗？列举一下。		
你认为自己本次完成这一任务的关键点是什么？分步骤以标题形式说明。		

注：本表自主填写，并配有相关的第一手资料，手册说明书等。教师根据情况对学生进行评定。

2. 准备设备

CA6140 普通车床；钳工拆装专用工具；测量用仪器和数据记录表；CA6140 车床主轴箱展开图挂图一份，机床说明书一份。主轴箱等典型结构图式可以参考机械制造技术教材相关图示。

9.3.5 时间安排

搜集资料在课下完成，拆装实训分小组分工在 12 学时内完成，熟练后一组 4 ~5 人协作在 15 分钟内完成拆装过程。

9.3.6 任务实施

（一）主轴箱（如图 9-3 所示）、轴、Ⅰ、Ⅱ、Ⅲ、Ⅵ的拆卸

1. 拆卸之前需要讲明的几个问题

图 9-3 主轴箱传动系统

（1）机械传动传递力的方法很多，如常见的皮带传动、链传动等，在主轴箱里为何用齿轮传动（说明齿轮传动的优缺点）？

（2）主轴箱的润滑方式？

（3）主轴箱中各轴的排列顺序？

2. 轴Ⅰ的拆卸

轴Ⅰ主要的部件是双向片式摩擦离合器（如图9-4所示）。它是做什么用的？

① 正转和反转的摩擦片片数为何不一样多？

② 轴Ⅰ上共有3个销，这3个销在各自的位置都起什么作用？销的材料是什么？拆卸销的工具叫什么？

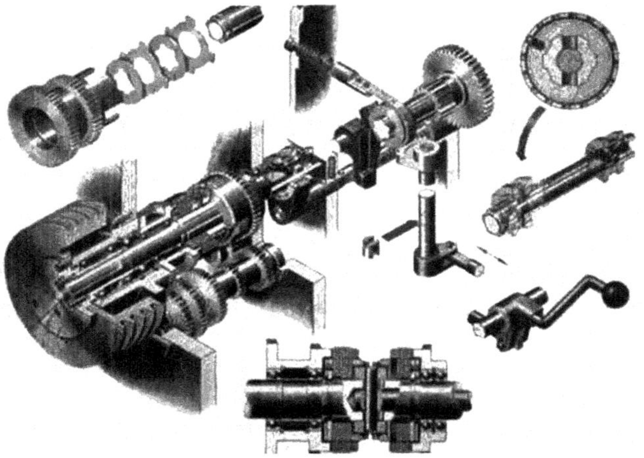

图9-4　双向摩擦离合器、制动器及其操纵机构

3. 轴Ⅵ的拆卸

【提问】① 应怎样取出Ⅵ轴上较大的齿轮（如图9-5所示）？

图9-5　轴Ⅳ、轴Ⅵ上滑动齿轮的操作机构

② 主轴上有3盘轴承，名称各是什么？都承受怎样的力？

【提问】主轴是车床主要的零件之一，它较大，较重，同时要求有足够的刚度和较高的旋转精度，因此，在拆卸时，要保证有3个以上的同学同时抬起或放下，以防损坏主轴。

4. 轴Ⅱ的拆卸

【提问】设计轴Ⅱ的拆卸方法。
【提示】轴Ⅱ一端是箱体，另一端与Ⅳ轴相连，拆卸时不能采用传统的铜棒加手锤的敲敲打打，而应采用专用工具。

5. 轴Ⅲ的拆卸

拆卸方法与轴Ⅱ相同。
【提问】轴Ⅲ上有一离合器（如图9-6所示），名称是什么？起什么作用？

图9-6 轴Ⅱ、轴Ⅲ上滑动齿轮的操作机构

（二）轴Ⅰ、轴Ⅱ、轴Ⅲ与轴Ⅵ的装配

1. 装配之前需要讲明的几个问题

① 装配前的准备工作有哪些？
② 常用的零件清洗液有几种？各用在何种场合？
③ 装配螺纹时常用的工具有哪些？

2. 装配时注意事项

① 各轴间的装配顺序依次为Ⅲ轴、Ⅱ轴、Ⅰ轴、Ⅵ轴。
② 装配时各零件间的相互位置基本按先拆后装的原则。
③ 对于滚动轴承、双列短圆柱滚子轴承等要涂抹黄油。
④ 装配时不能乱敲乱打，应垫铜棒或木板。

（三）CA6140进给箱的拆装

进给箱（如图9-7所示）用来将主轴箱经交换齿轮传来的运动进行各种传动比的变换，使丝杠、光杠得到与主轴有不同速比的转速，以取得机床不同的进给量和适应不同螺距的螺纹加工，它由箱体、箱盖、齿轮轴组、倍数齿轮轴组、丝杠、光杠连接轴组及各操纵机构（如图9-8、图9-9所示）等组成。

图 9-7　CA6140 进给箱

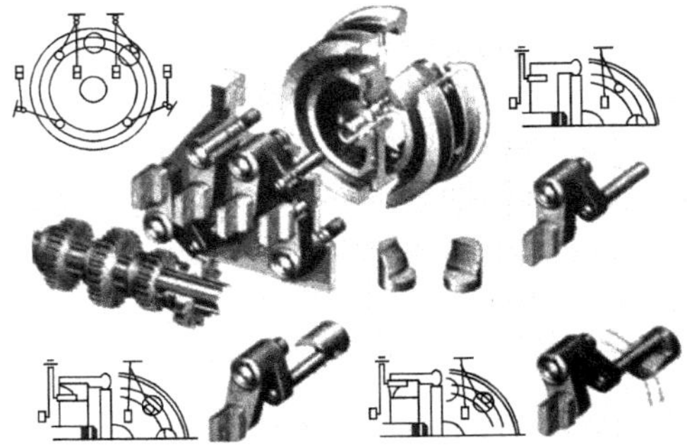

图 9-8　基本组操作机构立体图

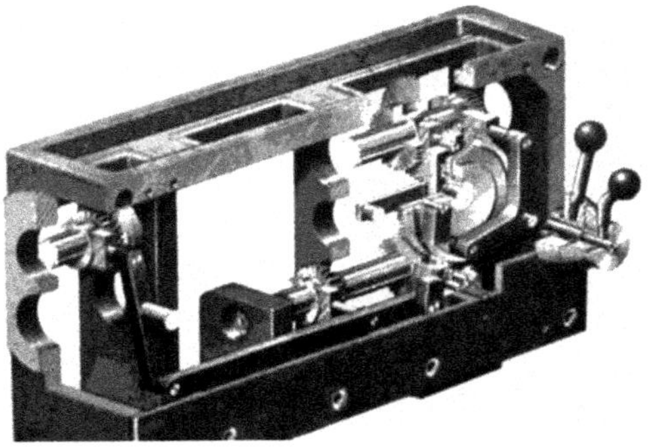

图 9-9　进给箱传动操作机构

图 9-10　溜板箱传动系统

进给箱中的各种拆卸、方法与主轴箱中的 II 轴及 III 轴一样，均采用工具拔销器。安全注意事项与主轴箱相同（略）。

（四）溜板箱（如图 9-10 所示）拆装

（1）拆下三杠支架，取出丝杠、光杠、$\Phi 6$ 锥销及操纵杠、M8 螺钉，抽出三杠，取出溜板箱定位锥销 $\Phi 8$，旋下 M12 内六方螺栓，取下溜板箱。

（2）开合螺母机构

开合螺母由上、下两个半螺母组成，装在溜板箱体后壁的燕尾形导轨中，开合螺母背面有两个圆柱销，其伸出端分别嵌在槽盘的两条曲线中（太极八卦图），转动手柄开合螺母可上下移动，实现与丝杠的啮合、脱开。

① 拆下手柄上的锥销，取下手柄。

② 旋松燕尾槽上的两个调整螺钉，取下导向板，取下开合螺母，抽出轴等。安装则按反顺序进行。

（3）纵、横向机动进给操纵机构（如图 9-11 所示）

纵、横向机动进给动力的接通、断开及其变向由一个手柄集中操纵，且手柄扳动方向与刀架运动方向一致，使用比较方便。

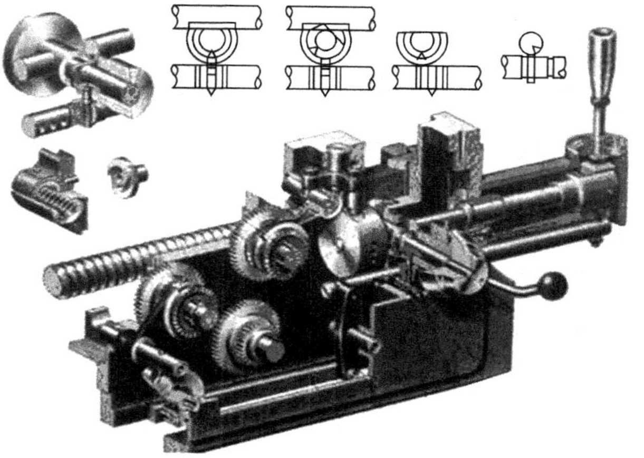

图 9-11　溜板箱操作机构立体图

① 旋下十字手柄、护罩等，旋下 M6 顶丝，取下套，抽出操纵杆，抽出 $\Phi 8$ 锥销，抽出拨叉轴，取出纵向、横向两个拨叉（观察纵、横向的动作原理）。

② 取下溜板箱两侧护盖，M8 沉头螺钉，取下护盖，取下两牙嵌式离合器轴，拿出齿轴 1、2、3、4 及铜套等（观察牙嵌式离合器动作原理）。

③ 旋下蜗轮轴上 M8 螺钉，打出蜗轮轴，取出齿轮 1、蜗轮 2 等。

④ 旋下快速电机螺钉，取下快速电机。

⑤ 旋下蜗杆轴端盖，M8 内六角螺钉，取下端盖蜗，抽出蜗杆轴。

（4）蜗轮轴上装有超越离合器，安全离合器，通过拆装讲解及教具理解两离合器的作用。

① 拆下轴承 1，取下定位套 1，取下超越离合器，安全离合器等。

② 打开超越离合定位套，取下齿轮等，利用教具观看内部动作，理解动作原理。

③ 对照实物讲解安全离合器原理。

（5）旋下横向进给手轮螺母，取下手轮，旋下进给标尺轮 M8 内六方螺栓，取下标尺轮。（分解开看内部结构）取出齿轮轴联结 $\Phi 6$ 锥销，打出齿轮轴，取下齿轮轴 1、2。

（6）对照实物讲解由丝杠、光杠的旋转运动变成刀具的纵向、横向运动路线。

（五）注意事项

（1）看懂结构再动手拆，并按先外后里，先易后难，先下后上的顺序拆卸。

（2）先拆紧固、联结、限位件（顶丝、销钉、卡圆、衬套等）。

（3）拆前看清组合件的方向、位置排列等，以免装配时搞错。

（4）拆下的零件要有秩序的摆放整齐，做到键归槽、钉插孔、滚珠丝杠盒内装。

（5）注意安全，拆卸时要注意防止箱体倾倒或掉下，拆下零件要往桌案里边放，以免掉下砸人。

（6）拆卸零件时，不准用铁锤猛砸，当拆不下或装不上时不要硬来，分析原因（看图）弄清楚后再拆装。

（7）在扳动手柄观察传动时不要将手伸入传动件中，防止挤伤。

9.3.7 任务评价

在拆装中回答车床拆装过程的提问有关问题，教师根据情况打分。

1. 说出车床主要部分名称及用途（6 部分）?
2. 指出三杠，说明其各自的作用?
3. 片式摩擦离合器有何作用? 过紧或过松有何不妥?
4. 主轴箱有几种润滑方式?
5. 开合螺母有何作用?
6. 说明 CW6140A 和 C620—1 牌号意义。
7. 齿轮传动有何特点?
8. 主轴上有几个轴承? 各叫什么?
9. 超越离合器起何作用?
10. 脱落蜗杆有何作用?
11. 销连接的特点，拆卸销时所用的工具叫什么?
12. 尾座的作用。
13. 方形、圆形布置的成组螺母的拧紧顺序是什么?
14. 装配前的准备工作有哪些?
15. 常用清洗液有几种?
16. CW6140A、C620-1 车床上各共有几种离合器? 指出位置。
17. 说出溜板箱的作用? 大拖板、中拖板、小拖板各起何作用?
18. 装配螺纹时常用的工具有哪些?
19. 键连接有何特点? 根据结构特点和用途的不同如何分类?

分小组进行某一部件的拆装操作，根据小组表现打分。时间由教师定，最好不要超过 15 分钟。

反侵权盗版声明

举报电话：（010）88254396；（010）88258888

传　　真：（010）88254397

E-mail：dbqq@phei.com.cn

通信地址：北京市万寿路 173 信箱

　　　　　电子工业出版社总编办公室

邮　　编：100036

读者意见反馈表

书名： 机械基础(少学时)　　**主编：** 王庆海　　**策划编辑：** 白楠

谢谢您关注本书！烦请填写该表。您的意见对我们出版优秀教材、服务教学都十分重要。如果您认为本书有助于您的教学工作，请您认真填写表格并寄回。**我们将定期给您发送我社相关教材的出版资讯或目录，或者寄送相关样书。**

个人资料

姓名________ 年龄____ 联系电话__________（办）__________（宅）____________（手机）

学校____________________________ 专业__________ 职称/职务________________

通信地址___________________________ 邮编__________ E-mail________________

您校开设课程的情况为：

本校是否开设相关专业的课程　□是，课程名称为__________________________　□否

您所讲授的课程是__________________________________ 课时__________________

所用教材__________________________ 出版单位_______________ 印刷册数__________

本书可否作为您校的教材？

□是，会用于__________________________ 课程教学　□否

影响您选定教材的因素（可复选）：

□内容　□作者　□封面设计　□教材页码　□价格　□出版社

□是否获奖　□上级要求　□广告　□其他________________________________

您对本书质量满意的方面有（可复选）：

□内容　□封面设计　□价格　□版式设计　□其他__________________

您希望本书在哪些方面加以改进？

□内容　□篇幅结构　□封面设计　□增加配套教材　□价格

可详细填写：____

____

您还希望得到哪些专业方向教材的出版信息？

____

感谢您的配合，可将本表按以下方式反馈给我们：

【方式一】电子邮件：登录华信教育资源网（http://www.hxedu.com.cn/resource/OS/zixun/zz_reader.rar）下载本表格电子版，填写后发至 ve@phei.com.cn

【方式二】邮局邮寄：北京市万寿路 173 信箱华信大厦 1101 室 中等职业教育分社 （邮编：100036）

如果您需要了解更详细的信息或有著作计划，请与我们联系。

电话：010-88254591